建筑工程绿色施工

肖绪文　罗能镇　蒋立红　马荣全　著

中国建筑工业出版社

图书在版编目（CIP）数据

建筑工程绿色施工/肖绪文主编. —北京：中国建筑工业出版社，2013.10（2022.9重印）
ISBN 978-7-112-15920-8

Ⅰ.①建… Ⅱ.①肖… Ⅲ.①建筑工程—工程施工—无污染技术 Ⅳ.①TU7

中国版本图书馆CIP数据核字（2013）第231715号

该书介绍了绿色施工的概念和推进意义，分析了国内外推进情况及推进障碍，提出了我国推进绿色施工的思路和方法，并针对绿色施工推进过程中的关键环节和疑难问题提供了案例，是我国迄今为止在推进绿色施工方面内容较为全面、系统性较强的专业书籍。本书的出版，一定能够为我国绿色施工的推进起到指导和借鉴作用。

责任编辑：郦锁林　朱晓瑜
责任设计：张　虹
责任校对：肖　剑　赵　颖

建筑工程绿色施工
肖绪文　罗能镇　蒋立红　马荣全　著
*
中国建筑工业出版社出版、发行（北京西郊百万庄）
各地新华书店、建筑书店经销
北京科地亚盟排版公司制版
北京建筑工业印刷厂印刷
*
开本：787×1092毫米　1/16　印张：17¾　字数：272千字
2013年10月第一版　2022年9月第七次印刷
定价：**58.00**元
ISBN 978-7-112-15920-8
（24726）

序　一

建筑业是国民经济支柱产业。改革开放以来，伴随着工业化、城镇化的快速推进，我国建筑市场兴旺发达，建设速度前所未有。建筑业的持续快速发展，改善了城乡面貌和人民居住环境，吸纳了大量农村富余劳动力就业，为社会和谐发展做出了巨大贡献。同时，我们也要清醒地看到，我国建筑业生产方式仍然相对落后，资源利用效率不高，能耗物耗巨大，污染排放集中，建筑废弃物再利用率很低。因此，以现代科学技术和管理方法改造建筑业，实现建筑业的转型升级，是我们广大建设工作者的迫切任务。

开展绿色施工，为我国建筑业转变发展方式开辟了一条重要途径。绿色施工要求在保证安全、质量、工期和成本受控的基础上，最大限度地实现资源节约和环境保护。推行绿色施工符合国家的经济政策和产业导向，是建筑业落实科学发展观的重要举措，也是建设生态文明和美丽中国的必然要求。

肖绪文同志组织撰写的《建筑工程绿色施工》一书，比较全面地总结了近几年有关绿色施工的研究成果和实践经验，对我国推进绿色施工的思路和方法进行了有益的探索，并针对绿色施工的关键环节和疑难问题提供了案例，内容丰富，实用性强。相信本书很值得业内人士参考和借鉴，有利于广大建筑业企业准确把握绿色施工内涵，全面深入地实施绿色施工。本书作者都是多年从事建设工程设计、施工和管理的同志，长期关注和研究绿色施工，这种好学深思的精神值得赞扬。

党的十八大提出的全面建成小康社会和全面深化改革开放的宏伟目标，为建筑业发展提供了极大的动力。可以预见，在相当长的一段时期，我国建设规模仍将保持较快增长。同时，社会各方面对建造水平和服务品质的期望不断提高，节能减排的要求越来越严，建筑业转变发展方式的任务十分艰巨。我们每个企业、每个建设工作者都要有强烈的责任感和紧迫感，通过不懈的努力，真正使建筑业成为一个现代化的产业，一个低碳绿色的产业，一个高贡献率的产业，一个自觉履行社会责任的产业。

中国建筑业协会会长

郑一军

序　二

绿色施工是在国家建设“资源节约型、环境友好型”社会，倡导“循环经济、低碳经济”的大背景下提出并实施的。绿色施工从传统施工中走来，与传统施工具有千丝万缕的联系，又有很大的不同。绿色施工紧扣国家循环经济的发展主题，抓住了新形势下我国推进经济转型、实现可持续发展的良好契机，明确提出了建筑业实施节能减排降耗、推进绿色施工的发展思路，对于建筑业在新形势下提升管理水平、强化能力建设、加速自身发展具有重要意义。因此，我们必须把工程项目施工过程中保证质量安全作为基础，把推进技术进步和科学管理作为手段，把施工过程实行“四节一环保”（节能、节材、节水、节地和保护环境）作为重要目标，强调施工过程的环境友好，把这种利国利民的先进施工模式坚持下来、持续下去。

中国建筑工程总公司在世界500强企业排名中已进入前80强。长期以来，公司把追求“一最两跨”作为企业战略目标，把提高发展质量、坚持绿色发展思路、为社会提供满意服务作为企业的最高追求，通过推进绿色施工、绿色建造、绿色设计和绿色建筑，在贯彻国家关于节能减排降耗和低碳经济政策方面做出了积极努力；特别在绿色施工技术研究、绿色施工标准制定、绿色施工示范和绿色施工推进方面取得了一定成效。2012年在南京召开的项目管理论坛会议上，由中国建筑第八工程局发起的关于进一步推进绿色施工的倡议，在中建系统得到了广泛而又积极的响应。目前，绿色施工已在中国建筑工程总公司范围内得到了快速推进。

在推进绿色施工的实践中，我们也认识到，绿色施工作为一种先进的施工模式目前还没有得到广泛实施，尚存在思想和认知的障碍、体制和机制的制约。绿色施工可使国家和社会受益，但工程项目实施绿色施工往往需要建筑企业付出一定的成本，客观上存在着整体利益与局部利益的矛盾。正是这种障碍、制约和矛盾的存在，造成了绿色施工推进的动力不足。目前，全国相当一部分地区尚未启动绿色施工；即使在相对发达的地区，绿色施工所取得的进展和成效也很有限，中国建筑工程总公司在绿色施工方面的探索和实践也刚刚起步。但是，绿色施工利国利民，是一种与国家政策导向相一致的先进施工模式，具有强大的生命力和广阔的发展前景，需要从构建绿色施工相关法规政策和标准体系、明确相关方责任、建立健全激励机制、强化监督管理、开展专项技术研究等方面进行全面、系统的推进。

中国建筑工程总公司技术中心顾问总工、中国建筑业协会绿色施工分会副会长兼秘书长肖绪文同志组织业内专家撰写的专著《建筑工程绿色施工》在这个时期出版，恰逢其时，对于绿色施工的推进将起到促进作用。该同志从事建筑行业工作四十余年，先后主持和参与了近百个工业与民用建筑工程项目的设计和施工，具有丰富的工程经验。受绿色奥运理念的启发，该同志自2003年起就组织启动了绿色施工研究，先后完成了科技部、住房和城乡建设部、财政部和企业下达的多项绿色施工和绿色建造的科研项目和课题，取得了多项绿色施工方面的研究成果，是我国较早推动和开展绿色施工研究的代表人物之一。《建筑工程绿色施工》一书内容丰富，从绿色施工的基本概念、推进背景和现状、推进措施、技术研究和实施案例等方面对绿色施工进行了系统分析和研究，既有基于国家和社会角度的宏观分析，也有基于工程施工项目层面的研究和案例，具有较强的创新性和操作性。期望本书的出版能够对提高工程技术人员绿色施工认识，加快绿色施工推进，指导绿色施工实施起到积极作用。

作为全球最大的建筑企业，中国建筑工程总公司热忱期望会同全国施工企业与同行一道，以中国建筑业协会绿色施工分会为合作平台，贯彻我国循环经济的方针政策，继续进行绿色施工研究，继续探索绿色施工推进的体制机制建设，为政府主管部门出谋划策，以加速绿色施工在施工行业的全面推进。

我相信，在国家政策的引导下，在全体施工企业的共同努力下，绿色施工在全国的普及指日可待，必将为我国可持续发展、人们生产和生活环境的改善做出积极贡献！

中建协绿色施工分会名誉会长

中国建筑工程总公司董事长

前 言

人类文明的演进历程始终伴随着对资源的掠夺和自然生态环境的破坏，特别是工业社会以来，人类活动的范围迅速扩大，对自然资源利用的广度与深度急剧扩张，人类不再满足于基本的生存需要，而是不断追求更丰富的物质和精神享受，对物质财富的过度追求和资源环境承载能力之间的矛盾变得异常突出。1972 年罗马俱乐部发表的《增长的极限》警告了当时西方发达国家的高增长、高消费的发展模式将使人与自然处于尖锐的矛盾之中。伴随着经济全球化，发达国家的生产方式和消费模式在全球扩散，以消耗资源为主的制造业被发达国家大量转移到发展中国家，如此循环推移，造成了地球整体环境更加恶化，如果不能引起高度关注，必将造成重大灾难。

新中国是在战争的废墟上建立的。建国初期我国的经济建设经历了快速发展时期之后，虽然历经了“大跃进”、“文化大革命”等曲折，但改革开放后我国经济建设的成就举世瞩目，居民生活水平的快速提高有目共睹。应该承认，这种超常规的增长与相对粗放的经济发展方式也带来了环境恶化、资源浪费等突出问题。当前，我国面临着资源短缺、重点流域水体污染、城市空气环境恶化、生态退化等严重的环境问题，必须下大力气转变经济发展方式，减小工业化生产对资源环境造成的负面影响。

作为国民经济中的重要物质生产部门，建筑业恰恰是一个资源消耗巨大，污染排放集中、覆盖面和影响面广的行业。一方面，施工过程是建筑产品的生成阶段，需要消耗大量的水泥、钢材、木材、玻璃等各种材料，需要各类施工机具、运输设备的投入配套。另一方面，在施工过程中释放大量的扬尘、噪声、废水、固体废弃物等污染，影响了现场及其周围公众的生产生活，给整个城市带来巨大改观的同时，也造成了负面环境影响。另外，近十余年来我国城镇化的推进速度惊人，可以预见未来的二三十年，随着我国城镇化建设的发展，建设规模仍会保持较快增长，对资源的巨大需求仍将保持高速增长。此外，随着我国经济社会发展水平的提高，人们对健康与环境更加关注，加上施工行业劳动力资源短缺等因素的影响，要求施工模式必须发生相应转变，必须高效利用各种资源，特别是人力资源，必须在出色完成国家经济建设赋予的任务的同时，最大限度地减少施工对环境产生的负面影响，改善作业条件，减轻劳动强度，实现资源集约和环境友好。因此，建筑业应以科学发展观为指导，贯彻可持续发展战略，在工程建设中厉行节约，保护环境，以人为本，通过建筑工业化、信息化改造产业形态，继续加速技术进步，大力推进绿色施工，为实现我国的“碧海、蓝天、绿地”的生态建设目标贡献一己之力。

近十多年来，我国从建筑全生命周期概念入手，先后启动了建筑节能、绿色建筑等颇具战略影响的绿色行动，均取得了良好成效。特别是2006年《绿色施工导则》的发布，对绿色施工概念有了权威性的界定和解释。2010年《建筑工程绿色施工评价标准》GB/T 50640—2010的发布，明确了绿色施工的基本内容，实现了工程项目实施绿色施工的基本考核，为实践和推广绿色施工奠定了基础。

伴随着绿色施工的逐步推进，我们愈加意识到这是一个复杂的系统工程。比如，现阶段绿色施工的投入与收益存在错位，相应的激励机制存在缺位，致使绿色施工推进乏力。再如，业界对绿色施工存在模糊认识，特别是诸如绿色建筑、低碳施工、清洁生产、环保施工等各种概念鱼贯而出，使人们眼花缭乱、应接不暇，行动上就更是捉襟见肘，难能真正落到实处。总之，现阶段绿色施工推进仍然存在着认知、体制和机制的制约，但我们坚信绿色施工的推进利国利民，必然会成为一种趋势，在行业内生根发芽，开花结果。

我们认为，要推进绿色施工首先还是要解决认知问题。工程项目建设相关方清晰准确把握绿色施工内涵之时，就是绿色施工全面推进之日。我们撰写本书的初衷就是希望对业界解决绿色施工的认知问题能有所助益，以便使施工行业科学把握绿色施工的本质特征，引导绿色施工科学健康发展，逐步在业内全面推进绿色施工。

基于国家“十二五”科技支撑计划项目《建筑工程绿色建造关键技术研究与示范》的研究成果，为进一步推进绿色施工，特撰写本书；旨在梳理绿色施工的整体脉络，明确绿色施工的基本内涵，区分其与绿色建筑、节能降耗、文明施工、节约型工地等易混淆概念，介绍绿色施工方法、绿色施工的策划与实施、绿色施工评价和绿色施工技术发展等基本内容，使读者能够真正理解绿色施工的内涵、基本内容和实施方式。同时，收集整理了一些建筑工程项目绿色施工主要环节的案例，供专业人员参考。本书主要面向施工行业的工程技术和管理人员，希望能起到抛砖引玉的作用，为普及和推广绿色施工尽绵薄之力。

中国建筑第八工程局马荣全总工参与第 3 章的撰写，中国建筑股份有限公司科技与设计管理部蒋立红总经理参与第 4 章的撰写，中建安装工程有限公司罗能镇董事长参与第 6 章的撰写，清华大学土木水利学院张智慧教授参加了本书框架和内容的讨论，提出了许多意见和建议。此外，冯大阔博士后、关军博士和陈兴华先生提供了文字和资料支持，湖南省建筑工程集团总公司陈浩总工、肖燎先生，中国建筑第八工程局赵俭女士和苗冬梅女士为本书分别提供了综合案例和其他案例，在此一并表示感谢！

受著者水平所限，文中定有不妥之处，敬请专家与同行不吝赐教！

目　　录

第1章 概　　论

新中国自建立以来，经历了计划经济和市场经济，这两种经济体制的差异和对立，全方位地影响着工程建设的各个层面。在计划经济向市场经济转型的过程中，我国施工行业经历了观念的持续转变、生产关系和方式的痛苦变革，同时也使我国施工行业迎来了有质量的快速发展。正是这种转变的实现和理念的引导，目前建筑施工企业建立和形成了以市场引导企业发展、以工程项目盈利求得企业生存与发展的理念；我国工程施工能力得到了快速提升，施工企业形成了走出国门、与国际著名承包商同台竞技的实力和能力。可以说，我国施工行业全面能力提升的主动力源于这种经济体制改革的推进。现在，我国经济发展面临着新的发展机遇和挑战，国家提出发展循环经济的思路，是新形势下各个行业必须遵循的基本原则和要求。绿色施工的提出与推进，正是施工行业为适应这种经济建设改革发展的需要而提出的基本对策。因而，我们必须认真研究绿色施工提出的背景，搞清楚绿色施工是什么，做什么，怎么做，从哪里来，到哪里去等基本问题，才能提高推进绿色施工的自觉性。

1.1　施工模式分析

1.1.1　改革开放前的施工模式

建国初期，百业待兴，要在历经数十年战乱的废墟上建设社会主义新中国，首先必须解决的是走哪条发展道路的难题。我国学习苏联模式，确立了计划经济体制。在艰苦奋斗、勤俭建国方针的指引下，通过全国人民的共同努力，我国的经济建设取得了快速进步，综合实力得到了显著提高。建筑施工行业与其他行业一样，在非常薄弱的基础上起步、发展和壮大。一方面，大规模的经济建设为施工行业施展才能提供了广阔的空间；另一方面，从旧中国走过来的施工行业处于落后状态，大规模的经济建设需求与落后的施工生产能力的矛盾异常突出。当时的中央政府提出和实施的“军转工”等迅速扩充建筑力量的措施，为加快经济建设发挥了重要作用。在计划经济体制下，以保证质量、安全和工期为目标的基本建设模式得到了快速发展，成功地满足了国家经济建设的基本需求。

“一五”时期，我国制定的基本建设计划贯彻了先进可行的原则，注重了综合平衡，因而取得了建设速度与工程质量相互兼顾、协同发展的良好效果。此后受“大跃进”思想影响，国民经济计划制定的科学性缺失，也波及施工行业。基本建设一度热衷于盲目铺摊子，由于忽略了物质生产与供给的综合平衡，导致计划缺口越来越大，建设周期越来越长。如“四五”时期施工的大中型项目，同期建成投产的只有25%。最终当这样的经济发展方式被“叫停”的时候，基本建设规模强制性的大规模缩减，施工行业经历了大起大落的震荡，国家损失巨大。在大锅饭、供给制的经济体制之下，建筑工程施工的承发包制度被废除，法定利润被取消，施工行业的生产能力被肢解，施工企业无经营自主权可言。“文化大革命”中，承发包制度再次被当作“修正主义”的东西被大批特批，企业的许多合理制度和做法被批为“管、卡、压”，施工行业的发展和进步一度受到很大影响。曾经流传的顺口溜：“一是房子不按规划盖，二是建设程序倒过来，三是施工计划倒着排，四是建筑材料甲方带，五是施工队伍调动快，六是价值法则被破坏”，正是对当时建筑业状态和施工模式的一种描述。

在计划经济体制下，建筑施工企业的生产任务、物资供应都来自于国家计划，重点工程实施较好，一般项目受制较多，工程质量和安全情况总体稳定，但企业自主性和经营效率不高，工艺技术水平较低，施工机械设备较少，性能也不够好，总体工程技术能力不高。在物资供应等环节中，设备是由建设单位订货，设备安装是由建设单位另行发包，国拨物资和二类机电产品也是由建设单位供应，这样很容易造成责任不清或停工待料，工程进度缺乏足够的保障。工程建设中，往往把“三边”工程作为先进模式推广，时常造成大量返工，工程效率不高。在计划经济体制下，施工企业生存与发展状态都受体制约束，工程施工目标的实现程度难能有效保证，施工企业对工程项目施工过程无法做到有效控制，无法实现对安全、质量、成本、工期等目标的全面保证，工程施工兼顾环境保护和文明施工等要求，就更无从谈起了。

1.1.2 改革开放后的施工模式

改革开放后，中国走上了以经济建设为中心的发展道路，大规模经济建设蓄势待发。借鉴发达国家建筑业的发展经验，从中国国情出发，中央领导提出建筑业是支柱产业。这是新中国成立以来我们国家对建筑业在国民经济中的地位、性质和作用第一次做出的科学界定，为我国建筑业的发展和改革指明了方向。伴随着改革开放的推进，我国经济发展模式和分配制度发生了重大变革，建筑施工企业必须转变发展方式，以适应新的发展形势。历经多年的改革，国家推出了一系列政策和体制机制改革的制度，逐渐把施工企业真正推向了市场竞争的舞台，引导施工企业较快适应国家经济体制改革和发展要求。

1984 年以前，建筑业的改革是在产品经济模式下进行的，这期间也逐步渗入了一些商品经济的做法。1985 年以后，建筑业的改革开始向商品经济模式转换。标志之一是全面推行招标承包制，标志之二是全国建筑市场开放，大量农村建筑队进城，破除了以行政办法分配任务的局面，建筑活动中引入了竞争机制。无论国营建筑企业，还是集体建筑企业，都开始接受建筑市场的检验，能否转变思想观念和经营机制成为施工企业抓住市场化发展机遇的关键。在此期间，国家推行的建筑企业改革、工程建设招标和建设工程监理等一系列制度，逐步推动建筑业从产品经济向商品经济转变，企业在竞争中求生存，在生存的基础上谋发展，其实力和能力得到了显著提高。这一历史时期，施工企业逐渐建立和形成了以工程质量为本、以安全生产为根、以建设单位为“上”、强化服务、保障工期、以满足建设单位要求为前提、以工程项目成本核算与控制为手段、以实现企业盈利为主线的现代化企业管理制度。施工企业不再依赖完成国家计划下达的工程施工任务，而是要独立核算、自主经营、自揽工程、自负盈亏，这是施工企业面对国家改革和发展要求在经营方式上所实现的重大转变。

自 1987 年国家五部委学习推广鲁布革工程管理经验[1]以来，我国

---

[1] 20 世纪 80 年代初实施的鲁布革工程是我国第一个利用世界银行贷款并实行国际招标的基本建设项目，日本大成公司所承建的引水隧道工程采用全过程的总承包项目管理，以精干的组织、科学的管理、适用的技术达到了工程质量好、用工用料省、工程造价低的显著效果，创造了隧洞施工国际一流水平，对我国传统的投资体制、施工管理模式乃至企业组织结构等都提出了挑战。

的建筑施工企业开始践行“强项目、减层次、精机关”的管理思路，实施管理层与作业层分离，建立完善企业内部要素市场，逐步建立了与项目管理相适应的管理体制。这一时期，一批集团型企业发展成为总承包类型的企业，专业化特长突出的工程公司通过“精干削枝”转变成为智力密集型的专业化企业，还有一大批配套的劳务企业应运而生。特别是实行建筑企业资质管理以来，引导了一批企业做大做强，一批中小企业做专做精。施工方式开始向工程项目总承包、专业化施工与社会化协作的方向发展，施工队伍素质和工程建设水平有了很大提高。

1998～2003年，我国建筑业经历了出台法规数量最多、法规效力最强的一个时期。期间出台的建筑业相关法律有：《中华人民共和国建筑法》、《中华人民共和国招标投标法》、《中华人民共和国合同法》；行政法规有：《建设工程质量管理条例》、《建设工程勘察设计管理条例》；部门规章包括：《建筑业企业资质管理规定》、《工程监理企业资质管理规定》、《建筑工程勘察设计企业资质管理规定》、《建设工程勘察设计市场管理规定》、《实施工程建设强制性标准监督规定》、《建设工程监理范围和规模标准规定》、《超限高层建筑工程抗震设防管理规定》、《工程建设项目招标代理机构资格认定办法》、《建筑市场稽查暂行办法》、《建设工程设计招投标管理办法》、《房屋建筑和市政基础设施施工招标投标管理办法》、《建筑工程施工发包与承包计价管理办法》、《建筑业工程施工许可管理办法》、《房屋建筑和市政基础设施工程竣工验收备案暂行办法》、《住宅室内装饰装修管理办法》、《工程造价咨询单位管理办法》，等等。这些法律法规形成了较为完整的建筑业和工程建设法规体系。2003年，我国又开始推行建造师执业制度。这一时期，我国的建筑工程管理体制得到了不断创新，许多大中型项目引进了国际先进的工程项目管理模式，加速了工程施工能力和水平的提高。

迄今，我国市场经济体制基本完善，建筑业和工程建设的法规体系基本形成，建筑行业市场规则和管理制度基本建立，开放、竞争的市场秩序基本形成。企业已经成为市场竞争的主体，企业实力不断强化，现代化企业管理制度基本确立，建筑业改革和发展取得了显著成绩；但是应该看到，我国建筑业仍存在一些缺陷。一方面，行业规模超大，产业集中度不高，市场竞争过度，资本运作能力不足，劳动生产效率偏低，从业人员素质不高等；另一方面，传统的安全、质量、成本和进度目标得到了较好的重视和控制，但对环境保护、工程风险管控等新形势下更应重点关注的目标要素的重视远远不够。特别是在公众日益广泛关注的环境保护方面存在着施工企业重视不够、环境保护的相关法规政策体系不健全、激励机制尚未建立等问题，致使大部分施工企业面对竞争过度的市场环境，在环境保护方面往往采取能省则省、能简则简的应对方式，控制并减少工程施工对环境产生的负面影响实际上变成了一纸空文。

总之，在我国经济体制改革过程中，旧体制的存在和发展是与当时的历史条件相适应的。伴随着社会的变化和经济发展阶段的提升，社会对施工活动的要求越来越高，这标志着工程施工现代化水平的机械化、工业化和信息化必将扮演越来越重要角色，工程施工模式、方式、方法和管理的重点也必须适应这种现代化施工的发展趋势。

1.2 现代化施工模式探索

社会变革和科技发展都会引起工程施工模式和方法的变革。随着可持续发展成为全世界发展的主题，人们日益关注资源、环境对经济发展的影响和制约，各行各业都开始逐步转变生产方式，走可持续发展道路，机械化、工业化和信息化无疑是现代化施工方式的典型标识，而工程施工过程的绿色化将成为现代化施工的重要目标。

（1）保护环境、高效利用资源、实现施工过程绿色化是现代化施工的重要目标

在当今社会，人们的生活水平越来越高，对环境质量的要求也不断提升，环境已成为全社会关注的焦点。工程施工往往要在露天环境下进行，施工过程中排放的扬尘、噪声、光污染、废水、固体废弃物等将影响现场和周边人们的生产和生活。为了适应社会对环境质量的要求，现代化施工就必须加强对生产过程中污染物的控制，采取有针对性的技术管理措施，减小污染物的产生和排放。作为国民经济的重要物质生产部门，施工行业消耗了大量的自然资源，为响应时代的新要求，就必须重视资源的高效利用。因此，绿色化代表了建筑施工行业向保护环境和高效利用资源发展的大方向，是现代化施工的重要

目标。

（2）机械化、工业化和信息化代表了现代化施工的生产特征，是实现绿色施工的重要支撑

建筑业要真正走上可持续发展道路，适应现代竞争，就要改变传统的施工方式。劳动生产效率低、生产场所的流动与分散、信息化程度不高等都是制约施工效率提高的重要因素。工程施工行业属于劳动密集型行业，机械化程度还有较大提升空间，工业化程度很低，大量现场人工湿作业，使施工效率与发达国家相比还有很大差距。伴随着我国城乡统筹发展、农村环境的改善和就业心理等因素的演变，工程施工劳务供不应求，用工成本必然呈上升趋势。因此，工程施工实施机械化、工业化是施工行业提高劳动生产效率、应对劳动供给不足的重要举措。

建筑工业化最终发展目标就是“像造汽车一样造房子”。因此，建筑配件和结构构件标准化是建筑工业化的基础。建筑工业化的实现可使现场作业变成相对简单的构配件装配，大量减少现场作业和劳动力资源使用。建筑构配件生产逐步实现自动化、专业化流水线生产，可使施工现场大量作业改为室内进行，改变了作业条件，降低了劳动强度，提高了机械化水平，同时也使构配件生产的资源利用更加高效，生产过程更易于控制，污染物排放随之也将明显降低。

另外，信息化是现代化施工的主要方向，是促进建筑工业化、机械化的重要手段。一方面，信息化能使施工的进度、成本、质量和物料管理等实现高效控制；另一方面，信息化有助于促进施工技术管理和创新与管理体系运行有机结合，实现总体协调和融合，提升施工总体水平。如建筑信息化模型（BIM）技术的发展，使施工方案的可行性在计划阶段就得以模拟和检验，有助于解决大型复杂工程的技术难题；又如远程监控技术应用于工程施工，可实现千里之外工程项目施工状况的零距离监控，可大量减少企业管理成本，提高工作效率。

工程施工方式、方法和模式将在环保、工人短缺、社会对工程施工的关注度提高等多重压力下逐步向建筑工业化、施工机械化生产方式转变。建筑工业化和施工机械化方式，使得大部分施工活动在工厂进行，有利于节约资源和控制污染物排放。信息化则是现代化施工的另一个引擎，可对精细化施工、物料消耗和存储等环节实施集约化管

理。因此，机械化、工业化和信息化将有力支撑施工过程绿色化的发展，代表了现代化施工的主要特征。

（3）减轻劳动强度，改善作业条件，是现代化施工的必然要求，也是施工过程绿色化的重要目标

绿色施工不仅关注节约资源和保护环境，也要突出人文关怀，体现以人为本的原则。在传统施工方式下，建筑工人劳动强度高，常常直接面对酷暑严寒，日晒雨淋，体力耗费大，劳动时间长，作业条件差。现代化施工强调以人为本，把改善作业条件、降低劳动强度、保护劳动力资源作为重要目标，以推进技术和管理进步为手段，不断提高建筑工业化水平、施工机械化和信息化程度，改善建筑工人作业方式和作业条件，提升工程施工现代化的总体水平。

1.3 绿色施工开展背景

1.3.1 国际背景

绿色施工（Green Construction）是我国奉行的经济可持续发展思想在建筑施工领域的基本体现，也是国际上奉行的可持续建造与我国工程实践结合的可行模式。1993 年，Charles J. Kibert 教授提出了可持续施工（Sustainable Construction）[1] 的概念，强调在建筑全生命周期中力求最大限度实现不可再生资源的有效利用、减小污染物排放和降低对人类健康的负面影响，阐述了可持续施工在保护环境和节约资源方面的巨大潜能。随着可持续施工理念的成熟，许多国家开始实施可持续施工或绿色施工，促进了绿色施工的发展与推广。

在发达国家，绿色施工的理念已经融入了建筑行业各个部门与机构，同时引起了最高领导层和消费者的关注。2009 年 3 月，国际标准委员会首次发起为新建与现有商业建筑编写《国际绿色施工标准》，该标准已被广泛参考和使用。在绿色施工评价方面，许多发达国家基于建筑全生命周期思想开发了自己的建筑环境影响评价体系，影响力较大的有：英国的环境评价法（BREEAM）、美国的能源及环境设计先导计划（LEED）、日本的建筑环境综合评价体系（CASBEE）等。这

---

[1] Kibert C. J. Sustainable construction：green building design and delivery [M]. John Wiley & Sons. 1993.

些评价标准都是以建筑的全生命周期为对象，即包括了从原材料采掘、建材生产、建筑构配件加工、建筑与安装工程、建筑运行与维护和拆除等的整个周期，所提到的“Construction”的实质是“建造”，涵盖了施工图设计与施工，与我国所说的“施工”外延不同。因而这些标准对施工阶段环境影响评价的取向不完全符合我国工程建设的实际特点，针对施工的内容比较粗略。我国倡导的绿色施工评价体系在国际上还鲜有建立，在内容上也比上述国际标准更为具体，体现了中国工程建设行业的特点。

1.3.2 国内背景

我国对绿色施工的关注源于对绿色建筑的探索与推广。随着人们对绿色建筑和生态型住区的渴望和追求，我国在绿色建筑领域出台了相应的政策和标准。2001年建设部编制了《绿色生态住宅小区建设要点与技术导则》，提出以科技为先导，推进住宅生态环境建设及提高住宅产业化水平；以住宅小区为载体，全面提高住宅小区节能、节水、节地水平，控制总体治污，带动绿色产业发展，实现社会、经济、环境效益统一。2005年建设部和科技部颁布《绿色建筑技术导则》，2006年又发布《绿色建筑评价标准》GB/T 50378—2006，2007年发布《绿色建筑评价技术细则（试行）》和《绿色建筑评价标识管理办法》，并在全国组织建设了一批建筑节能示范工程、康居工程、健康住宅等。

伴随着建筑节能和绿色建筑的推广，在施工行业推行绿色化也开始受到关注，基于这样的背景，绿色施工在我国被提出并持续推进。

1.4 绿色施工的提出

早在十年前，我国的一些企业和地方政府就开始关注施工过程产生的负面环境影响的治理。有一些企业在2003年就开始进行绿色施工研究，先后取得了一大批重要的技术成果。北京市建委为控制和减少施工扬尘，加大治理大气污染力度，规定从2004年起，北京建筑工地全面推行绿色施工。2009年深圳市发布《深圳市建筑废弃物减排与利用条例》，明确规定建筑废弃物的管理遵循减量化、再利用、资源化的原则，提出了建筑废弃物要再利用或再生利用，不能再利用或再生利用的应当实行分类管理、集中处置。

“十一五”期间，住建部以绿色建筑为切入点促进建筑业可持续发展，组织了中国建筑科学研究院和中国建筑工程总公司等单位开展绿色施工的调查研究，于2007年发布了《绿色施工导则》，对建筑施工中的节能、节材、节水、节地以及环境保护（简称“四节一环保”）提出了一系列要求和措施，对绿色施工有了权威性的界定。2010年住房和城乡建设部发布国家标准《建筑工程绿色施工评价标准》GB/T 50604—2010，为绿色施工评价提供了依据。在施工现场噪声控制方面，国家标准《建筑施工场界环境噪声排放标准》GB 12523—2011规定了施工现场噪声排放的限值。2011年住房和城乡建设部发布了《建筑工程可持续评价标准》JGJ/T 222—2011，对建筑工程物化阶段、运行维护阶段、拆除处置阶段的环境影响进行定量测算和评价，为量化评估建筑工程环境影响提供了标准和依据。

伴随着建筑领域绿色化进程的深入，绿色施工开始受到重视，相关的指导政策和国家标准相继颁布，绿色施工开始逐步推进，并逐渐成为建筑施工方式转变的主旋律。

第2章　绿色施工的概念

2.1　绿色施工的定义

“绿色”一词强调的是对原生态的保护，是借用名词，其实质是为了实现人类生存环境的有效保护和促进经济社会可持续发展。对于工程施工行业而言，在施工过程中要注重保护生态环境，关注节约与充分利用资源，贯彻以人为本的理念，行业的发展才具有可持续性。绿色施工强调对资源的节约和对环境污染的控制，是根据我国可持续发展战略对工程施工提出的重大举措，具有战略意义。

关于绿色施工，具有代表性的定义主要有如下几种：

住房和城乡建设部颁发的《绿色施工导则》认为，绿色施工是指“工程建设中，在保证质量、安全等基本要求的前提下，通过科学管理和技术进步，最大限度地节约资源与减少对环境负面影响的施工活动，实现四节一环保（节能、节地、节水、节材和环境保护）”。这是迄今为止，政府层面对绿色施工概念的最权威界定。

北京市建设委员会与北京市质量技术监督局统一发布的《绿色施工管理规程》DB 11513—2008认为，绿色施工是“建设工程施工阶段严格按照建设工程规划、设计要求，通过建立管理体系和管理制度，采取有效的技术措施，全面贯彻落实国家关于资源节约和环境保护的政策，最大限度节约资源，减少能源消耗，降低施工活动对环境造成的不利影响，提高施工人员的职业健康安全水平，保护施工人员的安全与健康”。

《绿色奥运建筑评估体系》认为，绿色施工是“通过切实有效的管理制度和工作制度，最大限度地减少施工活动对环境的不利影响，减少资源与能源的消耗，实现可持续发展的施工技术”。

还有一些定义，如：绿色施工是以可持续发展作为指导思想，通过有效的管理方法和技术途径，以达到尽可能节约资源和保护环境的施工活动。

以上关于绿色施工的定义，尽管说法有所不同，文字表述有繁有简，但本质意义是完全相同的，基本内容具有相似性，其推进目的具有一致性，即都是为了节约资源和保护环境，实现国家、社会和行业的可持续发展，从不同层面丰富了绿色施工的内涵。另外，对绿色施工定义表述的多样性也说明了绿色施工本身是一个复杂的系统工程，难以用一个定义全面展现其多维内容。

综上所述，绿色施工的本质含义包含如下方面：

(1) 绿色施工以可持续发展为指导思想。绿色施工正是在人类日益重视可持续发展的基础上提出的，无论节约资源还是保护环境都是以实现可持续发展为根本目的，因此绿色施工的根本指导思想就是可持续发展。

(2) 绿色施工的实现途径是绿色施工技术的应用和绿色施工管理的升华。绿色施工必须依托相应的技术和组织管理手段来实现。与传统施工技术相比，绿色施工技术有利于节约资源和环境保护的技术改进，是实现绿色施工的技术保障。而绿色施工的组织、策划、实施、评价及控制等管理活动，是绿色施工的管理保障。

(3) 绿色施工是追求尽可能减少资源消耗和保护环境的工程建设生产活动，这是绿色施工区别于传统施工的根本特征。绿色施工倡导施工活动以节约资源和保护环境为前提，要求施工活动有利于经济社会可持续发展，体现了绿色施工的本质特征与核心内容。

(4) 绿色施工强调的重点是使施工作业对现场周边环境的负面影响最小，污染物和废弃物排放（如扬尘、噪声等）最小，对有限资源的保护和利用最有效，它是实现工程施工行业升级和更新换代的更优方法与模式。

2.2 与传统施工的关系

施工是指具备相应资质的工程承包企业，通过管理和技术手段，配置一定资源，按照设计文件（施工图），为实现合同目标在工程现场所进行的各种生产活动。绿色施工基于可持续发展思想，以节约资源、减少污染排放和保护环境为典型特征，是对传统施工模式的创新。无论哪种施工方式，都包含五个基本要素：对象、资源、方法和目标。

绿色施工与传统施工在许多要素方面是相同的：一是有相同的对象——工程项目，即无论哪种施工方式，都是为工程项目建设任务；二是配置相同的资源——人、设备、材料等；相同的实现方法——工程管理与工程技术方法。绿色施工的本质特征还是施工，因此必然带有传统施工的固有特点。

二者的不同点主要表现在如下两个方面：

一是绿色施工与传统施工的最大不同在于施工目标。不同的经济体制决定了工程施工不同的目标要求。如在计划经济时代，施工主要为了满足质量与安全的要求，尽可能保证工期，经济要求服从计划安排。改革开放后，市场经济体制逐步建立，工程施工由建筑产品生产转化为建筑商品生产；施工企业开始追求经济利益最大化的目标，工程项目施工目标控制增加了工程成本控制的要求。因此，施工企业为了赢得市场竞争，必须要对工程质量、安全文明、工期等目标高度重视。为了在市场环境下求得发展，也必须在工程项目实施中实现尽可能多的盈利，这是在市场经济条件下施工企业必须面对的现实问题，相对计划经济体制工程施工增加了成本控制的目标。绿色施工要求对工程项目施工以保护环境和国家资源为前提，最大限度实现资源节约，工程项目施工目标在保证安全文明、工程质量和施工工期以及成本受控的基础上，增加以资源环境保护为核心内容的绿色施工目标，这也是顺应了可持续发展的时代要求。工程施工控制目标数量的增加，不仅增加了施工过程技术方法选择和管理的难度，也直接导致了施工成本的增加，造成了工程项目控制困难的加大。而且环境和资源保护方面的工作做得越多越好，可能成本增加越多，施工企业面临的亏损压力就会越大。

二是需要特别强调的是绿色施工与传统施工的“节约”是不同的。根据《绿色施工导则》的界定，绿色施工的落脚点在于实现“四节一环保”，这种“节约”有着特别的含义，其与传统意义的“节约”的区别表现为：（1）出发点（动机）不同：绿色施工强调的是在环境保护前提下的节约资源，而不是单纯追求经济效益的最大化。（2）着眼点（角度）不同：绿色施工强调的是以“节能、节材、节水、节地”为目标的“四节”，所侧重的是对资源的保护与高效利用，而不是从降低成本的角度出发。(3) 落脚点（效果）不同：绿色施工往往会造成施工成本的增加，其落脚点是环境效益最大化，需要在施工过程中增加对国家稀缺资源保护的措施，需要投入一定的绿色施工措施费。(4) 效益观不同：绿色施工虽然可能导致施工成本增大，但从长远来看，将使得国家或相关地区的整体效益增加，社会和环境效益改善。可见，绿色施工所强调的“四节”并非以施工企业的“经济效益最大化”为基础，而是强调在环境和资源保护前提下的“四节”，是强调以可持续发展为目标的“四节”。因此，符合绿色施工做法的“四节”，对于项目成本控制而言，往往会造成施工成本的增加。但是，这种企业效益的“小损失”，换来的却是国家整体环境治理的“大收益”。

2.3 与相关概念的关系

2.3.1 与绿色建筑的关系

在我国，绿色施工是在绿色建筑之后提出的，因此，首先要辨析这两者的区别。《绿色建筑评价标准》GB/T 50378—2006 中将绿色建筑定义为：“在建筑的全寿命周期内，最大限度地节约资源（节能、节地、节水、节材）、保护环境和减少污染，为人们提供健康、适用和高效的使用空间，与自然和谐共生的建筑”。

根据这一定义，绿色建筑的内涵主要包括以下三个方面：

(1) 绿色建筑的目标是建筑与自然以及使用建筑的人三方的和谐。绿色建筑与人、自然的和谐体现在其功能是提供健康、适用和高效的使用空间，并与自然和谐共生。“健康”代表以人为本，满足人们使用需求；“适用”代表在满足功能的前提下尽可能节约资源，不奢侈浪费，不过于追求豪华；“高效”代表资源能源的合理利用，同时减少二氧化碳排放和环境污染。绿色建筑以人、建筑和自然环境的协调发展为目标，在利用天然条件和人工手段创造良好、健康的居住环境的同时，尽可能地控制和减少对自然环境的使用和破坏，充分体现向大自然的索取和回报之间的平衡。(2) 绿色建筑注重节约资源和保护环境。绿色建筑强调在全生命周期，特别是运行阶段减少资源消耗（主要是指对能源和水的消耗），并保护环境、减少温室气体排放和环境污染。

（3）绿色建筑涉及建筑全生命周期，包括物料生成、施工、运行和拆除四个阶段，但重点是运行阶段。绿色建筑强调的是全生命周期实现建筑与人、自然的和谐，减少资源消耗和保护环境，实现绿色建筑的关键环节在于绿色建筑的设计和运营维护。

经过对绿色建筑内涵的剖析，不难看出绿色建筑与绿色施工的区别与联系。

从两者的联系来看，主要表现在：一方面，两者在基本目标上是一致的。两者都追求了“绿色”，都致力于减少资源消耗和保护环境。另一方面，施工是建筑产品的生成阶段，属于建筑全生命周期中的一个重要环节，在施工阶段推进绿色施工必然有利于建筑全生命周期的绿色化。因此，绿色施工的深入推进，对于绿色建筑的生成具有积极促进作用。

同时，两者又有很大的区别。第一，二者的时间跨度不同。绿色建筑涵盖建筑全生命周期，重点在运行阶段；而绿色施工主要针对建筑生成阶段。第二，二者的实现途径不同。绿色建筑的实现主要依靠绿色建筑设计和提高建筑运行维护的绿色化水平；而绿色施工主要针对施工过程，通过对施工过程的绿色施工策划，并加以严格实施实现。第三，二者的对象不同。绿色建筑强调的主要是对建筑产品的绿色要求，而绿色施工强调的是施工过程的绿色特征。所有的建筑产品中，符合绿色建筑标准的产品可以称之为绿色建筑；所有的施工活动中，达到绿色施工评价标准的施工活动可以称为绿色施工。就特定的绿色建筑而言，其生成阶段不一定符合绿色施工标准；就特定的施工过程而言，绿色施工最终建造的产品也不一定达到绿色建筑的要求。因此这两者强调的对象有着本质的区别，绿色建筑主要针对建筑产品，绿色施工主要针对建筑生产过程，这是二者最本质的区别。

绿色建筑和绿色施工是绿色理念在建筑全生命周期内不同阶段的体现，但其根本目标是一致的，它们都把追求建筑全生命周期内最大限度实现环境友好作为最高追求。

2.3.2 与绿色建造的关系

目前，与绿色施工最容易混淆的概念是绿色建造。英语单词中“施工”和“建造”均为“construction”，但我国的所谓“施工”内涵却与国外“construction”的内涵存在较大区别。绿色建造是指在施工图设计和施工全过程中，立足于工程建设总体，在保证安全和质量的同时，通过科学管理和技术进步，提高资源利用效率，减少污染，保护环境，实现可持续发展的工程建设生产活动。

绿色建造的内涵，主要包含以下五个方面：

（1）绿色建造的指导思想是可持续发展。绿色建造正是在人类日益重视可持续发展的基础上提出的，绿色建造的根本目的是实现建筑业的可持续发展。

（2）绿色建造的本质是工程建设生产活动，但这种活动是以保护环境和节约资源为前提的。绿色建造中的厉行节约是强调在环境保护前提下的节约，与传统施工中的节约成本、单纯追求施工企业的经济效益最大化有本质区别。

（3）绿色建造的基本理念是“环境友好、资源节约、过程安全、品质保证”。绿色建造在关注工程建设过程安全和质量保证的同时，更注重环境保护和资源节约，实现工程建设过程的“四节一环保”。

（4）绿色建造的实现途径是施工图绿色设计、绿色施工技术进步和系统化的科学管理。绿色建造包括施工图绿色设计和绿色施工两个环节，施工图绿色设计是实现绿色建造的基础，科学管理和技术进步是实现绿色建造的重要保障。

（5）绿色建造的实施主体是施工单位，并需由相关方共同推进。政府应是绿色建造的主导方，建设单位应是绿色建造的发起方，施工单位是绿色建造实施的责任主体。

绿色建造是在倡导“可持续发展”、“循环经济”和“低碳经济”等大背景下借鉴国外工程建设模式所引入的一种工程建设理念，要求所有建造参与者积极承担社会责任，在施工图设计和施工的过程中，综合考虑环境影响和资源利用效率，追求各项活动的资源投入减量化、资源利用高效化、废弃物排放最小化，最终达到“资源节约、环境友好、过程安全、品质保证”的建造目标。

因此，绿色施工和绿色建造的最大区别在于绿色建造包括施工图设计阶段。绿色建造是在绿色施工的基础上，向前延伸至施工图设计的一种施工组织模式（图 2-1），绿色建造包括施工图的绿色设计和工程项目的绿色施工两个阶段。因此，倡导绿色建造绝不是施工图设计与施工两个过程的简单叠加，可以促使施工图设计与施工过程实现良好衔接，可使施工单位基于工程项目的角度进行系统策划，实现真正意义上的工程总承包，提升工程项目的绿色实施水平。

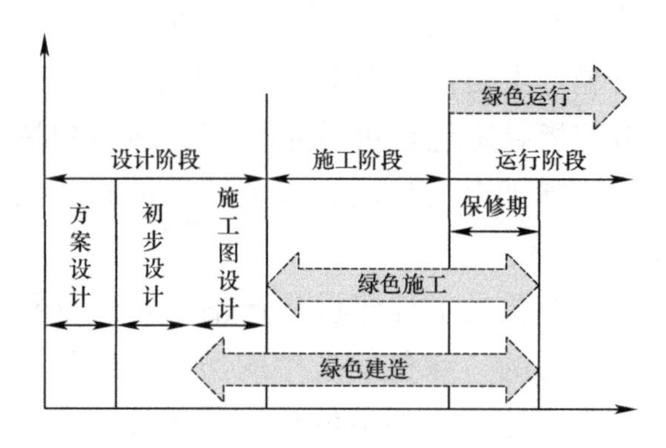

图 2-1　绿色建造与绿色施工的关系示意图

绿色建造与绿色施工的这种区别，将导致工程实施效果的较大不同。相比于绿色施工，绿色建造对绿色建筑的建成具有举足轻重的作用。绿色建造有利于施工单位站在项目总体的角度统筹资源，实现资源能源的高效利用。传统的工程承包模式中，施工图是设计单位的最终技术产品，与施工单位主导的施工过程是分离的。绿色建造可以将施工图设计和施工过程进行有机结合，它能够促使施工单位立足于工程总体角度，从施工图设计、材料选择、楼宇设备选型、施工方法、工程造价等方面进行全面统筹，有利于工程项目综合效益的提高。同时，绿色建造要求施工单位通过科学管理和技术进步，制定资源节约措施，采用高效节能的机械设备和绿色性能好的建筑材料，改进施工工艺，最大限度的利用场地资源，增加对可再生能源的利用程度，加强建筑废弃物的回收利用，从而提高工程建造过程的资源利用效率，减少资源消耗，实现“四节一环保”。因此，绿色建造对于减少建筑的资源消耗和保护环境，最终打造成绿色建筑，具有举足轻重的影响。

绿色建造代表了未来中国建筑业生产模式的发展方向，也代表了绿色施工的演变方向。但我国建筑业设计、施工分离的状态仍将在较长时期内持续，因此在现阶段推进绿色施工仍然具有积极的现实意义。

2.3.3　与清洁生产的关系

1997 年，联合国环境规划署将清洁生产定义为：“在工艺、产品、服务中持续应用整合且预防的环境策略，以增加生态效益和减少对人类和环境的危害和风险。”

2012年7月起执行的《清洁生产促进法》将清洁生产定义为："不断采取改进设计、使用清洁的能源和原料、采用先进的工艺技术与设备、改善管理、综合利用等措施，从源头削减污染，提高资源利用效率，减少或者避免生产、服务和产品使用过程中污染物的产生和排放，以减轻或者消除对人类健康和环境的危害。"

以上定义都反映出清洁生产的核心内容是生态与环保，清洁生产关注的根本目标是环境和人类健康。清洁生产主要强调清洁能源、清洁生产过程和清洁产品三个重点：(1) 清洁能源，倡导开发节能技术，尽可能开发利用可再生能源以及合理高效利用常规能源。(2) 清洁生产过程，倡导尽可能不用或少用有毒害原材料和中间产品，强化材料和中间产品的回收、重复利用，提高资源效率，减少废弃物排放。(3) 清洁产品，倡导以不危害健康和生态环境为主导因素来考虑产品的制造过程甚至包括报废之后的回收利用，以减少原材料和能源使用，生产污染小的产品。

清洁生产与绿色施工既有密切联系，又有区别。

就联系而言，清洁生产是绿色施工的理论基础之一，绿色施工将清洁生产的理论应用于施工过程。清洁生产倡导对产品、产品的生产过程及产品服务采取预防污染的措施以减少污染物的产生。绿色施工则将清洁生产的思想应用于工程施工领域，使施工过程达到"四节一环保"的要求，二者的本质追求基本相同。

这两者也存在着一定的区别。首先，二者的范围不同。绿色施工仅针对建筑产品，而清洁生产则不仅局限于建筑产品，也包括其他产品的清洁生产。其次，二者涉及的阶段也不同，清洁生产包含了产品生产全过程和全生命周期，不仅对生产过程、也对使用和服务过程强调减小环境影响；而绿色施工主要是针对建筑产品的施工和保修过程。再次，二者强调的重点也有所不同。清洁生产主要强调从源头减少污染物的产生和排放，侧重减小对人类健康和环境的影响，而绿色施工除了重视环境保护，也同样重视资源的保护及高效利用，二者的涵盖范围有较大区别。

2.3.4 与节能降耗的关系

倡导"节能降耗"活动，是建筑业当前形势下顺应可持续发展的核心要求。节能降耗是绿色施工的核心内容，但绿色施工还包含节约水、土地、材料等其他资源和保护环境等其他重要内容。推进绿色施工可促进节能降耗进入良性循环，而节能降耗把绿色施工的能源节约与高效利用要求落到了实处。我国是耗能大国，又是能源利用效率较低的国家，当前我们必须把“节能降耗”作为推进绿色建筑和绿色施工的重中之重，抓出成效。节能降耗是绿色施工的重要构成，支撑着绿色施工。

2.3.5 与节约型工地的关系

绿色施工是以环境保护为前提的“节约”，其内涵相对宽泛。节约型工地活动的涵盖范围相对较小，其是以“节约”为核心主题的施工现场专项活动，重点突出了绿色施工中对“节约”的要求，是推进绿色施工的重要组成部分，对于促进施工过程最大限度地实现节水、节能、节地、节材的“大节约”具有重要意义。因此，绿色施工具有比节约型工地更加丰富的内涵，它不仅强调节约，也强调环境保护，以促进可持续发展为根本目的。

2.3.6 与文明施工的关系

文明施工更多强调文化和管理层面的要求，其要求主要体现为达到现场整洁舒畅的一种感官效果，一般通过管理手段实现。绿色施工是基于保护环境、节约资源、减少废弃物排放、改善作业条件等的一种更为深入的要求，需要从管理和技术两个方面双管齐下才能有效实现。可见，文明施工主要局限于施工活动的现场状态，特别注重对生产现场的整洁性、有序性的要求。而绿色施工则以资源节约和环境保护为目的，内涵更加丰富和深入。

2.3.7 与可持续建造的关系

1993 年，美国学者 Charles J. Kibert 教授提出了可持续建造(Sustainable Construction)，并介绍了其在环境保护和节约资源方面的巨大潜力。1994 年首届可持续建造国际会议在美国召开，会议上将可持续建造定义为：“在有效利用资源和遵守生态原则的基础上，创造一个健康的建造环境，并进行维护”。可持续建造强调在建筑生成阶段力求最大限度实现不可再生资源的有效利用、减小污染物排放和降低对健康的负面影响。随着可持续建造理念的日趋成熟，许多国家开始实施可持续建造、环保施工或绿色施工。

可以看出，我国的绿色施工与国际上可持续建造的基本目标是一致的，都是为了在工程建造或施工过程能够发挥保护环境和节约资源的潜力，而在具体内容方面则体现了国情特点，略有区别。主要区别包括：一是二者涉及的建设阶段不同。国外的可持续建造一般涵盖了施工图设计和工程施工两个阶段，而我国的绿色施工主要针对施工阶段而言的。二是二者面向不同的生命周期阶段。可持续建造力求实现的建筑全生命周期的资源高效利用和环境保护，既包括了建筑产品的物化阶段（包括原材料的获取、建筑材料的加工制造、建筑构件的生产和建筑物的施工等阶段）[1]，也包括了建筑运行阶段；而绿色施工主要面向施工阶段。总体而言，可持续建造与绿色施工的指导思想和基本内涵是一致的，发展绿色施工，尽管外延不如可持续建造丰富，但符合当前阶段我国建设行业的体制特点，并具有更强的针对性。

2.3.8 与低碳施工的关系

低碳施工是伴随着低碳建筑概念而提出的。低碳建筑是指在建筑材料与设备制造、施工建造和建筑物使用的全生命周期内，减少化石能源的使用，提高能效，降低二氧化碳排放量。低碳施工是指在工程建设过程中，严格遵循工程规划和设计要求，在保证工程质量、安全等基本要求的前提下，采取有效的管理和技术措施，实现建筑物施工过程的低化石能源消耗和低碳排放。

低碳施工是绿色施工的主要内容之一，绿色施工包含低碳施工。目前，我国的能源构成以化石能源为主，绿色施工中要求的能源节约实质上主要是化石能源的节约。化石能源使用量的降低和利用效率的提高也有助于碳排放量的减少，从而有利于环境保护。当然，绿色施工不仅仅要求降低化石能源的使用和提高利用效率以及减少碳排放量，还包括水资源节约与高效利用、材料资源节约与高效利用、土地资源节约与保护以及控制扬尘、噪声、光污染以及废物排放等，其内涵和外延比低碳施工要大得多。现在，也有专家、学者扩大了低碳施工的外延，将降低环境污染等因素纳入低碳施工，但仍与绿色施工有一定区别。

2.4 绿色施工的实质

推进绿色施工，是在施工行业贯彻科学发展观、实现国家可持续

---

[1] 张智慧，尚春静，钱坤．建筑生命周期碳排放评价［J］．建筑经济，2010（2）：44-46.

发展、保护环境、勇于承担社会责任的一种积极应对措施，是施工企业面对严峻的经营形势和严酷的环境压力时的自我加压、挑战历史和引导未来工程建设模式的一种施工活动。工程施工的某些环境负面影响大多具有集中、持续和突发特征，这决定了施工行业推进绿色施工的迫切性和必要性。切实推进绿色施工，使施工过程真正做到“四节一环保”，对于促使环境改善，提升建筑业环境效益和社会效益具有重要意义。

从施工过程中物质与能量的输入输出分析入手，有助于直观把握施工过程影响环境的机理，进一步理解绿色施工的实质。

从图 2-2 可以看出，施工过程是由一系列工艺过程（如混凝土搅拌等）构成，工艺过程需要投入建筑材料、机械设备、能源和人力等宝贵资源，这些资源一部分转化为建筑产品，还有一部分转化为废弃物或污染物。一般情况下，对于一定的建筑产品，消耗的资源量是一定的，废弃物和污染物的产生量则与施工模式直接相关。施工水平产生的绿色程度愈高，废弃物和污染物的排放量则愈小，反之亦然。

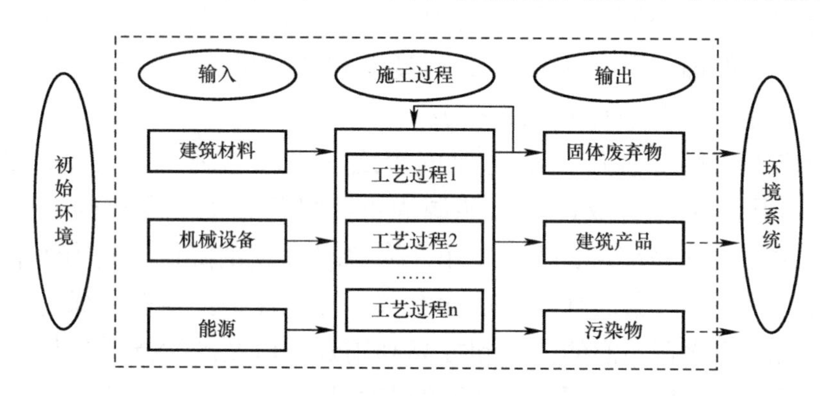

图 2-2　施工过程环境影响示意图

基于以上分析，理解绿色施工的实质应重点把握如下几个方面：

（1）绿色施工应把保护和高效利用资源放在重要位置

施工过程是一个大量资源集中投入的过程。绿色施工要把节约资源放在重要位置，本着循环经济要求的“3R”原则（即减量化、再利用、再循环）来保护和高效利用资源。在施工过程中就地取材、精细施工，以尽可能减少资源投入，同时加强资源回收利用，减少废弃物排放。

（2）绿色施工应将保护环境和控制污染物排放作为前提条件

施工是一种对现场周围乃至更大范围的环境有着相当负面影响的

生产活动。施工活动除了对大气和水体有一定的污染外，基坑施工对地下水影响较大，同时，还会产生大量的固体废弃物排放以及扬尘、噪声、强光等刺激感官的污染。因此，施工活动必须体现绿色特点，将保护环境和控制污染物排放作为前提条件。

（3）绿色施工必须坚持以人为本，注重减轻劳动强度及改善作业条件

施工行业应将以人为本作为基本理念，尊重和保护生命、保障人身健康，高度重视改善建筑工人劳动强度高、居住和作业条件较差、劳动时间偏长的状况。

根据《中国劳动统计年鉴 2011》的统计数据，2006～2010 年城镇就业人员调查周平均工作时间的全国平均水平为 45.8h/周，而建筑业为 49.6h/周，高于全国平均水平 8.3%；法定平均每周工作标准为 40h，建筑业超出法定标准 24%，如图 2-3 所示。基于以人为本的主导思想，着眼于建筑工人短缺的趋势，绿色施工必须将减轻劳动强度、改善作业条件放在重要位置。

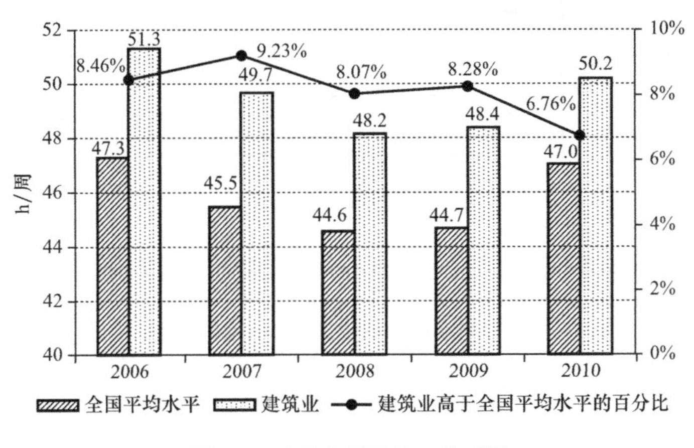

图 2-3　建筑业周平均工作时间

（4）绿色施工必须追求技术进步，把推进建筑工业化和信息化作为重要支撑

绿色施工不是一句口号，也不仅仅是施工理念的变革，其意在创造一种对人类、自然和社会的环境影响相对较小、资源高效利用的全新施工模式。绿色施工的实现需要技术进步和科技管理的支撑，特别要把推进建筑工业化和施工信息化作为重要方向。这两者对于节约资源、保护环境和改善工人作业条件具有重要的推进作用。

总之，绿色施工并非一项具体技术，而是对整个施工行业提出的一个革命性的变革要求，其影响范围之大，覆盖范围之广是空前的。尽管绿色施工的推进会面临很多困难和障碍，但代表了施工行业的未来发展方向，其推广和发展势在必行。

2.5 绿色施工在建筑全生命周期中的地位

建筑全生命周期，是指包括原材料获取，建筑材料生产与建筑构配件加工，现场施工安装，建筑物运行维护以及建筑物最终拆除处置等建筑生命的全部过程。建筑生命周期的各个阶段都是在资源和能源的支撑下完成的，并向环境系统排放物质，如图 2-4 所示。

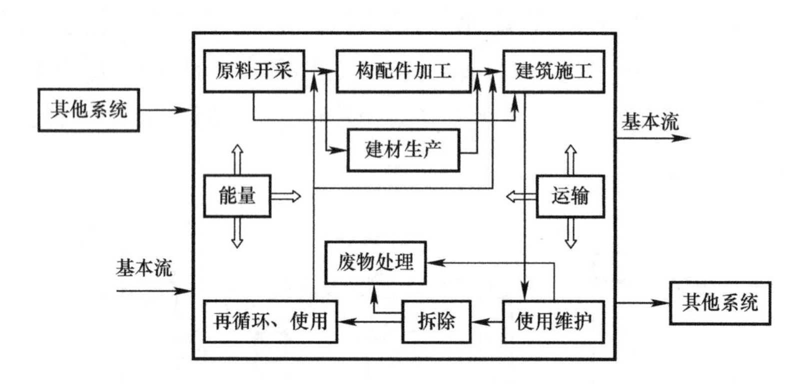

图 2-4 建筑生命周期系统示意图

建筑生命周期不同阶段的主要环境影响类型也有所不同，见表 2-1。

建筑生命周期各阶段主要环境影响类型 表 2-1

阶段	主要生产过程	环境影响类型	能源消耗
原料开采	• 骨料 • 填充材料 • 矿石 • 黏土 • 石灰石 • 木材 • ……	• 排放（空气、水、土壤污染） • 噪声 • 粉尘 • 土地利用 • 毁林 • ……	• 采掘机械运行 • 破碎 • 运输 • ……
建材生产及建筑构配件加工	• 金属 • 水泥 • 塑料 • 砖 • 玻璃 • 涂料 • ……	• 资源消耗 • 排放（空气、水、土壤污染） • ……	• 高温工艺 • 机器运行 • 运输 • ……

续表

阶段	主要生产过程	环境影响类型	能源消耗
建筑施工	• 工地准备 • 结构工程 • 装修 • 油漆 • ……	• 粉尘 • 烟气 • 溢漏 • 噪声 • 废弃物 • ……	• 非道路车辆使用 • 材料搬运和提升机械 • 施工切割机具 • 施工现场照明 • ……
使用与维护	建筑物	• 废水 • 下水 • 排水 • ……	• 采暖 • 冷却 • 照明 • 维护 • ……
拆除	拆除	• 废弃物 • 粉尘 • ……	• 装置和机械 • 运输 • ……

施工阶段是建筑全生命周期的阶段之一，属于建筑产品的物化过程。从建筑全生命周期的视角，我们能更完整地看到绿色施工在整个建筑生命周期环境影响中的地位和作用：

（1）绿色施工有助于减少施工阶段对环境的污染

相比于建筑产品几十年甚至几百年运行阶段的能耗总量而言，施工阶段的能耗总量也许并不突出，但施工阶段能耗却较为集中，同时产生了大量的粉尘、噪声、固体废弃物、水消耗、土地占用等多种类型的环境影响，对现场和周围人们的生活和工作有更加明显的影响。施工阶段环境影响在数量上并不一定是最多的阶段，但具有类型多、影响集中、程度深等特点，是人们感受最突出的阶段。绿色施工通过控制各种环境影响，节约资源能源，能有效减少各类污染物的产生，减少对周围人群的负面影响，取得突出的环境效益和社会效益。

（2）绿色施工有助于改善建筑全生命周期的绿色性能

毋庸置疑，规划设计阶段对建筑物整个生命周期的使用功能、环境影响和费用的影响最为深远。然而规划设计的目的是在施工阶段来落实的，施工阶段是建筑物的生成阶段，其工程质量影响着建筑运行时期的功能、成本和环境影响。绿色施工的基础质量保证，有助于延长建筑物的使用寿命，实质上提升了资源利用效率。绿色施工是在保障工程安全质量的基础上保护环境、节约资源，其对环境的保护将带来长远的环境效益，有力促进了社会的可持续发展。施工现场建筑材料、施工机具和楼宇设备的绿色性能评价和选用绿色性能相对较好的建筑材料、施工机具和楼宇设备是绿色施工的需要，更对绿色建筑的实现具有重要作用。可见推进绿色施工不仅能够减少施工阶段的环境负面影响，还可为绿色建筑形成提供重要支撑，为社会的可持续发展提供保障。

（3）推进绿色施工是建造可持续性建筑的重要支撑

建筑在全生命周期中是否绿色、是否具有可持续性是由其规划设计、工程施工和物业运行等过程是否具有绿色性能、是否具有可持续性所决定的。一座具有良好可持续性的建筑或绿色建筑的建成，首先需要工程策划思路正确、符合可持续发展要求；其次规划设计必须达到绿色设计标准；再者施工过程也应严格进行施工策划，严格实施，达到绿色施工水平；物业运行是一个漫长时段，必须依据可持续发展思想，进行绿色物业管理。在建筑的全生命周期中，要完美体现可持续发展思想，各环节、各阶段都必须凝聚目标，全力推进和落实绿色发展理念，通过绿色设计、绿色施工和绿色运维建成可持续发展的建筑。

综上所述，绿色施工的推进，不仅能有效地减少施工阶段对环境的负面影响，对提升建筑全生命周期的绿色性能也具有重要的支撑和促进作用。推进绿色施工有利于建设环境友好型社会，功在当代、利在千秋，是具有战略意义的重大举措。

第3章 绿色施工的推进

实施绿色施工是建筑行业实现可持续发展的必然要求，也是工程项目施工的现代化发展方向。本章围绕绿色施工推进的总体状况、投入与收益、推进原则、思路和绿色施工体系建设等主题进行阐述和探讨。

3.1 绿色施工推进的迫切性

当前，我国正处于经济快速发展时期，固定资产投资规模增长较快，城镇化进程在快速推进，建筑业生产规模增长迅速，同时也消耗了大量的资源能源，对环境产生了许多负面影响。

（1）大规模的建设活动带来了巨大的资源环境压力

近年来，我国建筑市场规模一直保持了较快增长。根据《中国统计年鉴》的统计数据，我国房屋竣工面积增长迅速（图3-1），由2000年的8.07亿m^2，增长到2005年的15.94亿m^2，2011年达到了31.64亿m^2。大规模的建设活动，将会持续消耗大量自然资源，并排放污染物，给公众社会造成了较大的资源环境压力。控制施工活动的污染物排放、高效利用资源，对于缓解全社会资源消耗压力具有重要意义，对于建设环境友好型社会具有举足轻重的作用。

（2）工程施工活动产生了众多环境负面影响，必须要加强资源保护，控制污染排放

工程施工造成了众多类型的环境负面影响。比如，施工活动往往会干扰甚至改变自然环境的生态特征，影响地质土的稳定性，还可能会改变地下水径流、引发地面沉降等；施工活动会产生扬尘、二氧化碳、二氧化硫、甲醛、噪声、强光等污染物；施工现场会排放一定量的污水；施工活动产生大量固体废弃物，一部分回收利用于工程，还有很大比重的部分作为废弃物排放。可见，工程施工产生了众多类型

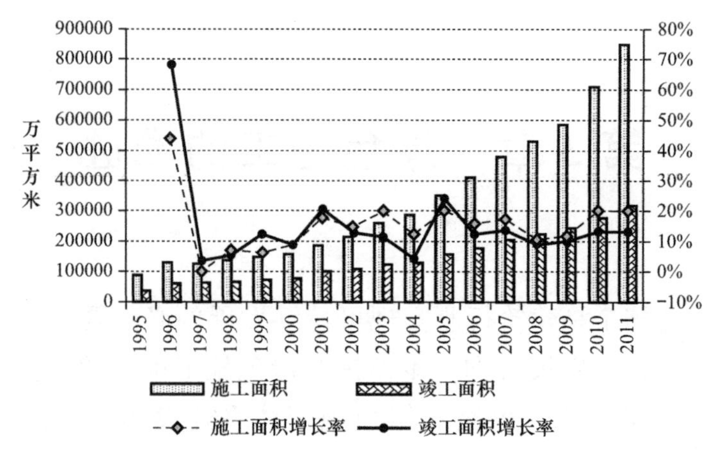

图 3-1 房屋施工面积、竣工面积增长情况

的负面环境影响，必须要保护好土地资源和地下水资源，加强污水治理，控制污染物排放，加强资源节约和高效利用，减小对环境的影响。

（3）建筑工人数量减少，人力资源成本递增，必须寻求新的解决方案

我国正处于人口红利[1]递减的阶段，人力资源成本呈现递增趋势，建筑用工供给递减、成本递增等问题更加突出。相关研究表明[2]，建设规模增加造成用工需求增大，施工的高危性和劳动的高强度是造成建筑用工供需矛盾突出的重要原因；物价的高涨和对工资的期望值增加是建筑用工成本递增的主要因素。有学者[3]认为，所谓“民工荒”其实是因为那些低工资、低福利、高劳动强度的岗位对进城务工者的吸引力在大幅度降低。因此，施工行业必须寻求新的解决方案，一方面要扩大技术的贡献，提高机械化、工业化和信息化水平，减少人力需求和投入；另一方面，要切实改善作业条件、降低劳动强度、减少加班时间、加强劳动保护，改善建筑施工“苦、脏、累”的职业形象。

总之，资源消耗和环境影响的巨大压力要求施工过程必须减少对资源的消耗，降低对环境的负面影响，保持施工现场文明有序，更要

---

❶ 人口红利（Demographic Dividend），是指由于劳动力供给较丰富、人口抚养负担相对较轻，从而形成对经济发展十分有利的人口资源支撑。

❷ WU Yong，WANG Zhou-ya，GUAN Jun，ZHANG Zhi-hui. Analysis of causes and countermeasures for rising labor costs in international construction projects. CRIOCM2012，November 16-18，2012，Shenzhen，China.

❸ 金泽虎. 民工荒假象的经济学分析——基于熊启泉先生观点的悖论［J］. 农业经济问题，2006（9），28-31.

保护现场及周边人群的健康。为此必须促使施工活动的相关参与方能够积极履行保护环境的社会责任，加强控制施工过程的污染物排放，降低施工过程的资源消耗。可见，绿色施工体现了可持续发展对施工行业的时代要求，大力推进绿色施工已成为建设资源节约型和环境友好型社会的重要举措，应该加大对绿色施工的宣传和培训力度，增强绿色施工意识，建立健全绿色施工的体制和机制，构建绿色施工激励机制，建立绿色施工监督机制，加快绿色施工的推进步伐。通过推进绿色施工逐渐缓解上述压力并解决矛盾。当前绿色施工推进还面临许多困难，但其倡导的发展方向与国家发展导向一致，是施工行业践行可持续发展战略的必由之路。

3.2 绿色施工推进的总体状况

3.2.1 以“节能降耗”为重点的绿色建筑工作进展

工业、建筑和交通是我国能源消耗的三大主要领域，降低建筑能耗成为我国实现节能战略目标的巨大挑战。此外，随着我国人民生活水平的提高，人们对建筑舒适度的要求越来越高，将导致建筑能耗的大幅增加，因此我国的建筑节能形势非常严峻。近二十年来，我国先后启动了以“节能降耗”为重点的绿色建筑推进工作，已取得了初步成效。

（1）一系列相关法规、政策和标准的颁布实施基本形成了我国建筑节能和绿色建筑的政策、标准体系

我国建筑节能是以1986年颁布《北方地区居住建筑节能设计标准》为标志而逐步启动的。1997年我国颁布实施了《中华人民共和国节约能源法》，2005年又颁布实施了《中华人民共和国可再生能源法》，这两部法律中都包含了关于建筑节能的法律性条文。近十余年来，住房和城乡建设部又颁布了《民用建筑节能管理规定》、《关于发展节能省地型住宅和公共建筑的指导意见》、《关于新建居住建筑严格执行节能设计标准的通知》和《建筑节能管理条例》等一系列的法规制度；同时发布实施了《严寒和寒冷地区居住建筑节能设计标准》JGJ 26—2010、《夏热冬冷地区居住建筑节能设计标准》JGJ 134—2010、《夏热冬暖地区居住建筑节能设计标准》JGJ 75—2003、《公共建筑节能设计标准》GB 50189—2005 和《绿色建筑评价标准》GB/T

50378—2006 等国家和行业标准。

（2）建筑节能和绿色建筑等各类示范工程相继启动，取得了较好的工程示范效应

近十余年来，我国关于建筑节能和绿色建筑的标准不断完善。2003年9月开始实施《绿色奥运建筑评估体系》；2005年10月开始实施《绿色建筑技术导则》；2006年6月1日，开始实施《绿色建筑评价标准》GB/T 50378—2006；2007年10月实施《绿色建筑评价标识管理办法》（试行）和《绿色建筑评价标识实施细则》（试行）；2008年7月发布《绿色建筑评价技术细则补充说明（规划设计部分）》；2008年10月，发布了《绿色建筑设计评价标识申报指南》，同时出台《绿色建筑评价标识使用规定（试行）》和《绿色建筑评价标识专家委员会工作规程（试行）》等。

伴随着绿色建筑相关规范的完善和标准体系的建立，我国先后启动了建筑节能、绿色建筑示范工程。住房和城乡建设部自2008年组织开展绿色建筑和低能耗建筑示范工程，即“双百示范工程”，得到了地方建设行政主管部门、工程建设、设计、施工单位和科研机构等单位的大力支持。截至2010年底，“双百示范工程”申报项目数多达两百余项，示范项目基本涵盖了我国所有的气候分区、地理分区以及不同经济发展水平的地区，促进了绿色建筑与低能耗建筑的发展。

（3）参照国外先进的工程建设绿色标准，建立完善我国绿色建设标准体系

发达国家的建筑节能和绿色建筑的开展相对较早，其工程实践也比较成熟和普及。我国近年来非常重视通过国际合作来学习和借鉴国外先进的工程建设绿色标准，不断建立和完善我国的绿色建设标准体系。如我国的一些建筑尝试采用美国的LEED标准来指导设计，并取得其认证标识；在充分借鉴日本的综合环境影响评价体系（CASBEE）的基础上，我国制定了《绿色奥运建筑评估体系》（GOSBEE）。

3.2.2 推进绿色建筑和节能建筑的工作进展

近十年来，我国开展了在节能建筑和绿色建筑方面卓有成效的工作。

2003年，我国申报奥运时提出“绿色奥运、科技奥运、人文奥运”的理念后，建筑领域的绿色概念开始逐渐形成。

2004年，启动了国家“十五”科技攻关计划项目“绿色建筑关键技术研究”，重点研究了我国绿色建筑评价标准和技术导则；开发了符合绿色建筑标准要求的具有自主知识产权的关键技术；通过系统的技术集成和工程示范，形成我国绿色建筑技术研究的自主创新体系。

2004年下半年，建设部正式设立了“全国绿色建筑创新奖”，我国开始进入绿色建筑推广阶段。

2005年建设部出台了《绿色建筑技术导则》，从遵循原则、指标体系、规划设计技术要点、施工技术要点、智能技术要点、运营管理技术要点、推进绿色建筑产业化等多个方面提出了绿色建筑的技术要求。

2006年，发布《绿色建筑评价标准》GB/T 50378—2006，将绿色建筑的评价指标细化，使得绿色建筑的评价有了可供操作的标准，建立了适合我国地域与国情的绿色建筑评价体系。同期部分城市和企业也出台了相关的标准，如：《绿色奥运建筑评估体系》、《北京市绿色建筑评价标准》、北京市《节约型居住区指标》、《上海绿色建筑评价标准》等。

2007年，发布国家标准《建筑节能工程施工质量验收规范》GB 50411—2007，明确规定了民用建筑工程中节能工程施工质量验收方法，促进了我国建筑节能工程的发展。

在2003～2008年北京奥运会的筹办和举办过程中，我国在城市建设、施工管理、运行等各个环节都践行了绿色理念，大力推行了建筑节能、生态环境保护、资源可持续利用等。奥运后，我国及时总结了奥运绿色建筑管理和技术经验，并积累、开发和研究了相关管理和技术成果。

随着建筑节能和绿色建筑的推进，施工过程的绿色化也开始受到重视，推进绿色施工的序幕逐渐拉开。

3.2.3 推进绿色施工的初步成效

建筑施工对环境产生的具有突发性、集中性和持续性的特点，已经引起人们的广泛关注。节约资源和保护环境已经成为建筑施工企业义不容辞的历史责任和业界的主流意识。2007年，建设部发布了《绿色施工导则》，明确了绿色施工的原则，阐述了绿色施工的主要内容，制定了绿色施工总体框架和要点，提出了发展绿色施工的新技术、新设备、新材料、新工艺和开展绿色施工应用示范工程等。近年来，立足于施工行业的绿色施工推进，所做的主要工作如下：

（1）绿色施工的理念已初步建立，并开始在一些企业中探索实践

环境问题已成为社会关注的重点，在建筑行业也不例外。绿色施工的基本理念已在行业内得到了广泛接受，尽管业界对绿色施工的理解还不尽一致，但施工过程中关注“四节一环保”的基本概念已初步确立。一批有实力和超前意识的建筑企业在工程项目中重视绿色施工策划与推进，研究开发绿色施工新技术，初步积累了绿色施工的有关经验。

（2）发布了绿色施工评价标准，为绿色施工策划、评价和控制提供了依据

2010年，我国颁布了《建筑工程绿色施工评价标准》GB/T 50640—2010，主要包括：总则、术语、基本规定、评价框架体系、环境保护评价指标、节材与材料资源利用评价指标、节水与水资源利用评价指标、节能与能源利用评价指标、节地与土地资源保护评价指标、评价方法、评价组织和程序等。《建筑工程绿色施工评价标准》GB/T 50640—2010的颁布实施，为绿色施工的策划、管理与控制提供了依据。《建筑工程绿色施工规范》即将发布，绿色施工的相关标准规范正逐步确定并完善。

（3）绿色施工各类示范工程和绿色施工及节能减排达标竞赛活动已启动并广泛开展

2010年开始，中国建筑业协会为进一步落实国家节能减排的战略方针，引领广大建筑企业树立科学发展理念，转变发展方式，开始应用绿色施工技术，充分发挥样板工程的引领和示范作用，开展了首批绿色施工示范工程。目前，已进行了三批全国建筑业绿色施工示范工程、近四百个工程项目的立项，取得了初步的工程示范与引领效应。此间，由住建部建筑节能与科技司组织中国土木工程学会咨询工作委员会、中国城市科学研究会绿色建筑与节能委员会及绿色建筑研究中心具体实施的《绿色施工科技示范工程》也在全国绿色施工推进中发挥了重要作用。2012年中国海员建设工会会同中国建筑业协会共同开展了以“我为节能减排做贡献”为主题的全国建设（开发）单位和工程施工项目节能减排达标竞赛活动，许多省市的建设单位、施工项目积极参与，已对第一届竞赛活动的优胜开发单位和绿色施工项目进行了表彰，对部分单位和工程项目颁发了“五一劳动奖状”和“全国工人先锋号”等荣誉。

3.2.4 推进绿色施工过程中存在的问题

尽管绿色施工已在我国得到了认可，绿色施工意识已逐步确立，工程项目绿色施工的示范也已逐步推进，但在推进过程中仍然面临着诸多问题和困难。

（1）对“绿色”与“环保”的认识还有待进一步提升

大规模经济建设初期，我国在局部地区存在重视经济发展而忽略环境保护的倾向。伴随着近年来气候异常、环保事故频发等问题的出现，人们开始意识到保护环境的重要性。绿色施工观念也开始被我国建筑行业所熟悉和认知，但仍存在着许多认识误区。

工程建设的相关方，如建设单位、设计方、施工方等，还不能清晰认识绿色施工的内涵，常常混淆绿色建筑、绿色建造、文明施工等概念。有的企业只停留在绿色施工表层工作，忽视绿色施工过程的实质运行，从而使绿色施工实施效果欠佳。此外，推进绿色施工还存在片面性，有的企业认为绿色施工就是实施封闭施工，没有尘土飞扬，没有噪声扰民，工地四周栽花、种草，实施定时洒水等，忽略了绿色施工的保护资源、资源高效利用、保护环境、改善作业条件和降低劳动强度等深刻内涵。同时，施工企业推行绿色施工的意识还不够，很少有企业能够把绿色施工作为自己的自觉行动，推进绿色施工的意识有待于进一步提高。

（2）绿色施工各参与方责任还未得到有效落实，相关法律基础和激励机制有待建立健全

施工活动牵涉到政府、建设单位、设计、监理和施工等各相关方，施工方无疑是绿色施工的实施主体，但是仅靠施工方一家的努力是难以实现绿色施工的。绿色施工的推行，需要政府的引导监管，建设单位的资源和资金支撑，设计单位的技术支持，监理单位的现场旁站监督，只有这样才能保证绿色施工落到实处。因此，落实建设相关方责任是绿色施工推进的基本前提。

另外，绿色施工涉及经济学方面的外部性问题，建设单位、设计方和施工方往往缺乏实施绿色施工的动力。因此，推进绿色施工需要立法予以保障，需要建立激励机制，营造良好的绿色施工环境，引导、督促建设单位、设计、监理和施工等相关方切实履行法律责任，全力推进绿色施工实施。

(3) 现有技术和工艺还难以满足绿色施工的要求

绿色施工提倡以节约和保护资源、降低消耗、减少污染物的产生和排放量为基本要求的施工模式，然而目前施工过程中普遍采用的施工技术和工艺仍是以质量、安全和工期为目标的传统技术，缺乏综合“四节一环保”的关注，缺乏针对绿色施工技术的系统研究，围绕建筑工程地基基础、主体结构、装饰装修和机电、安装等环节的具体绿色技术的研究也大多处于起步阶段。同时，我国在混凝土施工过程中的环境保护和节能等方面尚存在许多不绿色的情况。此外，许多施工现场使用的施工设备仅能满足生产功能的简单要求，其能耗、噪声排放等指标仍然较为落后。综上所述，当前施工现场采用的施工技术、工艺和设备，难能满足绿色施工的要求，影响了绿色施工的推进。

(4) 资源再生利用水平不高

资源再生利用水平不高主要表现为：一是许多建筑还未到使用寿命期限就被拆除，造成了大量的资源消耗和浪费。二是我国每年产生的建筑废弃物数量惊人，但资源化利用率不足40%，与德国、美国、日本、荷兰等国家超过90%的资源化利用率相比，还有很大的提升空间[1]，这加剧了建筑业的资源消耗，造成了巨大的资源压力。三是不合理的施工方式导致大量的水资源浪费。如地下空间的开发和利用使基坑面积和深度越来越大，地下降水施工的无序状态使我国水资源紧张的情况更为加剧。总之，当前的施工方式导致资源可再生利用水平低下，也造成了水资源浪费，制约了施工过程的绿色化水平。

(5) 绿色施工策划与管理能力还有待提高

绿色施工策划书的深度有待提高，基于工程实施层面的绿色施工研究不够，工程项目绿色施工的科学管理仍然存在问题，切实结合工程项目实施所编制的较高水平的绿色施工策划文件还不多，也是影响绿色施工落在实处的原因之一。

(6) 信息化施工和管理的水平不高，工业化进程缓慢

信息化和工业化是推动绿色施工的重要支撑。一方面，信息化对改造和提升施工水平、促进绿色施工具有重要作用。然而，目前我国

---

[1] 王地春. 废旧黏土砖治理生命周期环境影响评价［D］. 清华大学硕士学位论文，2013.

施工行业推进信息化尚处在探索阶段，尚没有适于工程项目管理的软件工作平台和指导信息化施工的软件，这是亟待解决的重大课题。另一方面，建筑工业化的进程制约着绿色施工的推进。毫无疑问，工业化生产更有利于控制施工过程的资源浪费和环境污染。但是由于种种因素的制约，我国建筑工业化的进程一直比较缓慢，这在很大程度上影响了绿色施工的推进。

综上所述，建筑施工行业推进绿色施工面临着诸多困难和问题，因此，如何迅速造就一个全行业推进绿色施工的良好局面，是一个摆在政府、建筑行业、工程项目建设相关方乃至全社会面前的一个迫切需要解决的问题。绿色施工的推进，需要明确工程项目参与方的责任，构建并切实实施相应的激励机制，并通过不断发展与应用绿色施工技术，使绿色施工得到推广和普及，逐步改变工程施工现状，加快推进工程施工的机械化、工业化和信息化进程，提升绿色施工水平。

3.3 绿色施工推进的社会收益与投入

绿色施工是顺应可持续发展要求的施工活动。但在现实体制下，推进绿色施工的确存在投入主体与获益主体错位的问题，即个体成本增加、投入加大，社会整体受益，投入的个体没有得到相应回报。换句话说，工程项目推进绿色施工，施工方是实施主体，施工方会存在增加环境和资源保护措施费但无处“埋单”的问题。

3.3.1 绿色施工推进的社会收益

推进绿色施工的收益具有广泛性和长效性的特点。绿色施工倡导对资源的节约和对环境的保护，是符合可持续发展要求的生产方式，符合代际公平[1]的要求，将会使国家和社会长久受益。可以说，如果不

---

[1] 代际公平指当代人和后代人在利用自然资源、满足自身利益、谋求生存与发展上权利均等。代际公平理论最早由美国国际法学者爱迪·B·维丝提出，是可持续发展战略的重要原则。代际公平的基本原则有：一是“保存选择原则”，就是说每一代人应该为后代人保存自然和文化资源的多样性，使后代人有和前代人相似的可供选择的多样性；二是“保存质量原则”，就是说每一代人都应该保证地球的质量，在交给下一代时，不比自己从前一代人手里接过来时更差，也就是说，地球没有在这一代人手里受到破坏；三是“保存接触和使用原则”，即每代人应该对其成员提供平等接触和使用前代人遗产的权利，并且为后代人保存这项接触和使用权，也就是说，对于前代人留下的东西，应该使当代人都有权来了解和受益，也应该继续保存，使下一代人也能接触到隔代遗留下来的东西。

推进绿色施工、不转变传统的施工方式，不进行资源消耗的长远规划，将导致资源消耗的盲目性，就会出现对某种资源的过度消耗，实质是对经济后续发展的过度索取与透支。因此倡导绿色施工就是要求工程施工行业立足于国家长远发展，从自身着眼解决整个社会永续发展和实现环境友好。

推进绿色施工的投入，有利于节约资源，无异于减少了对资源的需求，缓解了资源短缺的矛盾，将使整个社会和总体环境都因此而长期受益。环境的改善，有助于提高人们的健康水平、吸引新的投资、增加区域优质资源聚集等，又能带来诸多间接利益。

推进绿色施工还将促使工程项目施工活动采用科学管理方式，强化和提高施工人员的环保意识，改善作业条件，实现资源节约，减少对自然生态系统的损害，减少对人类健康的负面影响，有利于建筑业自身和社会总体的可持续发展。

3.3.2 绿色施工推进的投入

推进绿色施工要求工程项目施工在保证安全、质量、工期和成本受控的基础上，把握绿色施工的内涵，把环境保护、减少污染排放、保护国家资源、实现资源节约作为主控目标。绿色施工实质上是对工程项目施工的更高要求，为了满足绿色施工的要求，就必须提高技术创新能力，更新施工设备，采用先进技术，增加施工措施，改进管理方法。绿色施工引起的这种设备的更新、施工措施的增加、施工方法的升级和管控目标的增加，将引起施工企业投入的增加。

客观地说，推进绿色施工解决的是环境友好型社会建设和国民经济持续发展的重大问题，受益方是整个国家和社会，其投入理应由公众社会承担。但在国家相关政策缺失，也没有相应的强制政策推动的情况下，绿色施工成本的这种增加实际上是由施工企业承担的。由于没有来自政府和社会的投入保障，造成了绿色施工的收益主体与投入主体的错位，这正是绿色施工推进乏力的内在原因。

基于以上分析，尽管推进绿色施工需要一定的资源投入，但这种投入产生的社会收益是十分巨大的。而且日益恶化的生态环境和巨大的资源压力也使得绿色施工的推进刻不容缓。为了全社会的环境持续改善、实现“代际公平”的发展原则，推进绿色施工已是当务之急。因此，正确处理绿色施工投入和收益的关系，解决好投入与收益的矛盾和错位，是促进绿色施工持续健康发展的关键之举。

3.4 绿色施工激励机制的建立

3.4.1 基于环境外部性原理的绿色施工障碍分析

绿色施工推进的障碍来自于意识、技术、管理等多个层面，其最深层次的原因在于环境问题的外部性。以下从环境外部性的相关原理谈起，进一步分析绿色施工推进的相关矛盾和问题，以期找到绿色施工推进的障碍所在。

环境问题外部性的内涵可以借助公地悲剧这个设想的情形来进行阐述。1968年，英国的加勒特·哈丁教授（Garrett Hardin）在《The tragedy of the commons》一文中首先提出“公地悲剧”理论模型。他说，作为理性人，每个牧羊者都希望自己的收益最大化。在公共草地上，每增加一只羊会有两种结果：一是获得增加一只羊的收入；另一种结果是加重草地的负担，并有可能使草地过度放牧。经过思考，牧羊者决定不顾草地的承受能力而增加羊群数量，于是他便会因羊的增多而收益增多。看到有利可图，许多牧羊者也纷纷加入这一行列。由于羊群的增加不受限制，所以牧场被过度使用，草地状况迅速恶化，悲剧就这样发生了。

“公地悲剧”告诉我们，环境作为一种公共资源，产权界定不清晰的话，就会出现企业与个人为了节约自身成本而搭便车的现象，本来应该人人负责的情况，往往变成谁都不负责，相关单位没有治理环境的内在动机。自然环境就和公地一样，为社会共同享有，不具有排他性。施工过程中，不控制环境污染的代价也会由社会共同承担。假设社会成员都是经济人，即每个人的行为都是为了最大限度地提高自己的利益，如果保护环境都会使自身利益受损，那么每个人都会放弃对环境的保护，最终会不可避免导致环境的恶化。

环境的外部性特征导致环境资源被排除在市场机制的调节作用范围之外，不能直接在产品成本中得以反映。市场价格机制并不能有效调节环境问题，反而由于市场各方追逐经济利益而在一定程度上加重了对生态环境的危害。

绿色施工的外部不经济性是阻碍绿色施工的一个深层次原因。施工阶段消耗大量的资源且不可避免地会产生扬尘、噪声、废弃物等。对此有两种处理方法：一是不加控制的直接排放到环境中，造成环境污染；二是对扬尘、噪声、废弃物等进行处理使其无害化后再排放。在没有外界压力的情况下，建设相关方受利润最大化的驱动会选择第一种处理方法，不会对噪声、废弃物等进行控制，因为这会增加支出成为私人成本。但是，直接排放会造成环境污染，进而使工作和生活在该区域的公众健康受到损害，造成了社会经济损失（即社会成本），从而使私人成本社会化了。这就是工程项目施工的外部不经济性。绿色施工就是将施工外部不经济性内部化的一种施工模式。但环境资源具有公共物品属性，绿色施工就是将施工产生的环境污染治理内部化的施工模式。这种施工模式具有公共物品属性，但要做到这类物品的持续供给，就需要政府部门通过法规政策强力介入，以便督促其推广和发展。因此，绿色施工的实施需要政府作为公共利益的代表，通过合理运用法律与行政工具，强制相关单位开展绿色施工，并加强监督检查和激励机制建设，才能保障绿色施工的实施。

3.4.2 绿色施工激励机制

（1）绿色施工行为博弈分析

激励机制的设计和建立可以通过政府-施工单位绿色施工博弈的角度来进行简单探讨。在这个博弈中，政府的可选策略为：强制实施绿色施工，不强制实施绿色施工；施工单位的可选策略为：实施绿色施工，不实施绿色施工。

设：A 表示政府不强制时，施工单位不实施绿色施工得到的收益；

B 表示施工单位实施绿色施工增加的成本；

C 表示政府强制实施时，不实施绿色施工的施工单位付出的代价；

D 表示政府的环境治理成本，当实施绿色施工时，D＝0；

E 表示政府强制实施绿色施工的成本，通常 E<D。

那么，政府和施工单位博弈的得益矩阵，如图 3-2 所示。

		施工单位	
		采用绿色施工	不采用绿色施工
政	强制	−E，A-B	−E-D,A-C
府	不强制	0，A-B	−D，A

图 3-2　政府和施工单位博弈得益矩阵

对该模型的分析如下：

1）当政府不强制、施工单位采用绿色施工时，政府既没有付出强制成本，也不需要承担环境治理成本，政府收益为0，而施工单位的收益为（A-B）；

2）当政府不强制、施工单位不采用绿色施工时，政府尽管不必付出强制成本，但需要承担环境治理成本，政府收益为-D，而施工单位的收益为A；

对以上两个策略进行比较不难发现，如果政府不强制实施绿色施工，施工单位的最优策略就是不实施绿色施工，就会造成环境继续恶化。

3）当政府强制、施工单位采用绿色施工时，政府承担了强制实施的成本E，而施工单位的收益为（A-B）；

4）当政府强制、施工单位不采用绿色施工时，政府既要付出强制成本，也要承担环境治理成本，政府收益为-E-D，而施工单位在原有收益基础上要承受政府的处罚C，其收益为（A-C）。

对以上两个策略可以看出，如果政府强制实施绿色施工，施工单位就会权衡绿色施工增加的成本和政府惩罚的大小，只有当政府惩罚C高于绿色施工增加的成本B时，施工单位才会选择绿色施工。

以上分析说明，要使绿色施工得到真正推进，政府就必须采取强制政策，而且必须保证强制政策具有足够的惩罚力度，否则政策效力就难以充分发挥。

（2）绿色施工激励机制设计

绿色施工的实施主体是施工单位，但推进的关联方是多方面的，如监理方需要扩展监理范围，增加监理人员投入，建设单位需要资金投入，增加监管的内容等等。为了更清晰地剖析绿色施工的激励机制，我们略去了建设单位、监理和设计等其他相对次要的相关方，从奖励机制、惩罚机制和内在动力三个层面来分析。

1）奖励机制

奖励机制也称正向激励机制，是指实施绿色施工的正向引导与奖励机制。在我国绿色施工相关法律制度还不完善的条件下，绿色施工的推进需要加强引导和鼓励，形成正向动力。绿色施工的基本奖励机制，如图3-3所示。

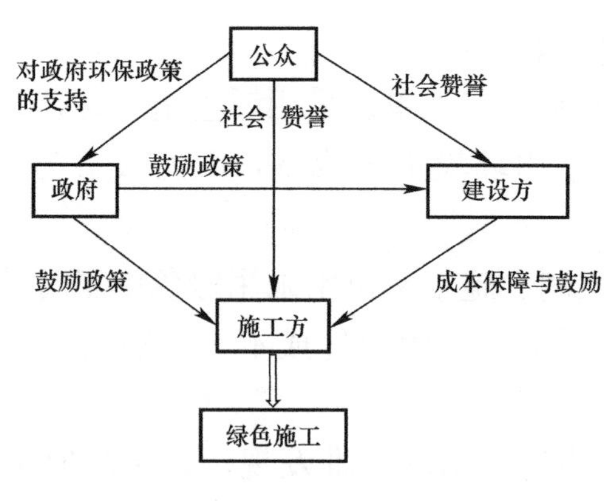

图 3-3　奖励机制

政府制定推动绿色施工的鼓励政策，使建设单位、监理单位和施工单位等形成实施动力；公众方支持政府完善环保政策，对工程项目相关建设方实施绿色施工给予社会赞誉；建设单位在工程造价环节中对绿色施工给予成本保障和鼓励；施工方在政府鼓励政策、社会赞誉、建设单位的成本保障和鼓励等驱动下形成实施绿色施工的正向动力。

2）惩罚机制

惩罚机制也称为负向激励机制，是指实施绿色施工的惩罚与约束机制。由于环境问题的外部性，在市场范围内绿色施工的投入主体与收益主体是不统一的。政府是治理社会问题的驱动主体，绿色施工的推动也要依靠政府的强制与推动。前文的博弈分析显示：如果没有政府的强制约束，一般情况下施工方基于经济利益考虑将选择不实施绿色施工，这表明完全依靠市场机制调节无法有效解决环境保护问题。美国、英国、日本等发达国家和我国香港地区都针对环境保护制定了内容完善、措施得力的环保法律制度，形成了对环保的强有力保障。同时，这些国家和地区的社会公众是环保的重要监督力量，公众的监督与投诉使环保监督力度大大加强，强化了强制性法律制度效力的发挥。

基于以上分析，借鉴相关国家和地区经验，可以构建绿色施工的惩罚机制，如图 3-4 所示。政府制定推进绿色施工的强制性法律和政策，来约束建设单位、监理单位和施工单位等相关方必须推进和实施绿色施工。对公众而言，一方面有改善环境的社会诉求，这将促使政府加强对环境保护和治理，另一方面要发挥绿色施工的社会监督作用，来弥补单纯依靠政府监管会导致覆盖面不够的缺陷；建设单位在政府

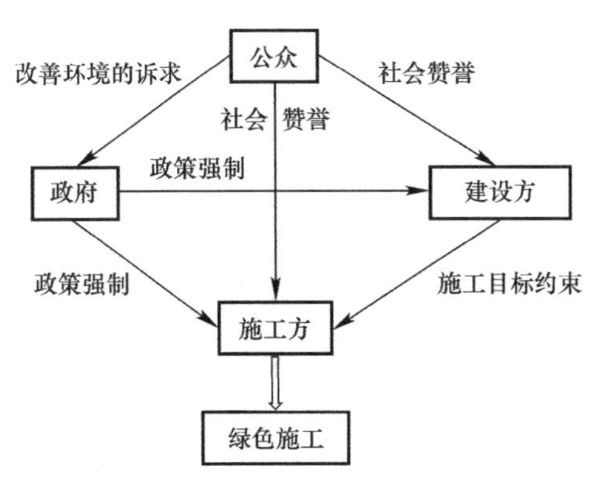

图 3-4　惩罚机制

政策强制和社会监督的约束下，将通过施工目标的设置，约束施工方的行为，保障绿色施工的实施。施工方在政策强制、社会监督、施工目标等多重约束下形成推进和实施绿色施工的动力。

3）内在动力

施工单位开展绿色施工的内在动力是获取节约资源的效益、政府和建设单位的资金支持、强化品牌效应等，主要障碍是保护资源与环境的措施支出增大、绿色施工意识不强和技术不过关等。后者是开展绿色施工的主要障碍，前者是推进绿色施工的内在动力。前者表现为推进绿色施工能够节约资源，可能会为施工单位带来效益；另外绿色施工能够获得政府和建设方的资金支持以及社会赞誉，能够提升施工方的品牌效应，带来更大的经济效益。可见，施工企业自觉持续推进绿色施工的内在动力是有条件的，要创造条件加大施工企业推进绿色施工的内在动力，使绿色施工成为施工企业的自觉行为。

（3）资金投入体系

推进绿色施工的关键在于其资金投入的落实，不同的资金投入方式不仅关乎绿色施工推进的程度，也关系到绿色施工推进的效果，可以采取如下两种方式来解决资金投入问题。

一是基于环境外部性分析和奖励机制分析，考虑到环境问题是社会问题，政府是公众社会管理的代表，纳税人所交税费的重要用途之一是进行公众社会环境治理，因此可通过一定程序，形成对绿色施工企业进行税收减免或费用补贴的办法，来解决绿色施工推进的费用增加问题。

二是基于上述博弈分析和惩罚机制分析，由政府发布强制性推进绿色施工的法律、法规和政策，使建设相关方在同一政策环境下从事工程建设活动，创造公平的竞争环境，对于不实施绿色施工的工程建设项目和企业加大惩罚力度，以避免私人成本的社会化，保障绿色施工得到强制执行。

3.4.3 企业经营模式对绿色施工推进的影响分析

我国施工企业在适应市场经济体制而逐步转变经营模式的过程中，英美模式、莱茵模式等国际主流经营模式对施工企业经营模式的形成和演变产生了重要影响。现今，我们推进绿色施工不仅会改变施工生产方式，还会逐步引起施工企业经营理念和经营模式的演变。本节从国际主流经营模式对我国施工企业经营的影响入手，进而分析其对绿色施工推进的影响以及绿色施工推进中企业经营模式可能发生的演变。这种演变在一定程度上是企业在经营理念方面的选择与博弈。

(1) 英美模式和莱茵模式对我国施工企业经营模式的影响

英美模式和莱茵模式是欧美国家经济体制的典型代表。英美模式，是指80年代里根和撒切尔夫人发动新保守主义革命后发展起来的经济模式；“莱茵模式”是指莱茵河流经的国家，即瑞士、德国、荷兰等西欧国家，也包括斯堪的纳维亚国家所奉行的经济模式。

英美模式，是以市场经济为导向，以个人主义和自由主义为基本理论依托，尤其突出自由竞争；强调劳动力市场的流动性，劳动者享受有限的法定劳动所得和社会福利；公司注重短期目标的实现，证券市场在公司投融资中起着举足轻重的作用。经济政策倾向“利润至上”原则和社会政策的社会达尔文主义是英美模式的基本特征。经济政策倾向“利润至上”原则的目的就是“从假资本主义变成真正的资本主义，即从原先主要为雇员谋利益的公司改革成主要甚至专门为股东谋利润的公司。”社会政策的社会达尔文主义认为，社会不平等是合理的，只要竞争的机会平等就是公平，人为的结果平等的代价必然是自由的丧失。新美国模式的基本商业原则就是维护资本的利益和实现股东利益最大化，并在投资者和资本市场压力下，把追求股东（短期）价值最大化、实现企业短期盈利目标的重要性推向极致，不惜牺牲环境、社区和员工利益，将之转化为外部性成本。

莱茵模式是由法国经济学家米歇尔·阿尔贝尔（Michel Albert）提出来的。与英美模式相比，欧洲的莱茵模式具有深厚的社会基础和悠久的历史与文化传统，其强调社会保障体系的建立，利用税收和福利政策来实现社会的和谐和公正。莱茵模式的商业原则以社会公平理念为基础，强调企业及其利益相关者的相互依赖性，关注企业与所在社区的均衡发展，重视企业的社会责任和环境和谐。莱茵模式强调商业机构在获取自身利益最大化的过程中，维护历史、文化和传统，履行“以人为本”的价值观，保证企业在财务绩效、社会责任和外部环境的和谐统一，实现长期可持续的发展。

我国在建立和完善市场经济体制的过程中，施工企业逐步被推向了市场舞台，以自主经营、自负盈亏为特征的现代企业制度逐步建立，对利润的追逐成为企业的核心目标。由于我国施工企业发展状态、发展模式和经营理念的千差万别，英美模式、莱茵模式等经济模式对不同企业的影响是不尽相同的。但是，我国市场经济启动，加速的时间正是“英美模式”的资本主义市场经济体制开始风行全球的时候，因此，英美模式对我国施工行业的影响更大，大部分施工企业的经营理念和经营模式受英美模式的影响很深。但随着近年来整体形势的变化与国家发展战略的调整，和谐发展、可持续发展成为我国发展的主题，施工企业在实现盈利目标的同时，所承担的环境压力和社会责任愈来愈大。这样的形势下，一批施工企业逐步转变了经营理念，开始更注重长久生存和永续发展，加强了社会责任的履行，增强了环境保护的意识。着眼未来，施工企业不仅要转变生产方式，更要转变经营理念和经营模式，要比任何时候都更注重人与企业的和谐，更注重企业经济指标与环境保护指标的和谐，更注重企业的发展与社会责任的和谐。这与莱茵模式所隐含的核心价值观基本一致。

（2）英美模式和莱茵模式对绿色施工推进的影响

施工企业的生产活动是以工程项目为载体的，而工程项目具有一次性、临时性的特点，这在一定程度上将助长企业把短期利益看作极致追求，使经营模式更接近于英美模式。秉承“利润至上”原则的企业，其决策方式就更加接近于上文博弈模型中的企业特征。由于绿色施工推进往往会增加企业的成本，这与其追逐利润的目标相冲突，因此只有在政府推出强制政策、惩处力度足够大而且监督力度足够强时，才会被迫适度投入并放弃侥幸心理，实施绿色施工。经营理念接近于莱茵模式的施工企业，其在理念上就关注环境保护，在追求利润的同时也注重经济利益与环境保护的和谐，尽力推动绿色施工实施，使得企业经营符合长久生存和永续发展的理念。综上，经营理念接近于莱茵模式的企业会更积极推进绿色施工。

（3）绿色施工推进策略对企业经营模式的影响

如前文所述，绿色施工有两种推进策略：强制推进和政策激励。在此，我们分析在这两种策略下，绿色施工的推进对企业经营模式的影响。

在政府强制推行绿色施工的情况下，经营理念接近英美模式的企业将不得不推进绿色施工，由于前期对绿色施工的关注不够，缺乏绿色施工的技术与管理基础，可能要付出高于早期推进绿色施工企业的代价。在这种形势下，企业会逐步调整企业目标、构建推进绿色施工的相关制度，这将在一定程度上促进企业将经营理念由“利润至上”向利润与环境兼顾的方向转变。而这对于经营理念接近莱茵模式的企业来说，由于前期已经对绿色施工推进有了关注和积累，推进绿色施工技术与管理阻碍相对较少，也符合企业的经营理念，会顺势推动，并可能借此强化企业的竞争优势。

在政府没有采取强制推行、而采用给予政策激励的情况下，经营理念接近英美模式的企业将会在实施绿色施工的成本与获得的补贴之间进行权衡，进而决定是否实施绿色施工，只有在获得补贴大于付出成本时，才会选择推进绿色施工，但却不会改变其“利润至上”经营理念。而对于经营模式更接近莱茵模式的企业来说，则相当于得到了额外的利润，将更加激励企业深化其经营理念，继续秉承这样的经营模式。

以上分析表明，无论采取哪种推进绿色施工的方式，莱茵模式都将会获得更多优势。解决绿色施工成本增加的问题，当以政府为主导，创造一种工程项目参与方和受益方一致的市场竞争氛围，尽快发布强制推进绿色施工的政策措施，或建立绿色施工激励机制，促使市场参与各方，用市场的方法解决绿色施工推进的成本制约难题。

3.5 绿色施工的原则和推进思路

3.5.1 绿色施工的原则

基于可持续发展理念，绿色施工必须奉行如下原则：

（1）以人为本的原则

人类生产活动的最终目标是创造更加美好的生存条件和发展环境。所以，这些生产活动必须以顺应自然、保护自然为目标，以物质财富的增长为动力，实现人类的可持续发展。绿色施工把关注资源节约和保护人类的生存环境作为基本要求，把人的因素摆在核心位置，关注施工活动对生产生活的负面影响（既包括对施工现场内的相关人员，也包括对周边人群和全社会的负面影响），把尊重人、保护人作为主旨，以充分体现以人为本的根本原则，实现施工活动与人和自然和谐发展。

（2）环保优先的原则

自然生态环境质量直接关乎人类的健康，影响着人类的生存与发展，保护生态环境就是保护人类的生存和发展。工程施工活动对环境有较大的负面影响，因此，绿色施工应秉承“环保有限”的原则，把施工过程的烟尘、粉尘、固体废弃物等污染物，振动、噪声和强光直接刺激感官的污染物控制在允许范围内；这也是绿色施工中“绿色”内涵的直接体现。

（3）资源高效利用的原则

资源的可持续性是人类发展可持续性的主要保障。建筑施工行业是典型的资源消耗型产业。我国作为一个发展中的人口大国，在未来相当长的时期内建筑业还将保持较大规模的需求，这必将消耗数量巨大的资源。绿色施工要把改变传统粗放的生产方式作为基本目标，把高效利用资源作为重点，坚持在施工活动中节约资源、高效利用资源，开发利用可再生资源推动我国工程建设水平持续提高。

（4）精细施工的原则

精细施工可以有效减少施工过程中的失误，减少返工，从而也可以减少资源浪费。因此，绿色施工还应坚持精细施工的原则，将精细化理念融入施工过程中；通过精细策划、精细管理、严格规范标准、优化施工流程、提升施工技术水平、强化施工动态监控等方式方法促使施工方式由传统高消耗的粗放型、劳动密集型向资源集约型和智力、管理、技术密集型的方向转变，逐步践行精细施工。

3.5.2 绿色施工推进的思路

绿色施工的推进是一个复杂的系统工程，需要工程建设相关方在意识、体制、研究和激励等方面齐心协力，进行持续不断的技术和管理创新。绿色施工的推进思路主要包括以下几个方面：

（1）强化意识

世界环境发展委员会指出："法律、行政和经济手段并不能解决所有问题，未能克服环境进一步衰退的主要原因之一，是全世界大部分人尚未形成与现代工业科技社会相适应的新环境伦理观。"当前，人们对推进绿色施工的迫切性和重要性的认识还远远不够，从而严重影响了绿色施工的推进。只有在工程建设各参与方以及社会对自身生活环境的认识与环境保护意识达成共识时，绿色价值标准和行为模式才能广泛形成。因此，要综合运用法律、文化、社会和经济等手段，探索解决绿色施工推进过程中的各种问题和困难，吸引民众参与绿色相关的各种活动，广泛进行持续宣传和教育培训，建立绿色施工示范项目，用工程实例向行业和公众社会展示绿色施工效果，提高人们的绿色意识，让施工企业自觉推进绿色施工，让公众自觉监督绿色施工，这是推进绿色施工工作的重中之重。

（2）健全体系

绿色施工的推进，牵涉到政府、建设方、施工方等诸多主体，又涉及组织、监管、激励、法律制度等诸多层面，是一个庞大的系统工程。特别是要建立健全激励机制、责任体系、监管体系、法律制度体系和管理基础体系等，使得绿色施工的推进形成良好的氛围和动力机制，责任明确，监管到位，法律制度和管理保障充分；这样绿色施工的推进就能落到实处，取得实效。

（3）研究先行

绿色施工是一种新的施工模式，是对传统施工管理和技术提出的全面升级要求。从宏观层面的法律政策制定、监管体系健全、责任体系完善，到微观层面的传统施工技术的绿化改造、绿色施工专项技术的创新研究，项目层面管理构架及制度机制形成等，都需要进行创造性思考，在科学把握相关概念原理、规律，并得到验证的前提下，才能实现绿色施工的科学推进；因此，形成研究型工程施工项目部和施工企业，全面进行绿色施工研究，是推进绿色施工的基础保障。

（4）政策激励

由于环境问题的外部性，当前对于施工企业来说，绿色施工推进存在动力不足的问题。为了加速绿色施工的推进，必须加强政策引导，制定出台一定的激励政策，调动企业推进绿色施工的积极性。政府应探索制定有效的激励政策和措施，系统推出绿色施工的管理制度、实施细则和激励政策，制定市场、投资、监管和评价等相关方的行为准则，以激励和规范工程建设参与方行为，促使绿色施工全面推进和实施。

3.6 绿色施工推进的相关方责任

推进绿色施工，就必须明确绿色施工的相关方责任，包括政府相关职能部门、建设方、设计方、监理方、施工方和供应方等，就必须构建起全方位的组织管理责任体系[1]。

(1) 政府部门

推进绿色施工，政府职能部门应该履行引导与监管职能，如图 3-5 所示。政府部门应在宏观、微观层面适时推出绿色施工发展战略，发布相关政策法规，建立健全激励机制，营造有利于绿色施工推进的良好氛围和环境，搭建畅通的信息交流平台，强化监管，引导绿色施工健康有序发展。

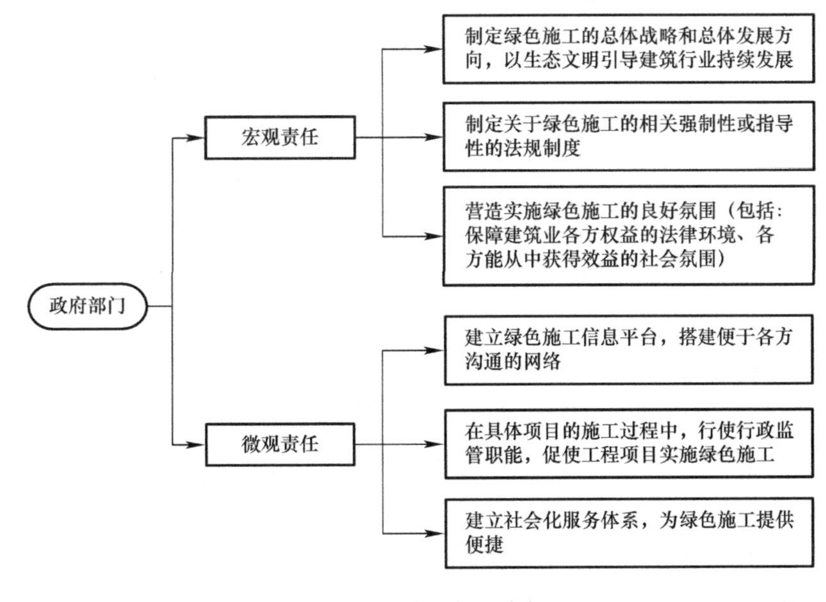

图 3-5 政府部门的责任

[1] 本小节部分内容参考了文献：廖秦明. 全面绿色施工管理研究 [D]. 哈尔滨工业大学硕士学位论文，2011.

（2）建设单位

工程项目的建设单位通常是项目的出资方、投资者，处于主导地位。建设单位通过工程建设项目而获益，自然也应承担控制工程建设带来的环境负面影响的责任。因此，发展绿色建筑、倡导绿色施工，应成为其主导责任。在项目策划阶段，建设单位应发挥其对项目的控制能力，慎重选择项目地址，更应主动提出按照绿色建筑、绿色施工要求，借助市场手段选择设计方、施工方和监理方等。在施工招标过程中，应提出对绿色施工的相关要求，明确要求投标方列支绿色施工费用。

必须强调的是，建设单位的重视关乎绿色施工能否真正落实。如果建设单位高度重视绿色施工，其他各参与方就自然会做出积极响应，就会切实开展绿色施工；反之，绿色施工的开展就会流于形式，难以取得实效。为了保证绿色施工切实推进，建设单位应当具备绿色意识，具有绿色建筑、绿色施工的基本知识和管理的能力，并通过相应的措施（图 3-6）来保障绿色施工的认真落实。

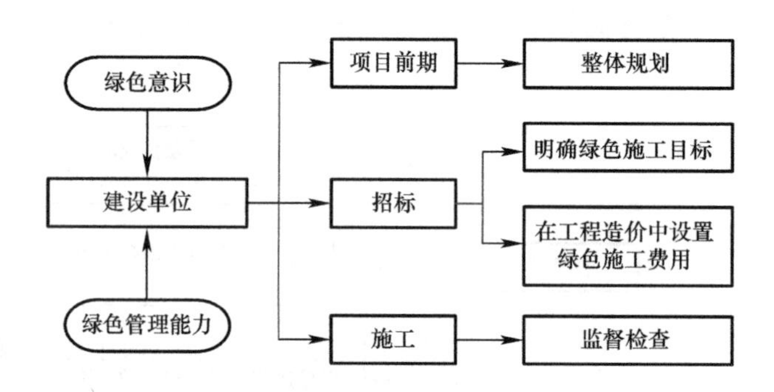

图 3-6　建设单位绿色施工管理措施

（3）设计方

我国现行的设计与施工分离的建设模式，造成了设计方在设计过程中往往对施工的可行性、便捷性等考虑不足。绿色施工的推进需要设计方与施工方密切沟通交流。在设计过程中，对设计方案的可实施性、主要材料和楼宇设备的绿色性能等进行全面把握，进行施工图绿色施工设计，以便为绿色施工的开展创造良好条件。设计方在施工过程中应结合对绿色施工的要求，协同施工方进行设计优化和施工方案优化，以便提高工程项目的绿色施工整体水平。

（4）施工方

施工方是绿色施工的实施主体，全面负责绿色施工的组织和实施。实行总承包管理的建设工程，总承包单位要对绿色施工负总责，专业承包单位应服从总承包单位的管理，并对所承包专业工程的绿色施工负责。施工项目部应建立以项目经理为第一责任人的绿色施工管理体系，负责绿色施工的组织实施及目标实现，制定绿色施工管理制度，进行绿色施工教育培训，定期开展自检、联检和评价工作。施工方应认真落实工程项目策划书及设计文件中对绿色施工的要求，编制绿色施工专项方案，不断提高绿色施工技术水平和管理能力。

（5）监理方

监理方受建设单位的委托，按照相关法律法规、工程文件、有关合同与技术资料等，对工程项目的设计、施工等活动进行管理和监督。在工程项目实施绿色施工的过程中，监理方对工程绿色施工承担监理责任，应参与审查绿色施工的策划文件、施工图绿色设计以及绿色施工专项方案等，并在实施过程中参与或组织绿色施工实施与评价。

（6）材料、设备供应方

材料、设备供应方应提供相应材料、设备的绿色性能指标，以便在施工现场实现建筑材料和设备的绿色性能评价，绿色性能相对优良的建筑材料和设备能够得到充分利用，从而使建筑物在运行过程中尽可能节约资源、减少污染。

3.7 推进绿色施工的监督体系建设

尽管加大政府处罚力度的措施可以促进绿色施工，但其效力还取决于监管力度。如果政府的监督与执法不能有效执行，施工单位就有机会逃避处罚，相应的政策也就形同虚设造成政策失效。因此，推进绿色施工，必须建立系统的监管体系。政府主管部门应利用现有工程建设监督体系强化对工程施工阶段的监管，并对现有监管机构增加绿色施工监管职能，促使绿色施工的监管落到实处。另外，要从政策法规角度对绿色施工实施提出导向性意见。当然，绿色施工的具体实施，需要市场的力量不断完善，也需要体制内外的监管督促来实现。如绿色施工过程的协动问题、绿色施工实施环节的评价问题（包括评价本身的客观性、科学性问题等），都需要在推进中解决，在运行中完善。另外，在绿色施工的项目层面，工程建设相关方要按照绿色施工的要求，不断完善绿色施工的管理制度，如建立相应岗位责任、培训制度、检查制度、报告制度和评价制度等，形成工程建设项目绿色施工的自我约束机制，持续改进机制和自我完善，保障绿色施工落到实处。

3.8 绿色施工基础管理的深化

绿色施工是对传统施工模式的升华和升级，但绿色施工并不等于对传统施工的全面摒弃，绿色施工的有效实施仍然需要强化传统施工的基础管理。如绿色施工仍然需要把安全、质量、进度和成本控制等目标的实现作为重要内容进行管理，仍然需要充分发挥范围管理❶、质量管理、进度管理、成本管理、安全与环境管理、人力资源管理和风险管理等基础管理的作用，保障和促进绿色施工的实现。

基础管理在任何施工模式中都占有基石的地位，是建筑施工取得成功的基础。如果，没有良好的成本管理基础，绿色施工资源投入的有效性就得不到保障，绿色施工就难以实施。如果没有良好的质量管理支撑，工程质量的合格性就难以保证，绿色施工就将成为无源之水和无本之木，失去了存在的根本。因此，绿色施工是一种在强化基础管理基础上要求更高的施工模式，强化管理在推进绿色施工中具有“基石”的重要作用，只能加强，不能弱化。

3.9 建立与绿色施工相适应的法规制度体系

绿色施工是区别于一般施工的一种要求更高的施工模式。绿色施工的推进必然带来法律法规及规范标准体系建设的一系列变化，同时需要建立健全与绿色施工相适应的法律法规与标准体系。

一是需要与绿色施工相适应的一系列法规制度的引导。如果没有法规制度的引导与督促，绿色施工是很难落到实处的。我国当前关于

---

❶ 范围管理主要在于定义和控制哪些工作应包括在项目内，哪些不应包括在项目内。进一步了解范围管理的相关内容，可参考美国项目管理协会著《项目管理知识体系指南. 第4版》电子工业出版社，2009。

绿色施工的法规制度缺位较大，亟待建立健全，以持续引导工程建设相关方真正将绿色施工作为重要目标来实施。

二是需要建立健全与绿色施工相适应的标准体系。在我国工程建设领域，企业主动进行环境管理体系认证的情况广而有之，但其主动性和有效性尚不足，距离绿色施工的要求还相差甚远。基于绿色施工推进的国家标准体系尚待建立健全，与绿色施工配套的其他标准也亟需建立，创建绿色建筑，推进绿色设计、绿色施工等方面的系统性标准规范可以更好地为绿色施工的全面系统化构建与实施提供保障。

三是企业和工程项目管理体系要随之调整。现有企业和工程项目管理文件中，绿色施工还没有像安全、质量、工期、成本等那样被列为重要管理目标，目前绿色施工管理体系文件及相应管理制度还存在缺位。推进绿色施工要求企业管理制度、工程项目管理制度随之调整，把绿色施工的管理要求、思路和工作内容加以补充，以便形成制度健全、依法治企的管理体系。

第4章　工程项目绿色施工

绿色施工需要在工程项目中明确绿色施工的任务，在施工组织设计、绿色施工专项方案中做好绿色施工策划；在项目运行中有效实施并全过程监控绿色施工；在绿色施工评价中严格按照PDCA循环持续改进，保障绿色施工取得实效。

4.1　绿色施工的任务

施工企业的最高管理层应制定本企业的绿色施工管理方针，在工程项目建设中实施绿色施工，将绿色施工的理念、思想和方法贯穿于工程施工的全过程，确保施工过程能更好地提高资源利用效率和保护环境。

4.1.1　管理方针

(1) 绿色施工应遵守现行法律、法规和合同承诺，满足顾客及其他相关方的要求，持续改进，实现绿色施工承诺。

(2) 绿色施工的管理方针应适合施工的特点和本单位的实际情况。

(3) 绿色施工管理方针能为制定管理目标和指标提供总体要求。

(4) 方针的制定过程中应以文件、会议、网络等方式与员工协商，形成正式文件并予以发布。

(5) 通过网站、墙报、会议等多种形式进行广泛宣传，传达到全体员工，并可为关联方所知晓。

(6) 付诸实施，并根据情况的变化进行评审与更新。

4.1.2　明确目标

工程项目要在绿色施工管理方针的指导下，根据企业和项目实际情况，具体制定绿色施工目标，明确绿色施工任务，进行绿色施工策划、实施、控制与评价。通过对施工策划、材料采购、现场施工、工程验收等各关键环节加强控制，实现绿色施工目标和任务。

4.1.3 主要任务

《绿色施工导则》中构建的绿色施工总体框架阐明了绿色施工的主要任务，即由施工管理、环境保护、节材与材料资源利用、节水与水资源利用、节能与能源利用、节地与施工用地保护六个方面组成（图 4-1）。

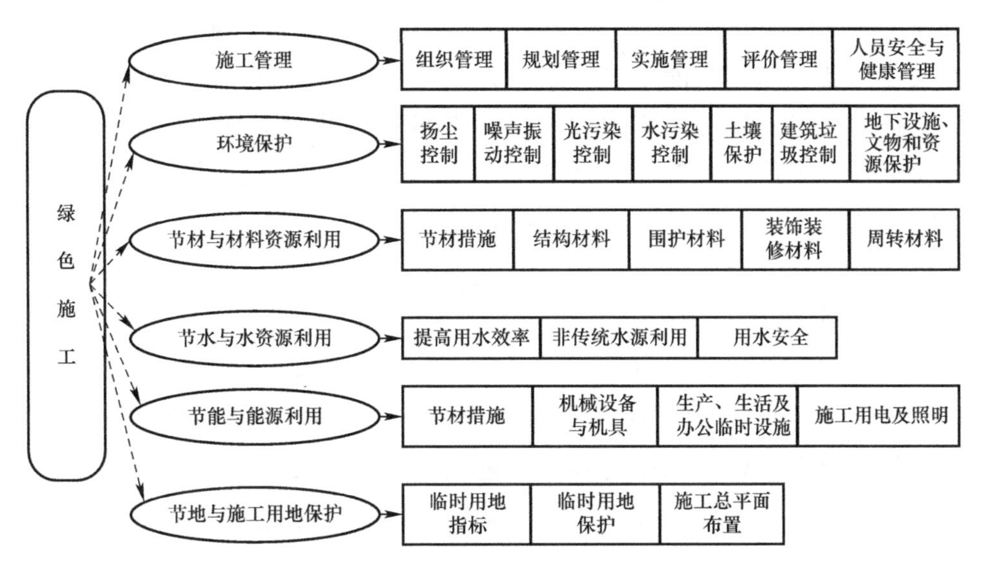

图 4-1 绿色施工总体框架

这六个方面涵盖了绿色施工的基本内容，同时包含了施工策划、材料采购、现场施工、工程验收等各阶段指标的子集。绿色施工管理运行体系包括绿色施工策划、绿色施工实施、绿色施工评价等环节，其内容涵盖绿色施工的组织管理、规划管理、实施管理、评价管理和人员安全与健康管理等多个方面。

4.2 绿色施工策划

绿色施工策划是工程项目推进绿色施工的关键环节，工程施工项目部应全力认真做好绿色施工策划。工程项目策划应通过工程项目策划书体现，是指导工程项目施工的纲领性文件之一。

工程项目绿色施工策划可通过《工程项目绿色施工组织设计》、《工程项目绿色施工方案》或者《工程项目绿色施工专项方案》代替。在内容上应包括绿色施工的管理目标、责任分工体系、绿色施工实施方案和绿色施工措施等基本内容。

在编写绿色施工专项方案时，应在施工组织设计中独立成章，并按有关规定进行审批。绿色施工专项方案应包括但不限于以下内容：(1) 工程项目绿色施工概况；(2) 工程项目绿色施工目标；(3) 工程项目绿色施工组织体系和岗位责任分工；(4) 工程项目绿色施工要素分析及绿色施工评价方案；(5) 各分部分项工程绿色施工要点；(6) 工程机械设备及建材绿色性能评价及选用方案；(7) 绿色施工保证措施等。

在编写绿色施工组织设计时，应按现行工程项目施工组织设计编写要求，将绿色施工的相关要求融入相关章节，形成工程项目绿色施工的系统性文件，按正常程序组织审批和实施。

4.3 绿色施工实施

绿色施工实施是在施工过程中，依据绿色施工策划的要求，组织实施绿色施工的相应工作内容。绿色施工的实施要关注以下三个方面：

(1) 应对整个施工过程实施动态管理，强化绿色施工的施工准备、过程控制、资源采购和绿色施工评价管理

绿色施工应贯穿整个工程施工的全过程，其任务要在各施工阶段中严格落实工程项目绿色施工策划书的要求。因此，绿色施工需要在施工过程的各主要环节中进行动态管理和控制，要充分利用绿色施工评价环节，建立持续改进机制，通过绿色施工评价促进绿色施工各阶段、各批次、各要素检查质量的提高，形成下批次防止再发生的改进意见，指导工程项目绿色施工的持续改进，引导施工人员在施工过程中控制污染排放，保护资源，合理节材，培养良好的绿色施工行为。

(2) 应结合工程项目的特点，重视与工程项目建设相关方的沟通，营造绿色施工的氛围

工程项目绿色施工涉及建设单位、设计、施工、监理等相关方，能否得到相关方支持关乎绿色施工的成败。因此，工程项目绿色施工要加强各相关方的交流，充分利用文件、网站、宣传栏等载体强化绿色施工沟通是至关重要的。工程项目管理人员应特别重视以下三个方面的沟通：一是强化员工绿色施工意识的沟通，使员工把保护环境和节约资源与国家发展大局联系起来，把实施绿色施工与生态文明建设

结合起来，提高绿色施工的自觉性；二是强化岗位沟通，使员工拥有保护环境的强烈责任感和使命感，认识到推进绿色施工与每个人的健康和生活质量息息相关，以出色完成绿色施工的岗位责任、强化岗位沟通，做到绿色施工横向搭边、纵向到底，积极参与，协同配合，做好绿色施工。三是强化绿色施工投入的沟通，打通制约绿色施工的瓶颈。

（3）定期对相关人员进行绿色施工培训，提高绿色施工知识和技能

绿色施工的贯彻落实，依赖于相关人员的专业知识和素质。因此，绿色施工实施过程中要把培训列为工作重点，通过专业教育与培训，培育绿色施工操作与管理的人才队伍，为推动绿色施工提供支撑。

4.4 绿色施工评价

绿色施工评价是绿色施工管理的一个重要环节，通过评价可以衡量工程项目达成绿色施工目标的程度，为绿色施工持续改进提供依据。

4.4.1 评价目的

依据《建筑工程绿色施工评价标准》GB/T 50640—2010，对工程项目绿色施工实施情况进行评价，度量工程项目绿色施工水平，其目的：一是为了解自我，客观认定本项目各类资源的节约与高效利用水平、污染排放控制程度，正确反映绿色施工方面的情况，使项目部心中有数；二是尽力督促持续改进，绿色施工评价要求建设单位、监理方协同评价，利于绿色施工水平提高，并能借助第三方力量会同诊断，褒扬成绩，找出问题，制定对策，利于持续改进；三是定量评价数据说话，绿色施工通过交流方法对施工过程进行评估，从微观要素评价点的评价入手，体现绿色施工的宏观量化效果，利于不同项目的比较，具有科学性。

4.4.2 指导思想

根据《绿色施工导则》和《建筑工程绿色施工评价标准》GB/T 50640—2010 的相关界定和规定，以预防为主、防治结合、清洁生产、全过程控制的现代环境管理思想和循环经济理念为指导，本着为社会负责、为企业负责、为项目负责的精神，紧密结合工程项目特点和周

边区域的环境特征，以实事求是的态度开展评价工作，保证评价过程科学、细致、深入，评价结果客观可靠，以便实现绿色施工的持续改进。

4.4.3 评价思路

(1) 工程项目绿色施工评价应符合如下原则：一是尽可能简便的原则；二是覆盖施工全过程的原则；三是相关方参与的原则；四是符合项目实际的原则；五是评价与评比通用的原则。

(2) 工程项目绿色施工评价应体现客观性、代表性、简便性、追溯性和可调整性的五项要求。

(3) 工程项目绿色施工评价坚持定量与定性相结合、以定性为主导；坚持技术与管理评价相结合，以综合评价为基础；坚持结果与措施评价相结合，以措施落实状况为评价重点。

(4) 检查与评价以相关技术和管理资料为依据，重视资料取证，强调资料的可追溯性和可查证性。

(5) 以批次评价为基本载体，强调绿色施工不合格评价点的查找，据此提出持续改进的方向，形成防止再发生的建议意见。

(6) 工程项目绿色施工评价达到优良时，可参与社会评优。

(7) 借助绿色施工的过程评价，强化绿色施工理念，提升相关人员的绿色施工能力，促进绿色施工水平提高。

第5章　工程项目绿色施工策划

绿色施工策划主要是在明确绿色施工目标和任务的基础上，进行绿色施工组织管理和绿色施工方案的策划。绿色施工策划要明确指导思想、基本原则、基本思路和方法、策划的类别和内容以及突出强调的重点等内容。

5.1　指导思想

按照计划工作应体现“5W2H”的指导原则，绿色施工策划是对绿色施工的目的、内容、实施方式、组织安排和任务在时间与空间上的配置等内容进行确定，以保障项目施工实现“四节一环保”的管理活动。因此，绿色施工策划的指导思想是：以实现“四节一环保”为目标，以《建筑工程绿色施工评价标准》等相关规范标准为依据，紧密结合工程实际，确定工程项目绿色施工各个阶段的方案与要求、组织管理保障措施和绿色施工保证措施等内容，以达到有效指导绿色施工实施的目的。

5.2　基本原则

绿色施工策划应遵循的基本原则：

（1）以《建筑工程绿色施工评价标准》GB/T 50640—2010及相关规范标准和相关法律法规为依据。当绿色施工目标确定以后，应对目标进行分解细化为指标，并对目标和指标实现的责任与工程项目组织管理体系加以结合，依据《建筑工程绿色施工评价标准》GB/T 50640—2010等法规标准编制绿色施工策划文件。

（2）结合工程实际，落实绿色施工要求。切实而又客观的绿色施工策划是绿色施工有效实施的重要指导和保障。绿色施工策划文件包括绿色施工组织设计、绿色施工方案或绿色施工专项方案，应形成内容互补的系统性文件。保证措施应符合工程实际，能够切实指导和保证绿色施工。

(3) 绿色施工策划应重视创新研究。绿色施工是依据国家可持续发展原则对施工行业提出的更高要求，是一种新的施工模式。因此，绿色施工策划应结合工程项目和实施企业的特点进行创新性研究，设计出适宜的组织实施体系，实现管理和技术的创新性突破。

5.3 基本思路和方法

绿色施工策划的基本思路就是按照上述策划指导思想，遵循策划基本原则，制定符合工程实际条件的绿色施工组织设计和绿色施工方案或绿色施工专项方案等。绿色施工策划的基本思路和方法可参照计划制定方法（5W2H)。5W2H 分析法又叫七何分析法，在二战中由美国陆军兵器修理部首创。该方法简单、方便，易于理解、使用，富有启发意义，广泛用于企业管理和技术活动，非常有助于决策和计划制定，也有助于弥补考虑问题的疏漏。

“5W2H”的基本内容如下：

(1) WHAT——是什么？目的是什么？做什么工作？

(2) HOW ——怎么做？如何提高效率？如何实施？方法怎样？

(3) WHY——为什么？为什么要这么做？理由何在？原因是什么？造成这样的原因是什么？

(4) WHEN——何时？什么时间完成？什么时机最适宜？

(5) WHERE——何处？在哪里做？从哪里入手？

(6) WHO——谁？由谁来承担？谁来完成？谁负责？

(7) HOW MUCH——多少？做到什么程度？数量如何？质量水平如何？费用产出如何？

应用“5W2H”的方法开展绿色施工策划，可以有效保障策划方案能够从多个纬度保障绿色施工的全面落实。

5.4 绿色施工因素分析

借用环境因素分析和危险源辨识的方法，对施工现场绿色施工影响因素进行分析，再通过归纳法对绿色施工影响因素进行分析归类，制定与之相对应的治理措施，在绿色施工策划文件中有完整体现，形成实施绿色施工的完全封闭和严密的系统性策划文件，指导工程施工。绿色施工影响因素分析可以参照影响因素识别、影响因素评价、对策制定等步骤进行。

（1）绿色施工影响因素识别

借鉴风险管理理论的方法，可采用统计数据法、专家经验法、模拟分析法等方法来识别绿色施工影响因素。统计数据法：企业层面可以按照主要分部分项工程结合项目所在区域、结构形式等因素，对施工各环节的绿色施工影响因素进行识别与归类，通过大量收集、归纳和统计相关数据与信息，能够为后续工程绿色施工因素识别提供宝贵的信息积累。专家经验法：借助专家的经验、知识等分析工程施工各环节的绿色施工影响因素，这在实践中是非常简便有效的方法。模拟分析法：针对庞大复杂、涉及因素多、因素之间的关联性复杂等大型工程项目，可以借助系统分析的方法，构建模拟模型（也称仿真模型），通过系统模拟识别并评价绿色施工影响因素。绿色施工影响因素识别是制定绿色施工策划文件的前提，是极其重要的。

（2）绿色施工影响因素评价

在绿色施工影响因素识别完成后，应对绿色施工影响因素进行分析和评价，以确定其影响程度的大小和发生的概率等。在统计数据丰富的条件下，可以利用统计数据进行定量分析和评价。一般情况下，也可以借助专家经验进行评价。

（3）针对绿色施工过程制定对策

根据绿色施工影响因素识别和评价的结果可以制定治理措施。所制定的治理措施要体现在绿色施工策划文件体系中，并将相应的落实责任、监管责任等依托项目管理体系予以落实。对那些环境危害小、容易控制的影响因素，可采取一般措施；对环境危害大的影响因素要制定严密的控制措施，并强化落实与监管。

5.5 组织管理策划

组织职能是管理活动中对工作任务及其相应权责的配置，是广义上的分工，这种分工包括在纵向层级的分工和横向任务的分配。在实践中，一般有三种思路可供参考借鉴。一是在项目部中设置绿色施工管理委员会，作为总体协调工程项目建设过程中有关绿色施工事宜的机构，构成成员可以来自于建设项目主要参与方。二是以目标管理为指导的组织方式，依托目标管理体系将绿色施工的实施、监管等责任予以落实。三是建立专职的绿色施工监管机构，负责绿色施工专项监管。当然在工程实践中还会有其他更加优化的绿色施工组织管理模式，希望以上提到的三种模式能起到抛砖引玉的作用。下面我们分别探讨这三种组织方式的优劣。

(1) 绿色施工委员会的组织方式

在项目中成立绿色施工委员会，可以广泛吸纳项目相关方的参与，在各个部门中任命相关绿色施工联系人，负责对本部门绿色施工相关任务的处理，在部门内指导具体实施，对外履行和其他部门和委员会的沟通。这样以绿色施工联系人为节点，将位于各个部门的不同组织层次的人员融入绿色施工管理中。在责任配置方面，项目经理作为绿色施工第一责任人，应将绿色施工相关责任分配到各个部门、岗位和个人，保证绿色施工的整体目标与责任落实。在管理分工上，可以分为决策、执行、检查和参与等职能，保证每项任务都有工作部门或个人负责。为实现良好沟通，项目部和绿色施工管理委员会应设置专人负责协调、沟通和监控，可以邀请外部专家作为委员会顾问，促使实施顺利。

绿色施工委员会这种组织方式的优点主要有：①能够更好地集思广益。正如俗话所说："三个臭皮匠顶个诸葛亮"，作为群体，委员会能够对问题进行比较全面的探讨，经过集体讨论、集体判断后得出的方案更切合实际情况，能够避免主管人员仅凭个人经验造成判断失误。②有助于发挥部门间的协调功能。委员会成员通常由各部门选派，当工作或问题涉及几个部门时，可以在委员会内互相沟通信息，交换意见，开阔视野，了解其他部门的情况。这既有利于减轻上层主管人员的负担，又可以加强部门之间的合作，避免"隧道视野"现象和"职权分裂"现象发生。③有助于民主管理，维护各方利益。委员会成员通常是各利益相关方的代表，他们参与决策，有广泛的发言权与投票权，既可以获得集体判断的益处，又可防止或减少权力过度集中的弊端发生。

但是绿色施工管理委员会的方式也存在一些比较明显的缺点：①耗费时间多。委员们花在会议上的时间可能很多，如发言、研讨、质疑等都要耗费大量时间。特别是会议期间，委员们不能在原岗位上工作，可能带来一定的损失和影响。②部分成员容易妥协与犹豫不决。委员会中人们常常出于礼貌，互相尊敬，或屈于权威而采用折中方法，以求达到全体一致意见。但这样的结论，往往是成事不足的结论。另一方面，委员们代表各自的利益群体，可能在某些问题上争论不休、贻误决策。③职责分离易导致责任感下降。委员会中每个人提出的建议要想成为决定，都需要委员会集体讨论，最终的决策也是集体讨论的结果，这使得委员会中的每位成员对决策负责的责任感下降。一般而言，委员对集体任务的责任感总不如他对个人负责某事的责任感强。正如我国民间俗话："一个和尚挑水喝，两个和尚抬水喝，三个和尚没水喝"。④如果少数人占支配地位将影响民主管理。委员会的决议应反映集体的智慧，但在讨论问题时，由于只能由少数人控制会场，因而可能出现少数人意志强加给整体的现象，这与委员会设置的初衷是相悖的。

综上，绿色施工委员会的方式具有涉及参与方多、便于横向沟通与协调、有助于维护各方利益等优点，但也存在着管理成本高、职责不够清晰等缺陷，在应用中需要进行灵活处理，取长补短。

（2）以目标管理[1]原理为指导的组织方式

以推进绿色施工实施为目标，将实现绿色施工的各项目标及责任进行分解，建立横向到边，纵向到底的岗位责任体系，建立责任落实和实施的考核节点，建立目标实现的激励制度，结合绿色施工评价的要求，通过目标管理的目标制定、分解、检查和总结等环节，奖优罚劣，促使绿色施工落实。

这种方式任务明确，强调自我管理与控制，形成了良好的激励机制，利于绿色施工齐抓共管和全员参与，但尚需要建立完善的考核与沟通机制，以便实现绿色施工本身的要求。

（3）将绿色施工监管责任明确分配到特定部门的组织方式

绿色施工主要是针对资源节约和环境保护等要素进行的施工活动。

---

[1] 目标管理（management by objectives，MBO）又称成果管理，目标管理是由组织的员工共同参与制定具体的、可行的且能够客观衡量效果的目标，在工作中进行自我控制，努力实现工作目标。

在施工中传统的材料管理、施工组织设计等环节比较重视对资源的节约，但对绿色施工要求的资源高效利用和有效保护的重视是不够的；对现场环境的改善和现场人员健康相对重视，但对绿色施工强调的施工现场及周边环境保护和场内外公众人员安全、健康顾及较少。国外经验中将绿色施工监管的责任落实到质量安全管理部门的做法具有一定的借鉴性。安全、健康与环境管理体系（SHE 管理体系）[1] 建立起一种通过系统化的预防管理机制彻底消除各种事故、环境和职业病隐患，以便最大限度地减少事故、环境污染和职业病的发生，从而达到改善企业安全、环境与健康业绩的管理方法，可推动绿色施工实施。将环境管理的职责明确到安全部门的责任分配方式相比成立绿色施工委员会的方式，使得责任更加清晰，相应管理任务能更好地得到贯彻落实，更重要的是委员会方式仅适合于项目中非日常内容的管理，而绿色施工是应该作为日常管理的内容得到贯彻执行，因此采用这样的组织责任分配方式更为合理。但是，这样的组织方式也存在着横向沟通较弱、相关方参与不充分的缺陷。

在实践中，应根据企业和项目的组织体系特点来选择组织方式，也可以探索绿色施工管理委员会、以目标管理原理为指导的组织方式与设置专职管理部门相结合的方法，取长补短，灵活运用。

5.6 绿色施工策划文件体系

5.6.1 策划文件种类

绿色施工是建立在充分策划基础上的生产活动，全面而深入的策划是绿色施工能否得到有效实施的关键。因此，将绿色施工的策划融入工程项目施工整体策划体系既可以保障绿色施工有效实施，也能很好地保持项目策划体系的统一性。

绿色施工策划文件包括两大等效体系：一是绿色施工组织设计体系，即绿色施工（组织设计＋施工方案＋技术交底）；另一种是绿色施工专项方案体系，即传统（施工组织设计＋施工方案）＋绿色施工专项方案＋绿色施工技术交底。两类绿色施工策划文件体系各有特色，但绿色施工组织设计体系利于文件简化，使绿色施工策划文件与传统

---

[1] SHE 是 SAFETY、HEALTH、ENVIRONMENT 的缩写，是指安全、健康与环境一体化的管理。

策划文件合二为一，利于绿色施工实施，为本书推荐的策划文件体系。

5.6.2 策划程序

绿色施工策划程序，如图 5-1 所示。

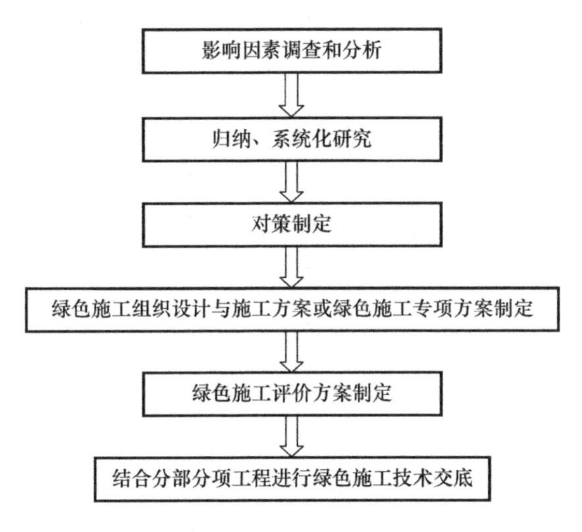

图 5-1 绿色施工策划程序

5.6.3 绿色施工专项方案文件体系

本策划文件体系由传统工程项目策划文件与绿色施工专项方案文件简单叠加而形成的绿色施工策划文件，实质是传统意义的施工组织设计和施工方案与绿色施工专项方案的编制分别进行。工程实施中要求项目部相关人员同时对两个文件内容进行认真研究，充分消化和融合，形成新的技术交底文件，付诸实施。很显然，这种文件体系容易造成“两个文件体系两张皮”的情况，客观上增加了一线施工管理的工作量，不利于绿色施工的实施。

5.6.4 绿色施工组织设计文件体系

本策划文件体系编制的基本思路是以传统施工组织设计的内容要求和组织结构为基础，把绿色施工的原则、指导思想、目标、内容要求及治理措施等融入其中，形成绿色施工的一体化策划文件体系。这种策划思路显然更有利于工程项目绿色施工推进与实施。但是，把绿色施工理念、原则、指导思想及要求等真正融入施工部署、平面布置和各个分部分项工程施工的各个环节中，需要进行各个层面的绿色施工影响因素分析，需要开展管理思路和工艺技术的研究。尽管这种绿色施工组织设计文件的编制工作具有一定难度，但无疑是值得提倡的。

5.7 绿色施工措施

绿色施工的实施主体是施工单位，因此一般应在投标报价中体现绿色施工内容。施工活动是一种经济技术活动，只有经过全面策划、系统运作，绿色施工推进才有保障。

绿色施工措施应突出强调以下主要内容：（1）明确和细化绿色施工目标，并将目标量化表达，如材料的节约比例、能耗降低比例等。（2）在工程施工过程中突出绿色施工控制要点。（3）明确实现绿色施工专项技术与管理内容具体保障措施，并应完整体现环境保护、节材、节水、节能、节地等专项内容的具体措施。

5.7.1 环境保护措施

工程施工过程会对场地和周围环境造成影响，其主要影响类型有：植被破坏及水土流失，对水环境的影响，施工噪声的影响，施工扬尘和粉尘，机械车辆排放的有害气体和固体废弃物排放等。施工过程对环境的其他影响还包括泥浆污染、破坏物种多样性等多种影响。因此，绿色施工策划就需要针对各种环境污染制定施工各阶段的专项环境保护措施。

此处仅以某工程结构施工、安装及装饰装修阶段的施工现场扬尘控制为例来说明具体绿色施工方案的策划。该工程制定的扬尘控制措施有：

（1）作业区目测扬尘高度小于0.5m。

（2）主体及装修阶段对存放在现场的砂、石等易产生扬尘的材料设专用场区堆放，密目网覆盖，对水泥等材料在现场设置仓库存放并加以覆盖。水泥、砂石等可能引起扬尘的材料及建筑垃圾清运时应洒水并及时清扫现场。

（3）混凝土泵、砂浆搅拌机等设备搭设机篷。

（4）浇筑混凝土前清理模板内灰尘及垃圾时，每栋楼配备一台吸尘器，不能用吹风机吹扫木屑。楼层结构内清理时，严禁从窗口向外抛扔垃圾，所有建筑垃圾用麻袋装好，再整袋运送下楼至指定地点。装饰装修阶段楼内建筑垃圾清运时用水泥袋装运，严禁从楼内直接将建筑垃圾抛撒到楼外。

(5) 外墙脚手架、施工电梯等设备材料拆除前，将脚手板、电梯通道处的垃圾清扫干净，并用水湿润各层脚手板、密目网、安全网，防止在拆卸过程中残留的建筑垃圾、粉尘坠落并扩散。

(6) 外墙脚手架密目网密封严密，特别是密目接缝处不得留有明显空隙；施工通道每周洒水清理。

(7) 安装作业时，对需要切割埋线管的砌体墙，在施工前先要洒水润湿表面，再用切割机切缝，避免室内扬尘。

5.7.2 节材与材料资源保护措施

(1) 绿色建材的使用

国内外许多研究发现，建筑材料物化阶段在建筑工程全生命周期环境影响中占据很大比例，选用对环境影响小的建筑材料是绿色施工的重要内容。

绿色建材是指采用清洁生产技术、少用天然资源和能源、大量使用工业或城市固态废物生产的无毒害、无污染、无放射性、有利于环境保护和人体健康的建筑材料。它具有消磁、消声、调光、调温、隔热、防火、抗静电的性能，并具有调节人体机能的特种新型功能建筑材料。在国外，绿色建材早已在建筑、装饰施工中广泛应用，在国内它只作为一个概念刚开始为大众所认识。

绿色建材的基本特征包括：①其生产所用原料尽可能少用天然资源，大量使用尾渣、垃圾、废液等废弃物。②采用低能耗制造工艺和无污染环境的生产技术。③在产品配制或生产过程中不得使用甲醛、卤化物溶剂或芳香族碳氢化合物，产品中不得含有汞及其化合物的颜料和添加剂。④产品的设计是以改善生产环境、提高生活质量为宗旨，即产品不仅不损害人体健康，而应有益于人体健康，产品具有多功能化，如抗菌、灭菌、防霉、除臭、隔热、阻燃、调温、调湿、消磁、防射线、抗静电等。⑤产品可循环或回收利用，无污染环境的废弃物。总之，绿色建材是一种无污染、不会对人体造成伤害的建筑材料。

施工单位要按照国家、行业或地方对绿色建材的法律、法规和评价方法来选择建筑材料，以确保建筑材料的质量。即选用物化能耗低、高性能、高耐久性的建筑材料，选用可降解、对环境污染小的建材，选用可循环利用、可回收利用和可再生的建材，选择利用废弃物生产的建材，尽量选择运输距离小的建材，降低运输能耗。

（2）节材措施

节材措施主要是根据循环经济和精益施工思想来组织施工活动。也就是按照减少资源浪费的思想，坚持资源减量化、无害化、再循环、再利用的原则精心组织施工。在施工中，应根据地质、气候、居民生活习惯等提出各种优化方案，在保证建筑物各部分使用功能的情况下，尽量采用工程量较小、速度快、对原地表地貌破坏较小、施工简易的施工方案，尽量选用能够就地取材、环保低廉、寿命较长的材料。

施工中，要准确提供出用材计划，并根据施工进度确定进场时间。按计划分批进场材料，现场所进的各种材料总量如无特殊情况不能超过材料计划量。加强施工现场的管理，杜绝施工过程中的浪费，减小材料损耗率。还要控制好主要耗材施工阶段的材料消耗，控制好周转性材料的使用和处理。

绿色施工策划中制定节材措施，要以突出主要材料的节约和有效利用为原则。此处，仅以某工程主体结构施工中对钢筋消耗量的控制措施为例，说明如何制定节材措施。在该工程主体结构施工中，钢筋消耗量的控制措施主要有：①钢筋下料前，绘制详细的下料清单，清单内除标明钢筋长度、支数等外，还需要将同直径钢筋的下料长度在不同构件中比较，在保证质量、满足规范及图集要求的前提下，将某种构件钢筋下料后的边角料用到其他构件中，避免过多废料出现。②根据钢筋计算下料的长度情况，合理选用12m钢筋，减小钢筋配料的损耗；钢筋直径≥16mm的应采用机械连接，避免钢筋绑扎搭接而额外多用材料。③将ϕ6、ϕ8、ϕ10、ϕ12钢筋边角料中长度大于850mm的筛选出来，单独存放，用于填充墙拉结筋、构造柱纵筋及箍筋、过梁钢筋等，变废为宝，以减小损耗。④加强质量控制，所有料单必须经审核后方能使用，避免错误下料；现场绑扎时严格按照设计要求，加强过程巡查，发现有误立即整改，避免返工费料。

5.7.3 节水与水资源保护措施

水资源是影响我国可持续发展的关键资源。据调查，建筑施工用水的成本约占整个建筑成本的0.2%，因此在施工过程中减少水资源浪费能够有效提升项目的经济和环境效益。

建筑施工过程的节水与水资源保护措施主要有：（1）采用基坑施工封闭降水措施。（2）合理规划施工现场及生活办公区临时用水布置。

（3）实行用水计量管理，严格控制施工阶段的用水量。（4）提高施工现场水源循环利用效率。（5）施工现场生产实施施工工艺节水措施，生活用水使用节水型器具。（6）加强施工现场用水安全管理，不污染地下水资源。

5.7.4 节能与清洁能源利用措施

关于施工节能的研究很多，但许多研究仍然在概念上不够清晰，如一些对施工节能的研究主要突出保温墙板、屋面的施工等，还有许多研究把节能降耗与节材等混为一起。尽管从大的概念上讲，节约材料等确实是有助于整个建筑生命周期节能的，但这样的概念界定显然使得节能与节材这两个绿色施工内容重叠。因此，本书认为施工节能就是指在建筑施工过程中，通过合理的使用、控制施工机械设备、机具、照明设备等，减少施工活动对电、油等能源的消耗，提高能源利用效率。建筑施工过程中的节能与能源利用措施主要有：

（1）优先使用国家、行业推荐的节能、高效、环保的施工设备和机具，如选用变频技术的节能施工设备等。

（2）强化对施工环境中空调、采暖、照明等耗能设备的使用与管理。如规定合理的温、湿度标准和使用时间，提高空调和采暖装置的运行效率，室外照明宜采用高强度气体放电灯等。

（3）合理安排工序，提高各种机械的使用率和满载率。

（4）实行用电计量管理，严格控制施工阶段的用电量。必须装设电表，生活区与施工区应分别计量，用电电源处应设置明显的节约用电标识，同时施工现场应建立照明运行维护和管理制度，及时收集用电资料，建立用电节电统计台账，提高节电率。施工现场分别设定生产、生活、办公和施工设备的用电控制指标，定期进行计量、核算、对比分析，并有预防与纠正措施。

（5）建立施工机械设备管理制度，开展用电、用油计量，完善设备档案，及时做好维修保养工作，使机械设备保持低耗、高效的状态。选择功率与负载相匹配的施工机械设备，避免大功率施工机械设备低负载长时间运行。机电安装可采用节电型机械设备，如逆变式电焊机和能耗低、效率高的手持电动工具等，以利节电。机械设备宜使用节能型油料添加剂，在可能的情况下，考虑回收利用，节约油量。

（6）加强用电管理，做到人走灯灭。宿舍区根据时间进行拉闸限电，在确保参建人员休息、生活所用电源外，尽可能减少不必要的消耗。办公区严禁长明灯，空调、电暖器在临走前要关闭，使用时实行分段分时使用，节约用电。

(7) 充分利用太阳能或地热，现场淋浴可设置太阳能淋浴或地热，减少用电量。

5.7.5 节地与施工用地保护措施

土地资源短缺问题越来越引起世人关注，我国土地资源紧缺的压力尤为突出。在建筑施工过程中强化节地与用地保护已经势在必行，其主要措施有：(1) 施工现场的临时设施建设禁止使用黏土砖。(2) 土方开挖施工采取先进的技术措施，减少土方的开挖量，最大限度地减少对土地的扰动。(3) 加强施工总平面合理布置。(4) 最大限度减少现场临时用地，避免对土地的人为扰动。(5) 采取切实措施，尊重地基环境，避免造成临时场地污染。

5.8 突出强调的重点

绿色施工策划中务必要突出以下几点：

(1) 务必明确绿色施工各项责任的承担部门和岗位，保障任务的落实。仅制定绿色施工措施并不足以保障绿色施工得到贯彻，责任的明确可以使各项任务得到有效分配，避免“扯皮”现象。

(2) 将绿色施工专项方案与各分部分项工程紧密结合。绿色施工并不是一项新的技术，其落脚点是在各项施工活动中满足“四节一环保”的要求，是对传统施工活动的改造与提升，因此绿色施工专项方案的制定应与各分部分项工程紧密结合，在各分部分项工程中贯彻“四节一环保”的要求。

(3) 策划方案要减少对场地的干扰、尊重基地环境。工程项目建设施工常常会扰动建筑场地原有环境，对于新近开发建设区域的各类新建项目尤为明显。工程建设中实施的场地平整、土方开挖、排水降水、临设建造、废弃物处理等，必然对建筑场地上原有的各类资源、地形地貌、水文地质造成影响。在施工建设过程中实现减少场地干扰、尊重基地环境，对于保护生态环境，维持生态和谐发展具有重要的意义。在策划方案中要明确：场地内的保护区域、保护对象及保护方法；

减少四通一平（水通、电通、路通、网通、场地平整）和土方开挖所扰动区域的面积，减少临设和施工管线；合理规划安排施工单位、分包单位及各专业工作队的施工用地，避免二次搬运；合理规划施工场地内交通联系，确保场内运输畅通；明确废弃物消解、处理方式，减少污染性废弃物对场地生态、环境的影响；建设场地与公众环境相隔离，实施封闭施工。

（4）策划方案务必要突出减少环境污染，提高环境品质。工程施工建设过程中会产生大量灰尘、噪声、有毒有害气体、废弃物，对环境品质造成负面影响，对现场施工人员、建筑产品使用者以及公众健康带来危害。因此，减少环境污染，提高环境品质是实现绿色施工的核心要求，控制施工扬尘、噪声污染、固废排放等环境污染是绿色施工策划的关键内容。

5.9 绿色施工组织设计案例

（1）绿色施工组织设计的绿色要求应隐含在施工组织设计中的施工部署、施工准备、平面布置图设计、施工方案等各个章节之中。在绿色施工组织设计编制时，要站在施工项目的总体角度，从可行性、合理性和经济性等多个角度权衡利弊，把贯彻绿色施工原则，落实绿色施工的要求切实落到实处。因此，鉴别施工组织设计是否绿色，需要首先鉴别其中的施工部署、总体策划和施工方案是否贯彻了绿色施工原则，落实了适用、经济、安全和环境保护等绿色施工目标的要求。

（2）为帮助项目管理人员在编制绿色施工组织设计时对绿色施工的全面把握，本案例中增加了“绿色施工影响因素分析”章节，希望从绿色施工影响因素的分析入手，全面识别工程实施过程中的绿色施工影响因素，在具体进行章节编制时全面把握绿色施工的要求，全面实现对绿色施工影响因素的掌控，把绿色施工的要求全面体现在各个章节中，指导施工全过程。

（3）绿色施工影响因素分析结果，还应在绿色施工评价方案中得到体现和解决。

（4）由于篇幅限制，本案例略去了部分与“绿色”不相关的内容。

5.9.1 工程概况

（1）总体情况

某工程位于某市中心，钢骨及钢筋混凝土混合结构，总建筑面积17.5万m^2；高383m，地上80层，地下4层；单层面积7～80层建筑面积逐减，单层面积最大 2175.9m²，最小 1721.27m²。8～29 层为写字楼、30～60 层为五星酒店、61 层及以上为白金五星酒店。其建筑效果如图 5-2 所示。

图 5-2　建筑效果图

工程工期为 1410 天，竣工日期为 2013 年 7 月 7 日。工程处于市中心位置，施工场地狭小，周边环境复杂；因此对绿色施工的要求较高，确保省世纪杯，争创鲁班奖；2010 年 5 月被中国建筑业协会授予首批“全国建筑业绿色施工示范工程”。

(2) 构件材质与性能

构件材质与性能，见表 5-1。

构件材质与性能　　**表 5-1**

使用部位	构件类型	钢材牌号和等级		冲击功		Z 向性能			
				温度	不少于	$0<t<40$	$40\leqslant t<60$	$60\leqslant t<100$	$t\geqslant 100$
				℃	J	mm	mm	mm	mm
框架	巨型柱	$t\leqslant 35$	Q345C	0	34	—	—	—	—
		$t>35$	Q345GJC	0	34	—	Z15	Z25	Z35
	次结构框架柱	$t\leqslant 35$	Q345C	0	34	—	—	—	—
		$t>35$	Q345GJC	0	34	—	Z15	Z25	Z35
	刚接梁、焊接钢梁	$t\leqslant 35$	Q345C	0	34	—	—	—	—
		$t>35$	Q345GJC	0	34	—	Z15	Z25	Z35
	栓接热轧型钢梁	Q345B		20	34	—	—	—	—

续表

使用部位	构件类型	钢材牌号和等级		冲击功		Z 向性能			
				温度	不少于	$0<t<40$	$40\leqslant t<60$	$60\leqslant t<100$	$t\geqslant 100$
				℃	J	mm	mm	mm	mm
支撑	斜向大支撑	Q345GJC		0	34	—	Z15	Z25	Z35
	龙骨支撑、龙骨柱	$t\leqslant 35$	Q345C	0	34	—	—	—	—
		$t>35$	Q345GJC	0	34	—	Z15	Z25	Z35
核心筒	连梁	Q345GJC		0	34	—	Z15	Z15	Z15
	剪力墙中钢柱	$t\leqslant 35$	Q345C	0	34	—	—	—	—
		$t>35$	Q345GJC	0	34	—	Z15	Z15	Z15
其他结构	转换桁架	Q345GJD		−20	34	—	Z25	Z25	Z35

(3) 钢构件的整体分布

钢构件的整体分布，如图 5-3 所示。

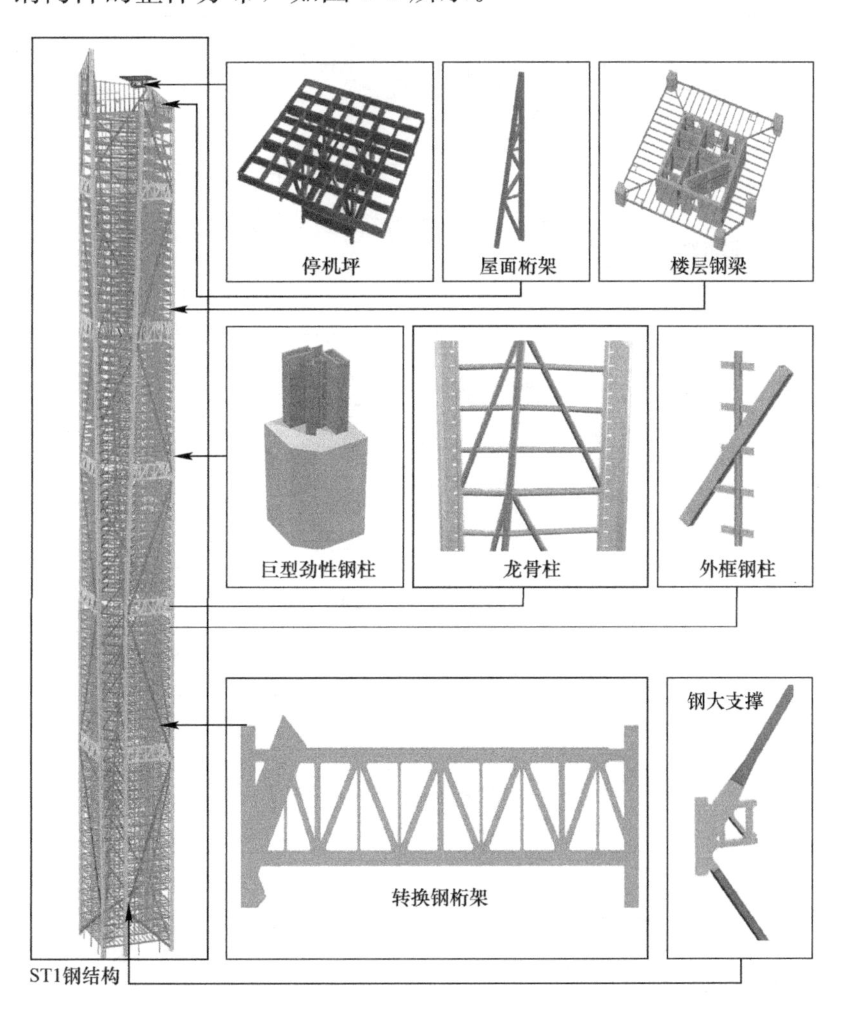

图 5-3　结构透视图

(4) 钢构件的截面特征

钢构件的截面特征，见表 5-2。

钢构件的截面特征 **表 5-2**

构件名称		截面图形	截面尺寸（mm）
外框筒	钢骨混凝土组合巨柱		口 1750×700×100×35～1050×700×50×35H 550×550×70×30～H 550×550×20×10 圆管：Φ800×35
	钢管混凝土大支撑	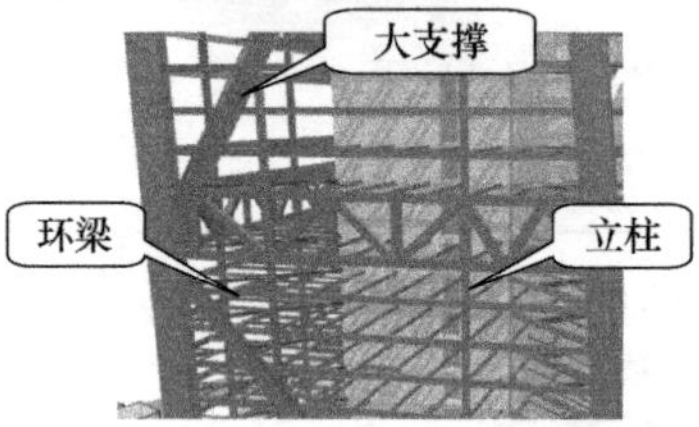 大支撑 环梁 立柱	口 3200×700×100×35～1000×700×35×35，700×700×35×35
	立柱		H500×400×60×70～H500×400×25×25
	环梁		H700×500×16×40～H700×300×13×24
	转换钢桁架		SXG、XXG 口 900×700×100×100～900×700×60×35 XFG 口 600×700×80×50～600×700×60×35 SFG 口 600×700×35×35～300×700×20×20
	龙骨柱	 龙骨柱 龙骨支撑	Φ900×40，Φ700×35，Φ700×30，Φ550×25
	楼层梁		H1000×400×35×40～H250×125×6×9
内框筒	钢骨混凝土组合巨柱		H400×400×40×40～H300×300×24×24
	楼层梁		H700×500×16×40～H250×125×6×9
	楼层预埋件	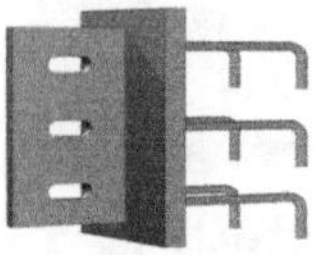	

5.9.2 编制依据

编制依据，见表 5-3。

编制依据 表 5-3

序号	类别	文件名称	编号
1	国家行业规范	建筑施工组织设计规范	GB/T 50502—2009
2		建筑工程绿色施工评价标准	GB/T 50640—2010
3		型钢混凝土组合结构技术规程	JGJ 138—2001
4		钢结构工程施工质量验收规范	GB 50205—2002
5		建筑工程施工质量验收统一标准	GB 50300—2001
6		钢结构设计规范	GB 50017—2003
7		高层民用钢结构技术规程	JGJ 99—98
8		施工现场临时建筑物技术规程	JGJ/T 188—2009
9		施工现场临时用电安全技术规程	JGJ 46—2005
10		建筑施工现场环境与卫生标准	JGJ 146—2004
11		放射性废物管理规定	GB 14500—2002
12		建筑施工场界环境噪声排放标准	GB 12523—2011
13		工程施工废弃物再生利用技术规范	GB/T 50743—2012
14		室外作业场地照明设计标准	GB 50582—2010
15		污水再生利用工程设计规范	GB 50335—2002
16		城镇污水处理厂污染物排放标准	GB 8978—2002
17		民用建筑节水设计标准	GB 50555—2010
18	工程施工组织总设计		
19	合同	钢结构安装专业分包合同	F6-2009-02
20	设计文件	结构施工图	
21		结构深化图	
22	企业管理文件	项目管理手册	MS03-2008
23	企业技术标准	绿色施工评价标准	ZJQ08-SGJB005-2008
24		钢结构工程施工技术标准	ZJQ08-SGJB205-2005

5.9.3 绿色施工影响因素分析

（1）施工组织体系对绿色施工影响分析

项目施工组织体系的缺陷对绿色施工可能产生的不利影响见表 5-4。

项目施工组织体系对绿色施工影响分析 表 5-4

序号	影响因素	活动点/工序/部位	可能造成的影响
1	绿色施工目标不明确、不分解	项目部	绿色施工不能有效落实
2	绿色施工的各项职责不明确、不落实到各个管理部门和管理人员	项目部、劳务队	绿色施工不能实施
3	管理制度不健全，且无考核、奖罚制度	项目部、劳务队	绿色施工计划不能实施
4	绿色施工专家评估机制未建立	项目部	绿色施工效果不理想

（2）施工资源对绿色施工影响分析

人力资源、物资、设备等施工资源配备策划不力对绿色施工可能产生的不利影响见表 5-5。

施工资源对绿色施工影响分析 表 5-5

序号	影响因素	活动点/工序/部位	可能造成的影响
1	专业施工队伍选择不利，施工队伍素质低	人力资源管理	可能会形成返工风险、安全事故风险，造成人员伤亡、财产损失等
2	物资计划提供不准确	物资管理	造成采购浪费
3	没有根据施工进度、库存情况等合理安排材料的采购、进场时间和批次	物资管理	造成库存
4	现场材料堆放无序，储存环境不规范	物资管理	造成材料损失
5	材料运输工具、装卸方法等不规范	物资管理	造成材料损坏和遗洒
6	不能坚持就地取材原则，优先考虑当地市场	物资管理	造成运输成本增加及能源浪费
7	物资生产厂或供应商家生产能力不足或营运管理不足	物资管理	采购的物资可能会出现不合格等质量隐患，甚至一些物资可能会产生对环境造成危害的情况
8	机械设备尤其是大型设备租赁或采购距离过远，没有优先考虑当地市场	机械设备管理	造成运输资源的过度消耗，造成能源的浪费
9	机械设备质量问题	机械设备管理	将会造成安全事故，对现场作业人员造成危险
10	施工机械设备功率与负载不相匹配	机械设备管理	大功率施工机械设备将会低负载长时间运行，浪费能源
11	机械设备未使用节能型油料添加剂	机械设备管理	不利于回收利用，节约油量

(3) 施工程序对绿色施工影响分析

施工程序划分的不合理对绿色施工可能产生的不利影响见表 5-6。

施工程序对绿色施工影响分析 表 5-6

序号	影响因素	活动点/工序/部位	可能造成的影响
1	缺少系统、全面的施工程序	施工部署策划阶段	将造成前后工序互相影响、返工或维修量增大
2	工序关系不符合施工程序要求	施工部署策划阶段	将会造成实际施工相互干扰
3	工序安排未考虑各种机械的使用率和满载率	施工部署策划阶段	造成各种设备的单位能耗
4	流水段划分未考虑结构整体性，未能利用伸缩缝或沉降缝，分段未考虑各段工程量的大致相等	施工部署策划阶段	不便组织等节奏流水，造成施工不均衡、不连续、无节奏，造成劳动力、设备浪费

(4) 施工准备对绿色施工影响分析

施工准备计划考虑不周对绿色施工可能产生的不利影响见表 5-7。

施工准备对绿色施工影响分析　　表 5-7

序号	影响因素	活动点/工序/部位	可能造成的影响
1	缺少绿色施工方案的策划	技术准备阶段	可能会使绿色施工无序进行
2	图纸会审时没有注意审核节材与材料资源利用的相关内容	技术准备阶段	可能造成材料损耗
3	现场办公和生活用房未采用周转式活动房，也未采用隔热性能好的材料。现场围挡未利用已有围墙，或采用装配式可重复使用围挡封闭	现场准备阶段	可能造成材料浪费
4	现场道路、堆放场等场地未硬化	现场准备阶段	可能会使现场扬尘超标
5	未配备密网、洒水车等	现场准备阶段	可能会使现场扬尘超标

(5) 施工工期对绿色施工影响分析

施工工期安排的不合理对绿色施工可能产生的不利影响见表 5-8。

施工工期对绿色施工影响分析　　表 5-8

序号	影响因素	活动点/工序/部位	可能造成的影响
1	大量湿作业安排在冬季施工	工期策划阶段	增加施工成本，其中一些外加剂可能对环境造成影响
2	基坑和地下工程安排在雨季施工	工期策划阶段	可能造成安全影响
3	切割、钻孔等噪音较大的工序安排在夜间施工	工期策划阶段	可能造成对周围居民生活影响

(6) 施工平面对绿色施工影响分析

施工平面布置的不合理对绿色施工可能产生的不利影响见表 5-9。

施工平面对绿色施工影响分析　　表 5-9

序号	影响因素	活动点/工序/部位	可能造成的影响
1	生产、生活区混合布置	现场	对施工人员安全与健康造成影响
2	平面布置不紧凑，缺少优化，临时设施占地面积有效利用率小于 90%	现场	不利于节地
3	仓库、加工厂、作业棚、材料堆放场地布置远离施工通道、施工点	现场生产区	不利缩短运输距离，并造成二次搬运增加耗能
4	垂直运输设备布置不能覆盖作业面	现场生产区	造成二次搬运增加耗能
5	施工现场道路未能形成环形通路	现场生产区	易造成道路占用土地情况
6	施工人员的住宿布置拥挤，卫生间设置不满足需求	现场生活区	不利于施工人员健康
7	未设置职工活动室、卫生急救室等	现场生活区	不利于施工人员职业健康
8	不能充分利用场地自然条件设计办公、生活临设的体形、朝向、间距等	生产、生活区	不能获得良好日照、通风和采光。既增加能源消耗也不利人员健康

续表

序号	影响因素	活动点/工序/部位	可能造成的影响
9	未考虑垃圾存放场	生产、生活区	造成现场环境脏乱
10	未设计排水，或排水不规范	生产、生活区	造成环境污染
11	现场供水管网未根据用水量设计布置，管径设计不合理、管路布置杂乱	生产、生活区	可造成管网浪费和用水器具的漏损
12	临时用电未选用节能电线和节能灯具，临电线路设计、布置未优化等	生产、生活区	造成材料和能源浪费

(7) 各项施工方案对绿色施工影响分析

各项施工方案制定不合理对绿色施工可能产生的不利影响见表5-10。

各项施工方案对绿色施工影响分析　　表5-10

<table>
<tr><th>序号</th><th>影响因素</th><th>活动点/工序/部位</th><th>可能造成的影响</th></tr>
<tr><td>1</td><td>测量设备落后，测量方法落后</td><td>测量阶段</td><td>精度准确率低影响质量造成返工</td></tr>
<tr><td>2</td><td>钢结构分段方案未进行优化</td><td rowspan="4">钢柱、斜向大支撑、龙骨结构及转换桁架等钢结构工程</td><td>可能会增大运输和吊装成本，增加能耗</td></tr>
<tr><td>3</td><td>钢结构制作和安装方法未进行优化</td><td rowspan="3">将会造成钢材损耗、增加措施用材量，以及造成工期滞后</td></tr>
<tr><td>4</td><td>大型钢结构未采用工厂制作，现场无拼装方案</td></tr>
<tr><td>5</td><td>未采用分段吊装、整体提升、滑移、顶升等安装方法</td></tr>
<tr><td>6</td><td>现场焊接方案缺少对焊接顺序、焊接时效未进行优化</td><td rowspan="3">焊接施工</td><td>将会造成焊接误差增大、构件变形影响质量造成损失</td></tr>
<tr><td>7</td><td>电焊作业缺少遮挡措施，电焊弧光外泄</td><td>可能造成光污染</td></tr>
<tr><td>8</td><td>电焊作业造成电焊渣及焊渣飞溅</td><td>电渣形成固废物对环境形成污染，飞溅电渣易引起火灾</td></tr>
<tr><td>9</td><td>高强螺栓连接顺序缺少优化</td><td>高强螺栓施工</td><td>易螺孔错位造成工艺能耗</td></tr>
<tr><td>10</td><td>连接螺孔切割方法不合理，压型钢板铺设未优化</td><td>压型钢板施工</td><td>造成压型钢板的损坏，下脚料浪费多等</td></tr>
<tr><td>11</td><td>防火涂料含有害成分，作业场地通风条件差，施工环境脏乱、施工温度不适宜</td><td>钢结构防火涂料施工</td><td>涂料含有害成分造成环境影响，现场不通风等影响作业人员健康，温度不适宜会造成返工等</td></tr>
</table>

5.9.4 施工部署

(1) 项目管理组织

1) 项目管理组织机构，如图5-4所示。

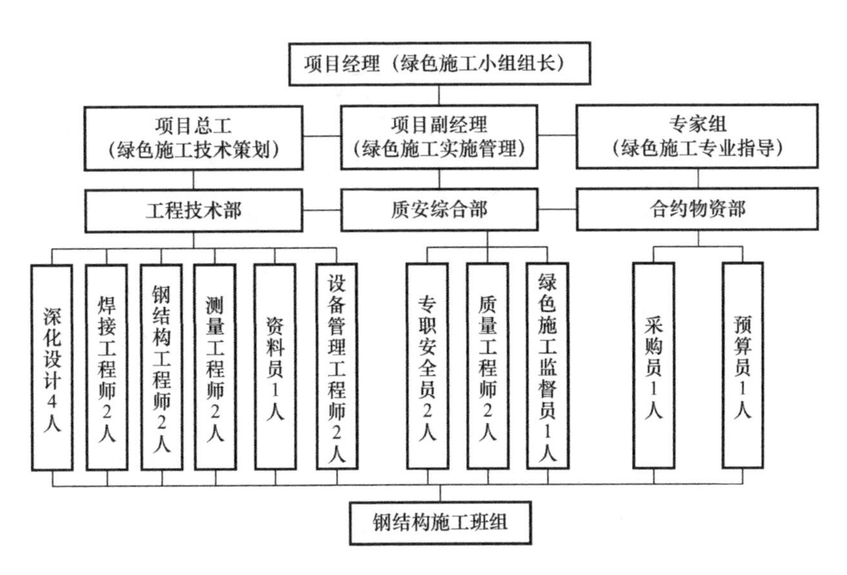

图 5-4　项目管理组织机构图

2）项目管理人员及职责权限，见表 5-11。

项目管理人员及职责权限　　表 5-11

序号	岗位名称		职责和权限
1	领导层	项目经理	1. 组织编制项目管理策划书、施工组织设计（质量计划）、项目风险控制和环境管理策划，编制和实施项目职业健康安全与环境管理规划、绿色施工方案等； 2. 负责项目生产指挥，并组织人力资源、资金、生产技术、安全、采购、合同等人员开展项目管理工作； 3. 对项目目标进行系统管理，对各种资源进行优化配置、动态管理。 4. 负责对分包单位进行管理
2		项目总工	1. 协助项目经理组织产品实现的策划，主持编制施工组织设计（质量计划）等专项施工方案策划文件，组织办理审批及更改。参与或主持编制项目职业健康安全与环境管理方案、绿色施工方案等； 2. 负责项目工程技术文件的控制，包括图纸、图纸会审记录、设计变更、技术交底、标准、规范、规程、图集等的控制； 3. 负责项目深化设计管理； 4. 负责工程施工技术管理，包括施工测量、施工试验、计量、技术复核、资料等管理，并负责技术方面的业主、设计沟通
3		生产经理	1. 负责施工生产过程的管理，落实管理手册、各项策划文件以及施工方案的有关规定； 2. 负责现场环境、绿色施工管理，落实各项管理方案和规章制度； 3. 负责现场职业健康安全管理，落实各项管理方案和规章制度
4	管理层	工程技术部	1. 参与产品实现策划、项目管理方案的制定，开展深化设计，协助技术负责人编制施工方案，进行专业技术交底； 2. 协助项目经理、副经理搞好施工现场管理； 3. 参与落实职业健康安全与环境管理规划、绿色施工、管理方案及技术措施方案相关的事项； 4. 参与项目危险源与环境因素管理，负责机械设备相关危险源和环境因素的控制； 5. 收集整理工程竣工技术资料和其他记录资料。按规定对原材料和过程半成品进行取样送验

续表

序号	岗位名称		职责和权限
5	管理层	质安综合部	1. 负责工程质量的现场监督检查和分部分项工程的质量验收； 2. 负责一般不合格品的处置，并负责处置后的质量验收与评定； 3. 参与项目危险源辨识、风险评价与控制策划，参与环境因素的识别与评价； 4. 参与项目职业健康安全与环境管理规划、绿色施工、管理方案及技术措施方案的制定，落实相关责任； 5. 巡回进行职业健康安全、环境、绿色施工管理检查，对关键特性参数定期进行监测，发现问题下达整改通知单，并对整改情况进行验证； 6. 负责职业健康安全、环境应急准备检查，按应急预案进行响应
6		合约物资部	1. 明确项目合约管理目标并分解落实； 2. 组织进行履约策划，编制并实施合同履行控制方案； 3. 负责对总、分包方的工程结算管理和现场签证管理； 4. 负责工程项目的物资控制，包括经上级授权对物资供应商进行评价、实施招标采购、做好进场物资的验证和记录、物资保管、标识等； 5、按项目职业健康安全与环境管理规划、绿色施工、管理方案的规定，负责工程项目易燃、易爆、化学品、油品等物资的控制，落实相关责任； 6. 负责不合格物资、废弃物的处置和记录，并做好可回收、可重复利用物资的收集管理

（2）项目管理目标

项目管理目标，见表 5-12。

项目管理目标　　　　表 5-12

目标名称	目标值
工期	2009 年 12 月 1 日开始安装，2012 年 1 月 6 日安装完成
质量目标	一次交验合格，确保获得“世纪杯”
安全目标	1. 伤亡率、事故率：杜绝死亡、重伤事故，控制和减少一般责任事故，轻伤负伤率≤1.5‰； 2. 配合总包获“市安全生产、文明施工样板工地”“三市联检金牌”等
环保施工、CI 目标	1. 噪声排放：昼间：65dB（A）；夜间：55 dB（A）。 2. 污水排放达标，生产及生活污水，达到国家三级标准。 3. 控制粉尘排放，达到现场目测无扬尘

（3）施工流水段划分

本工程结构施工阶段划分二个施工段：A. 核心筒内区域Ⅰ；B. 外框架区域Ⅱ。施工段的划分如图 5-5 所示。

巨型柱构件的结构形式主要有两种，如图 5-6 所示。五根巨型角柱分布在外框四个角，编号分别为 CC1、CC2、CC3、CC4、CC5，其中 CC3 柱从±0.000 沿 S1-5 轴线以 3°角开始倾斜，CC4 柱从 30 层沿 S1-E 轴线以 3°角开始倾斜，其整体分布如图 5-7 所示。

（4）施工工艺流程

1）总施工流程：核心筒钢骨柱→外框架结构，核心筒施工先于外框架结构施工提前 5～6 层。

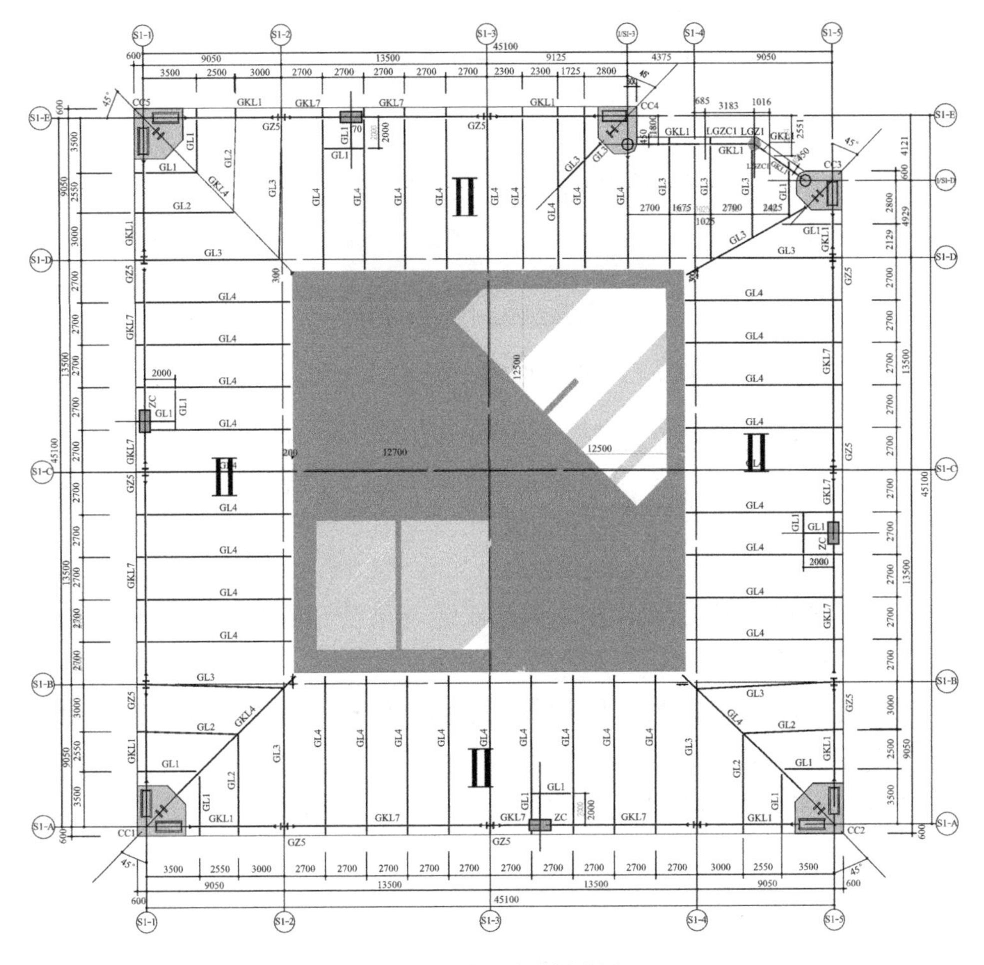

图 5-5 施工阶段划分图

图 5-6 组合巨型柱结构特征图

2）层间结构施工流程：核心筒内钢骨柱→巨型柱→外框架柱→斜向大支撑→外框架梁→次梁→压型钢板。

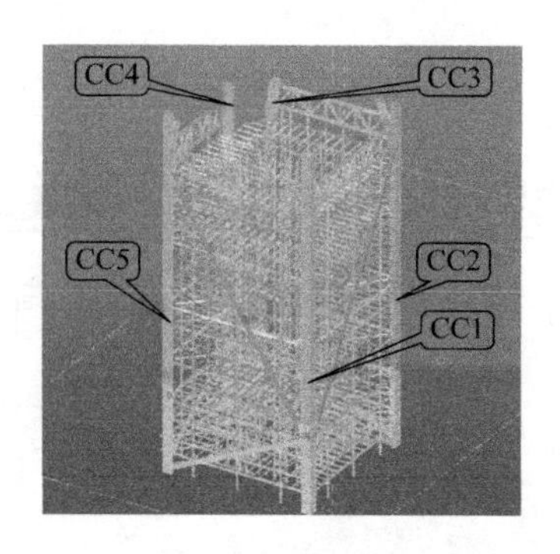

图 5-7　组合巨型柱整体分布（局部图）

3）巨型柱的施工流程为：CC2→CC3→CC4→CC1→CC5。

4）外框架柱的施工流程为：S1-A 轴线→S1-5 轴线→S1-E 轴线→S1-1 轴线。

5）工序间的施工流程为：测量放线→吊装→安装校正→栓接或焊接→检测→补漆。

6）层间焊接流程为：巨形柱对接节点→斜向大支撑对接节点→梁-梁节点→梁-柱节点→框架柱对接节点。

（5）施工重点和难点分析及应对措施

内容略。

（6）新技术应用计划

新技术应用计划，见表 5-13。

新技术应用计划　　**表 5-13**

序号	新技术名称	应用部位	应用要点	责任人	应用时间
1	GPS 全球卫星定位系统测量控制和校核	高程、平面控制点传递后的检查与复测	工程测量规范、建筑变形观测规程、全球定位系统（GPS）测量规范	陈亮	2010 年 7 月
2	超高层结构大型塔机的安装、爬升、拆除技术	塔机附着	建筑机械使用安全技术规程、塔式起重机安全规程	韩佩、杨明涛	2010 年 6 月
3	焊缝应力消除技术	构件厚钢板	建筑钢结构焊接技术规程、钢焊缝手工超声波探伤方法和探伤结果分级	康少杰	2009 年 12 月
4	厚钢板焊接技术	厚钢板焊接	建筑钢结构焊接技术规程、钢焊缝手工超声波探伤方法和探伤结果分级	康少杰	2009 年 12 月
5	大型转换桁架高空安装工艺	转换桁架	高层民用钢结构技术规程、建筑钢结构焊接技术规程、钢结构工程施工质量验收规范	韩佩	2009 年 6 月
	（略）				

5.9.5 施工进度计划

(1) 工期控制点设置

本工程钢结构安装工程工期目标：开工时间 2009 年 12 月 1 日，竣工时间 2012 年 5 月 30 日，总工期 540 天，其中：

地下室结构 2009 年 12 月 1 日～2010 年 4 月 28 日；

地上结构 2010 年 6 月 1 日～2012 年 5 月 30 日。

(2) 施工进度计划

内容略。

5.9.6 施工准备与资源配置计划

(1) 施工准备计划

1) 技术文件准备计划一览见表 5-14。

技术文件准备计划一览　　表 5-14

序号	文件名称	文件编号	配备数量	持有人
1	钢结构施工质量验收规范	GB 50205—2001	1	
2	建筑钢结构焊接技术规程	JGJ 81—2002	1	
3	建筑工程施工质量验收统一标准	GB 50300—2001	1	
4	钢结构设计规范	GB 50017—2003	1	
5	工程测量规范	GB 50026—2007	1	
6	钢焊缝手工超声波探伤及分级评定方法	GB 11345—89	1	
7	高强度螺栓连接的设计、施工及验收规程	JGJ 82—91	1	
8	型钢混凝土组合结构技术规程	JGJ 138—2001	1	
9	高层民用建筑钢结构技术规程	JGJ 99—98	1	
10	建筑工程文件归档整理规范	GB/T 50083	1	
11	压型金属板设计与施工规程	YBJ 216—88	1	
12	钢结构用扭剪型高强度螺栓连接副	GB/T 3632—3633—2008	1	
13	气体保护电弧焊用碳钢、低合金钢焊丝	GB/T 8110	1	
14	环境管理标准、职业安全健康管理标准	ISO 14001、OSHMS18001	1	
15	钢结构防火涂料应用技术规程	CECS24：90	1	
16	钢—混凝土组合楼盖结构设计与施工规程	YB 9238—92	1	
17	建筑施工高处作业安全技术规范	JGJ 80—91	1	
18	建筑施工安全检查标准	JGJ 59—99	1	
19	建设工程现场供电安全规范	GB 50194—93	1	
20	施工现场机械设备检查技术规程		1	
21	危险性较大的分部分项工程安全管理办法	建质［2009］87 号	1	
22	钢结构施工手册		1	
23	建筑安装工程吊装手册		1	

2）施工方案编制计划见表5-15。

施工方案编制计划 表5-15

序号	施工方案名称	编制单位	负责人	审批	完成时间
1	地下室钢结构安装方案	工程技术部			2009年11月15日
2	柱脚支撑安装方案	工程技术部			2009年11月15日
3	柱脚节安装方案	工程技术部			2009年11月15日
4	临时用电安装方案	工程技术部			2009年11月20日
5	楼板加固施工方案	工程技术部			2009年11月10日
6	冬季施工方案	工程技术部			2009年12月10日
7	测量施工方案	工程技术部			2009年11月20日
8	环境管理方案	工程技术部			2009年11月20日
9	桁架安装方案	工程技术部			2010年5月1日
10	龙骨安装方案	工程技术部			2010年3月1日
11	塔吊安装方案	中升建机（南京）有限公司			2009年12月10日
12	塔吊拆除方案	中升建机（南京）有限公司			2010年12月1日
13	地上钢结构安装方案	工程技术部			2010年3月10日
	（略）				

3）施工试验检验计划见表5-16。

施工试验检验计划 表5-16

序号	工程部位	检验项目	单位	检验频率	检验时间	责任人
1	钢梁	高强螺栓紧固轴力	批	3000套/批	随进场	
2	钢梁	高强螺栓摩擦面系数抗滑移试验	批	2000t/批	随构件进场	
	（略）					

4）样板制作计划见表5-17。

样板制作计划 表5-17

序号	工程部位	样板名称	样板工作量	制作时间	责任人
1	2层S1-1～S1-2轴/S1-A～S1-B轴	压型钢板施工	100m²	2010年3月20日	
2	B3层S1-4～S1-5轴/S1-A～S1-B轴	高强螺栓施工	100套	2009年12月20日	
3	B1层	油漆补涂	一层	2009年12月25日	
	（略）				

5）班组技术交底计划见表5-18。

班组技术交底计划 表5-18

序号	技术交底内容	交底人	审批人	交底班组	完成时间
1	地下室钢结构安装				2009年11月20日
2	柱脚支撑安装				2009年11月25日
3	柱脚节安装				2009年11月28日

续表

序号	技术交底内容	交底人	审批人	交底班组	完成时间
4	桁架安装				2010 年 5 月 14 日
5	龙骨安装				2010 年 3 月 15 日
6	地上钢结构安装方案				2010 年 3 月 15 日
7	资源节约管理				2009 年 11 月 20 日
8	环境管理方案				2009 年 11 月 25 日
	（略）				

6）工程技术资料收集计划（内容略）。

（2）资源配置计划

内容略。

5.9.7 施工现场平面布置

（1）基础阶段施工平面布置

基础阶段施工平面布置，如图 5-8 所示。

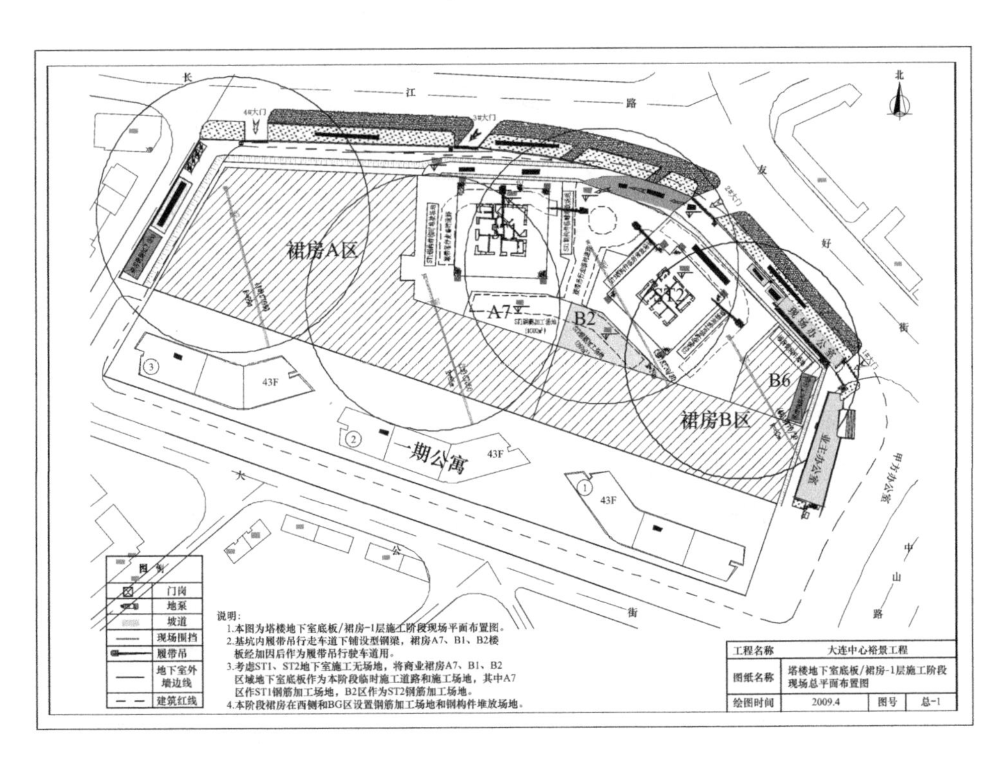

图 5-8　基础阶段施工平面布置图

（2）主体阶段施工平面布置

主体阶段施工平面布置，如图 5-9 所示。

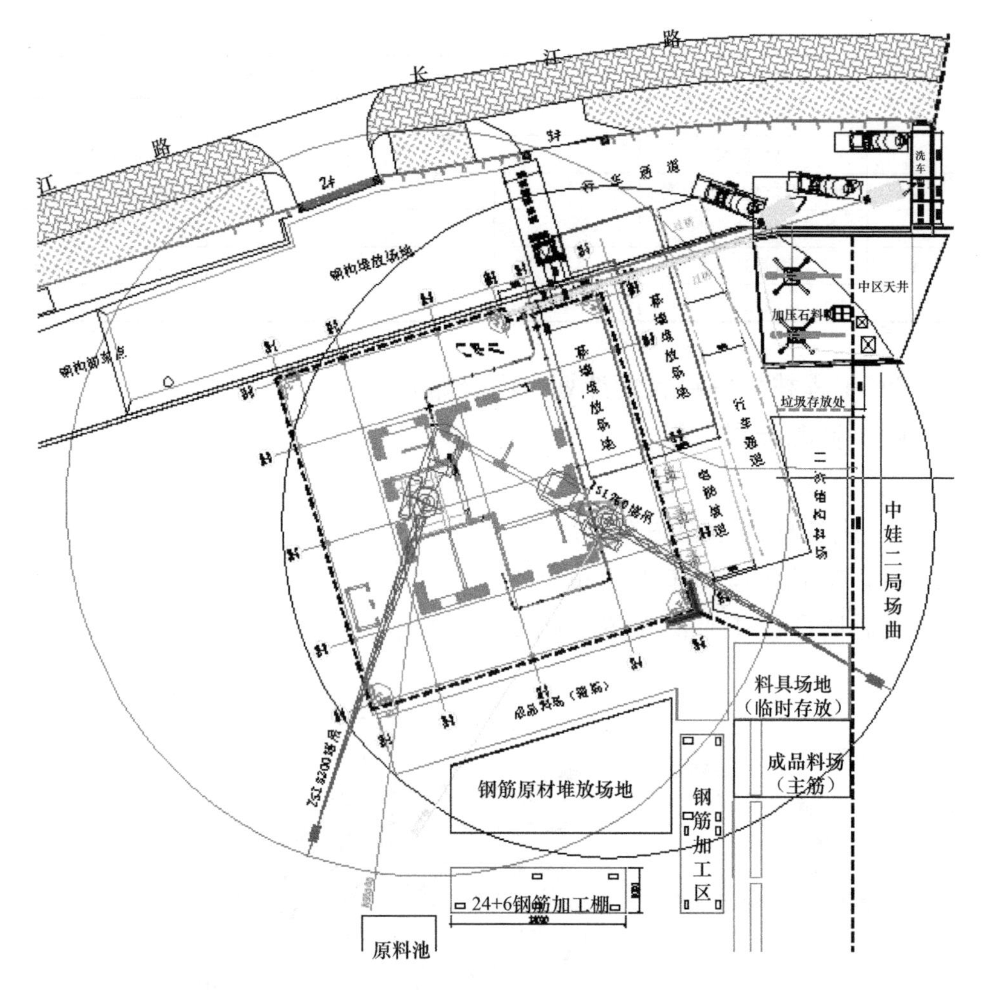

图 5-9　主体阶段施工平面布置图

5.9.8　主要施工方案

（1）测量与监测方案

1）测量与监测方案对绿色施工影响因素及对策，见表 5-19。

测量与监测方案对绿色施工影响因素及对策　　表 5-19

序号	绿色施工影响因素	对策
1	测量设备落后	测量设备采用全新、高精度测量设备
2	测量方法落后	确定严密的测量方案，建立平面、立面以及空间控制网进行监测控制

2）测量仪器配置（内容略）。

3）测量定位工艺流程（内容略）。

4）平面控制网的建立（内容略）。

5）高程控制网的建立（内容略）。

6）控制网的竖向传递（内容略）。

7）GPS全球卫星定位系统测量控制和校核（内容略）。

8）钢结构安装测量（内容略）。

9）测量控制措施（内容略）。

（2）吊装方案

1）吊装方案对绿色施工影响因素及对策，见表5-20。

吊装方案对绿色施工影响因素及对策　　表5-20

序号	绿色施工影响因素	对策
1	吊装设备选择不合理造成过大能耗	根据各起吊物的起吊重量、高度和起吊半径，选择适合的吊装设备；了解各种型号、类型吊装设备耗能情况，并分析比较，选择耗能低的设备
2	吊装顺序不合理将会造成行走式吊车过多行走造成能耗	方案中应明确吊装设备的行走路线、吊装顺序，确定吊装顺序时，应以减少吊装次数、减少吊车的行走次数为原则
3	构件分节不合理，划分过小、过大均会造成吊装设备能耗过大等	构件分节应考虑分节段的质量、体积在起重设备允许范围内；构件分节在满足起重设备起重要求情况下，尽量减少现场拼接工艺
4	加工厂运送至现场的构件堆放随意，造成吊装时二次倒运消耗能源	构件堆放应严格按照施工平面布置图中规定的位置堆放，并应考虑在起重设备吊装范围内

2）吊装设备的选择及布置。按照构件的分布特点以及构件重量，地上结构施工阶段选取1台ZSL3200内爬式动臂塔吊和1台ZSL750外爬式动臂塔吊作为主要起重设备，地下室施工阶段选择1台150t履带吊和1台250t履带吊作为主要起重设备，在顶部结构施工阶段，为了拆除塔吊，需增加安装屋面吊。

250t履带吊布置在基坑边沿，负责将150t履带吊的吊入吊出基坑并组、拆车，负责钢构件的卸车并吊入基坑。150t履带吊在基坑内作业，负责构件的吊装就位，并负责ZSL750塔吊的第一次安装。履带吊站位如图5-10所示，ZSL3200塔吊单倍率吊绳工况及安装位置分别如图5-11、图5-12所示。

3）构件分节（内容略）。

4）吊点及索吊具选择（内容略）。

5）构件的吊装（内容略）。

（3）钢柱安装校正及固定

1）钢柱安装校正及固定对绿色施工影响因素及对策，见表5-21。

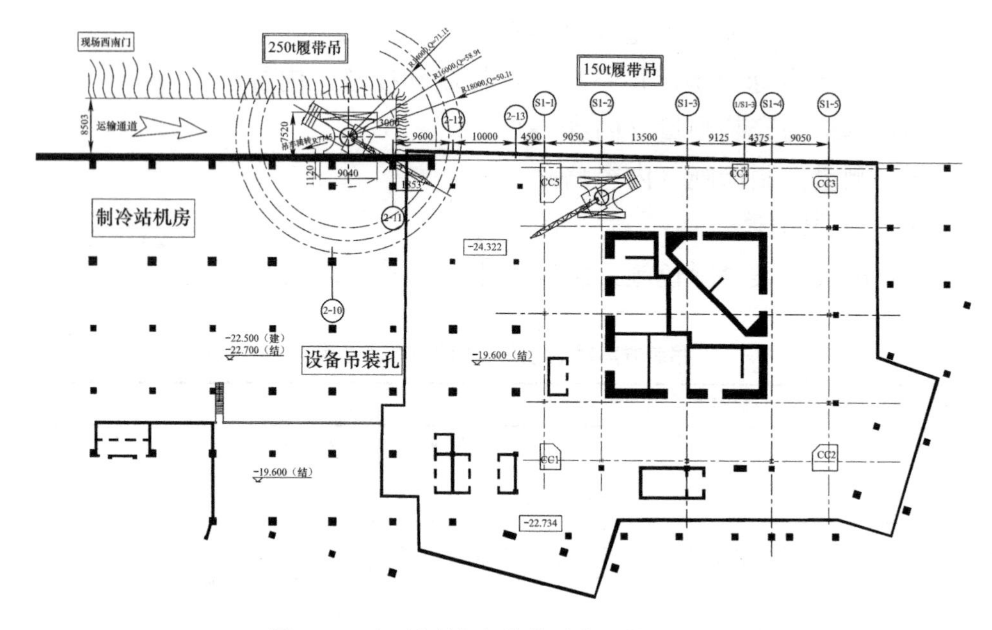

图 5-10　地下室外框钢构件吊装履带吊布置图

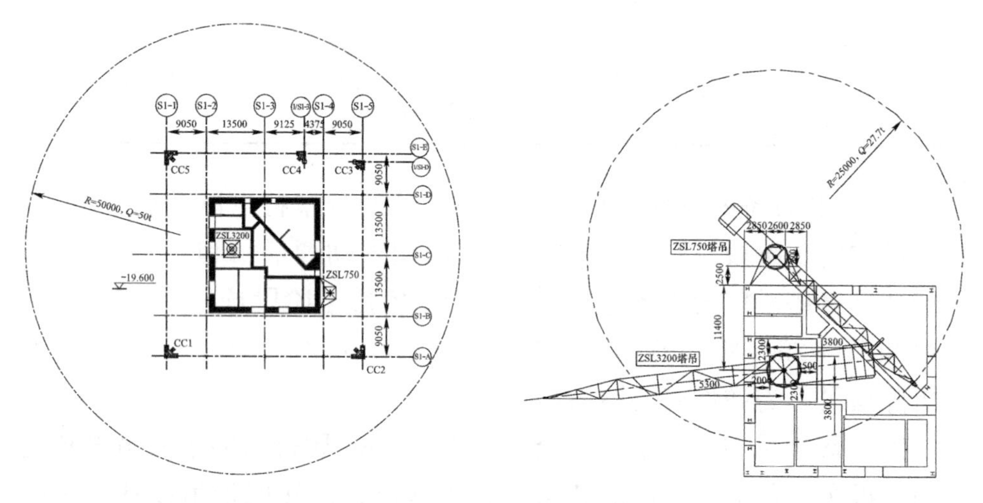

图 5-11　ZSL3200 塔吊单倍率吊绳工况

图 5-12　ZSL3200 塔吊安装位置

钢柱安装校正及固定对绿色施工影响因素及对策　　表 5-21

序号	绿色施工影响因素	对策
1	安装方法不正确造成就位时间过长，造成起重设备工作时间长浪费能源	制定正确的安装顺序和安装方法
2	安装质量控制不好，造成返工	钢柱就位校正应配备先进测量设备，并明确测量校正方法

2）安装方案。钢结构安装精度的控制以钢柱为主。钢柱在自由状态下，要求其柱顶偏轴线位移控制到允许偏差范围内；在钢梁安装时

对钢柱垂直度进行监测。在钢梁安装中，应预留梁与柱牛腿节点焊接收缩量。同样，钢柱标高控制时也应预留钢柱对接焊接收缩量。钢梁安装时的水平度应不大于梁长的 1/1000 并且不得大于 10mm。

钢柱就位后，按照先调整标高、再调整扭转、最后调整垂直度的顺序。采用设计标高控制法，利用塔吊、钢楔、垫板、撬棍及千斤顶等工具将钢柱校正准确。形成框架后不再需要进行整体校正。钢柱校正采用无缆风绳校正方法，如图 5-13 所示。

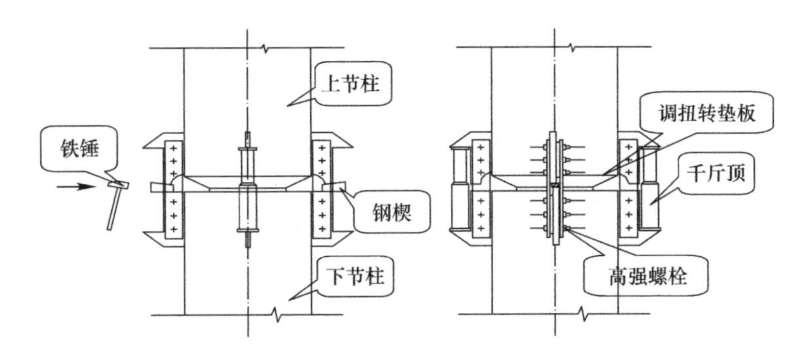

图 5-13　无缆风绳校正方法示意图

3）固定和校正方案（内容略）。

（4）巨型柱安装方案

1）巨型柱安装方案对绿色施工影响因素及对策，见表 5-22。

巨型柱安装方案对绿色施工影响因素及对策　　表 5-22

序号	绿色施工影响因素	对策
1	构件分节过小现场拼装量过大，分节过大吊装设备不能满足，均会造成技术措施费增加	研究每根巨型柱的结构，分别确定各巨型柱的分节及吊装方案
2	巨型柱组装流程不明确将会造现场施工工序混乱影响安装效果，最终造成技术措施费增加	方案中应明确组装流程，各关键工序的操作要点和要求
3	巨型柱连接固定方法的不确定可能会造成现场乱开孔现象，影响其施工质量，造成技措费增加	应细化方案，具体明确连接部位、连接孔开孔位置和尺寸，明确连接固定方法等
4	倾斜巨型柱不对称性特点使得吊装质量不宜保证，造成技术措施费增加	常规吊装设备前提下，应考虑辅助起重设备解决倾斜巨型柱重心偏离等问题；制定特殊的施工方法确保安装精度等

2）巨型柱分节方案。巨型柱分节及重量见吊装方案。根据巨型柱的分节情况，CC1、CC2、CC5 在 1-7、37-44 层一层一吊，7-37 层、44-屋面两层一吊。CC3、CC4 基本是三层一吊，部分出现两层和四层一吊。巨型柱采取整体分节到现场组对，在转换桁架部位且与斜向大

支撑有连接的构件其重量很大，塔吊起重能力不能满足整体吊装，需对巨型柱进行分体，CC1、CC2、CC5 分为箱 1、箱 2、工字三部分，CC3、CC4 分为箱体、圆管二部分。

3）巨型柱组装流程及要点。矩形组根据分节进行组装流程见表 5-23。

CC1、CC2、CC5 巨型柱现场组装流程　　表 5-23

施工步骤	工作内容
步骤一： 箱 1 吊装、校正、固定。在两面设置 8 组连接耳板，确保与下节柱连接稳定	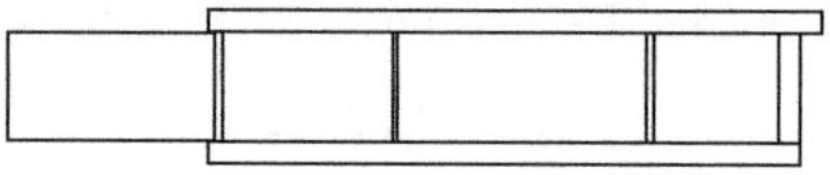
步骤二： 箱 2 吊装、校正、固定。在与箱 1 垂直方向预偏 4mm。在两面设置 6 组连接耳板，确保与下节柱连接稳定	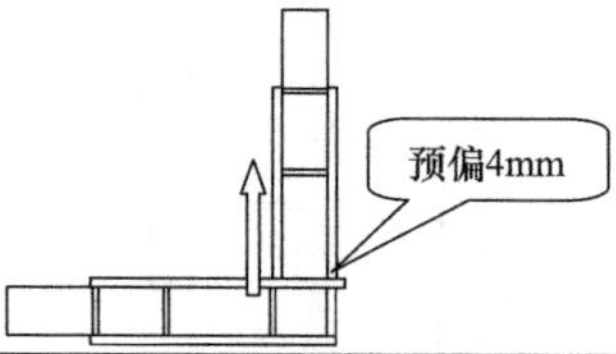 预偏4mm
步骤三： 在箱 1、箱 2 之间沿竖向每隔 1.8m 设置 6 道设置临时支撑，临时支撑材料为工字钢（32B）	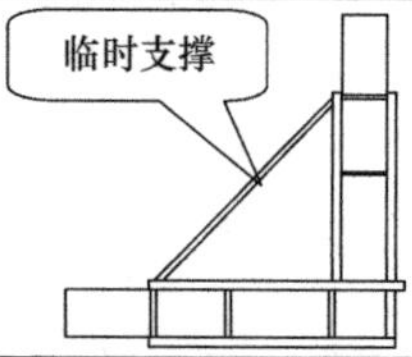 临时支撑
步骤四： 连接箱 1 与箱 2 的 2 道竖焊缝焊接	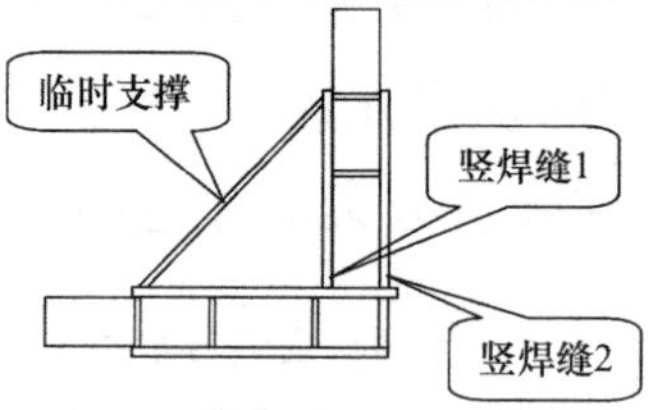 临时支撑 竖焊缝1 竖焊缝2
步骤五： 焊接箱 1、箱 2 与下节柱的对接焊缝	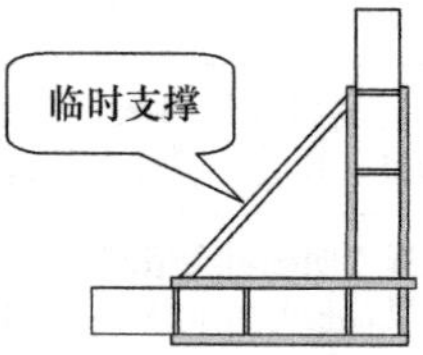 临时支撑
步骤六： 拆临时支撑，工字型柱部分吊装、校正、固定	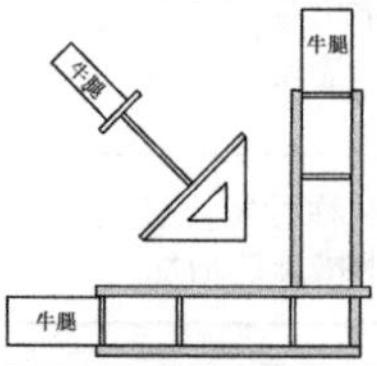 牛腿 牛腿 牛腿
步骤七： 沿竖向每隔 1.8m 布置一道临时支撑，共 6 道，材料为工字钢 32B	 临时支撑 牛腿 牛腿 牛腿

续表

施工步骤	工作内容
步骤八： 工字柱竖焊缝焊接，对接焊缝焊接。拆除临时支撑	牛腿 牛腿 牛腿

4）巨型柱的连接固定：

① CC1、CC2、CC5 工字部分和 CC3、CC4 圆管部分为方便连接牛腿处与箱体连接的三角形加劲板的焊接，需在牛腿上方开人孔。处理方法为：a. 两块三角形加劲板之间的栓钉现场焊接，上面的三角形加劲板以上 900mm 高范围内的栓钉现场焊接；b. 只在上面的三角形加劲板上方开一个人孔；如图 5-14、图 5-15 所示。

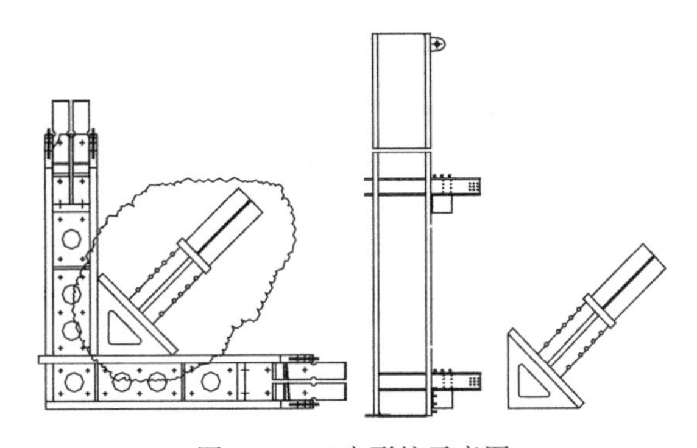

图 5-14　工字形柱示意图

图 5-15　工字形柱平面示意图

② 巨型柱组装时采用连接板进行连接固定，连接板采用双夹板和螺栓临时连接，钢柱对接口焊接完成 2/3 后割除，如表 5-24 所示。

5）倾斜巨型柱安装要点。CC3、CC4 巨型柱在 1 层与 30 层后开始成 3°角的倾斜钢柱，按其分节，最大分节长度近 13m，水平投影偏移距离近 800mm，定位精度控制是关键，需采取如下措施：

巨型柱对接连接固定　表 5-24

连接类型	图例	
箱型柱连接	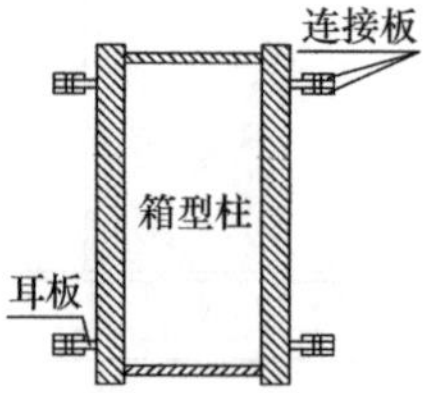 连接板 箱型柱 耳板	
箱型柱与支撑交汇处连接	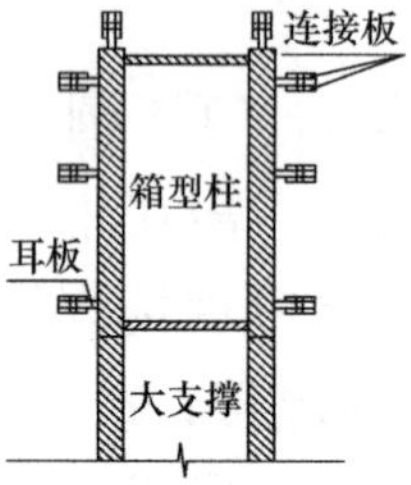 连接板 箱型柱 耳板 大支撑	
钢管柱连接	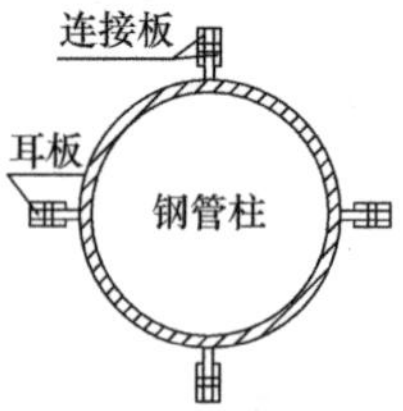 连接板 耳板 钢管柱	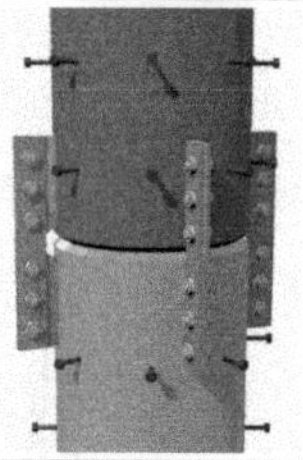

① 吊装时两主吊点不变，调整吊点下移到柱底附近，用5t的手拉葫芦进行进行调整，以便于就位时调整钢柱的倾角和就位精度。

② 钢柱就位后，调整其定位无误后，设置临时支撑，对构件进行固定并进行焊接。相关钢梁安装就位，高强度螺栓终拧后才拆除临时支撑。

③ 焊接时应对称同步施焊，保证周圈焊缝的焊肉厚度的增加基本同步。初层焊道采用小的焊接热输入量，以减小焊接收缩量。在焊接过程中密切观察钢构件是否有变形，如变形超过预设范围，应及时调整焊接次序（对焊接收缩量过大的一侧暂缓焊接）。

(5) 斜向大支撑、龙骨结构安装方案

1）斜向大支撑、龙骨结构安装方案对绿色施工影响因素及对策，见表 5-25。

2）大支撑、龙骨分节方案（内容略）。

3）大支撑、龙骨结构安装流程及要点（内容略）。

(6) 转换桁架安装方案

1）转换桁架安装方案对绿色施工影响因素及对策，见表 5-26。

2）转换桁架的分段方案。从±0.000 开始，每隔 15 层设置一道

斜向大支撑、龙骨结构安装方案对绿色施工影响因素及对策　　表 5-25

序号	绿色施工影响因素	对策
1	构件分节过小现场拼装量过大，分节过大吊装设备不能满足，均会造成技术措施费增加	研究每根大支撑、龙骨的结构，分别确定各大支撑、龙骨的分节方案
2	大支撑构件吊装对构件本身宜造成变形等，影响产品质量，造成技术措施费增加	明确大支撑、龙骨起吊位置，制定起吊临时支撑保护措施；明确安装流程和施工要点

转换桁架安装方案对绿色施工影响因素及对策　　表 5-26

序号	绿色施工影响因素	对策
1	转换桁架分节不合理，将会造成技术措施费增加	研究转换桁架的结构，分别确定各桁架的分节方案，细化桁架各弦杆的分段吊装方案
2	现场组装方法不明确，影响产品质量，造成技术措施费增加	明确现场组装流程和各杆件组装方法、施工要点等

转换桁架，共有 5 道 20 榀桁架，如图 5-16 所示。

转换桁架的结构形式为平面箱型梁桁架结构，桁架高度有 7.100m、8.500m 两种，桁架上、下弦杆箱型梁外形尺寸为 900mm×700mm，腹杆箱型梁外形尺寸为 600×700、300×700，钢板材质为 Q345GJD，钢板厚度为 100mm、80mm、70mm、60mm、50mm、35mm、20mm 等。

根据塔吊的起重能力和桁架的结构特征，对每榀桁架进行分段，桁架分段分别以上弦、下弦及腹杆到现场，在地面拼装成吊装单元后分段吊装、拼接就位。

GHJ1、GHJ2、GHJ16、GHJ17（标高 163.45m 以下，其中最重 GHJ1 为 241t）上下弦杆分六块，现场地面组焊成三块吊装单元，再高空对接。现场地面拼装如图 5-17 所示，高空对接如图 5-18 所示。其他桁架地面拼装和高空对接图从略。

3）转换桁架的安装流程和要点：

① 37 层以上转换桁架安装顺序如表 5-27 所示，37 层以下转换桁架安装顺序从略。

② 转换桁架与下框架柱顶安装时在框架柱顶部焊接钢板支承台，对称设置二台 50t 液压手动千斤顶，对柱顶进行处理。

临时支撑采用 H 型钢，其规格为 H400×300×20×25，柱顶构造与框架柱同，在其上部设置四组斜垫铁作为桁架安装的辅助支撑。

（7）焊接方案

1）焊接方案对绿色施工影响因素及对策，见表 5-28。

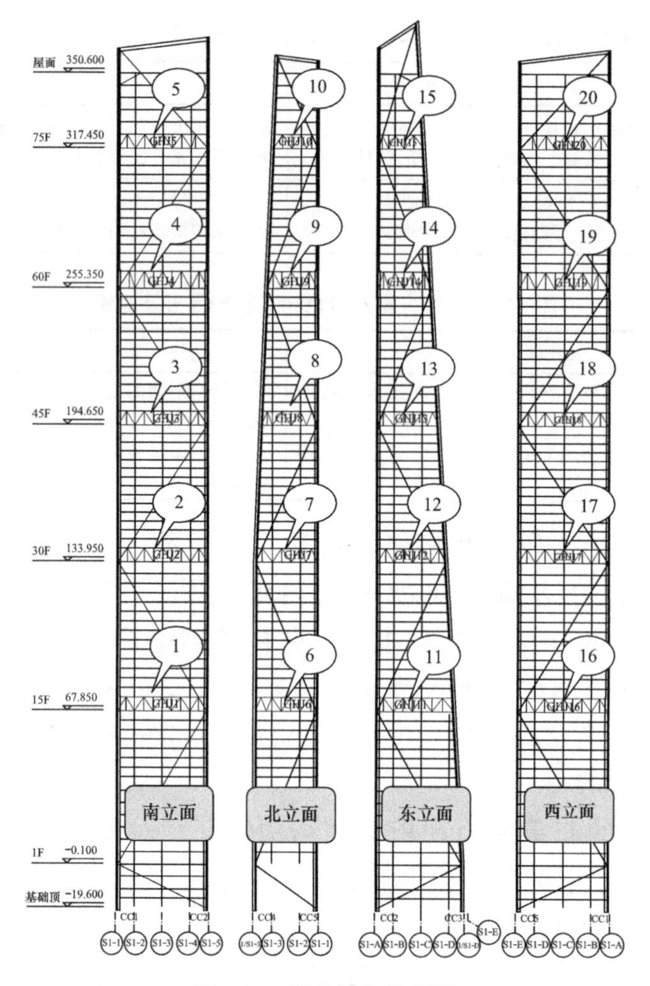

图 5-16　转换桁架分布图

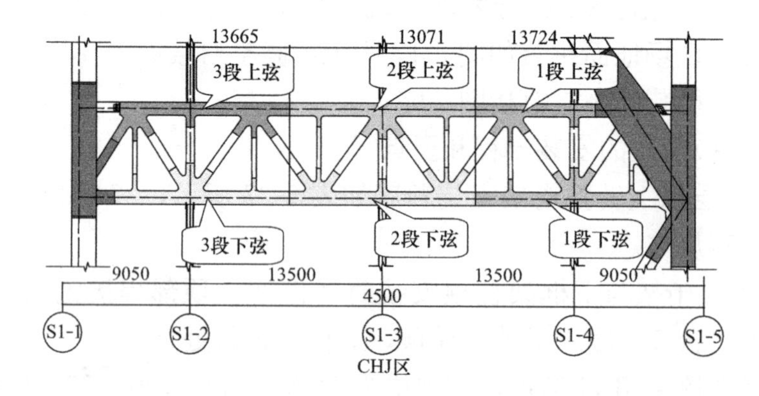

图 5-17　地面拼装示意图

2）焊接顺序方案（内容略）。

3）焊接施工流程如图 5-19 所示。

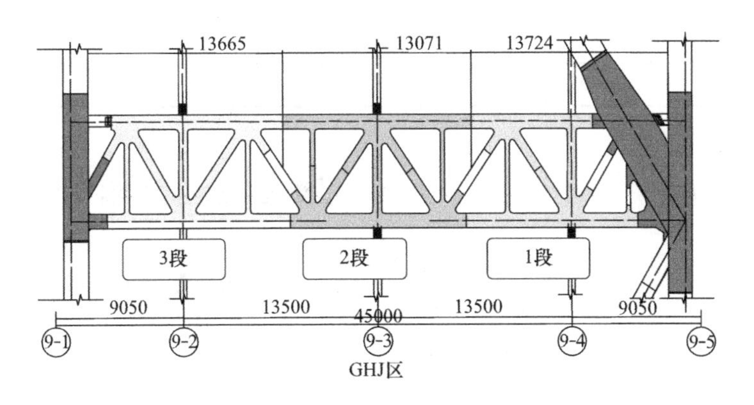

图 5-18　高空组对示意图

37 层以上转换桁架安装顺序　　　**表 5-27**

步骤	工作内容	图示
步骤一	组合巨型柱安装	
步骤二	桁架下部框架柱、梁及临时支撑安装、焊接，形成稳定结构	临时支撑 临时支撑
步骤三	桁架上大支撑段安装	
步骤四	桁架第一段下弦安装	
步骤五	桁架第二段下弦安装	

续表

步骤	工作内容	图示
步骤六	桁架第三段下弦安装	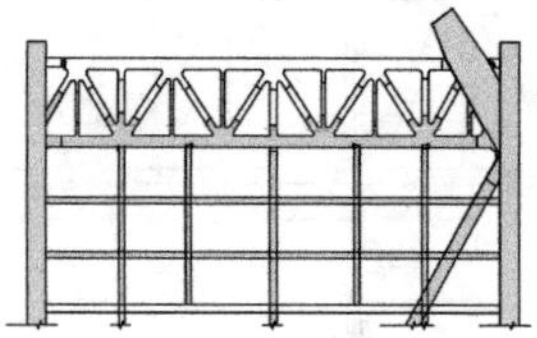
步骤七	桁架部分腹杆安装	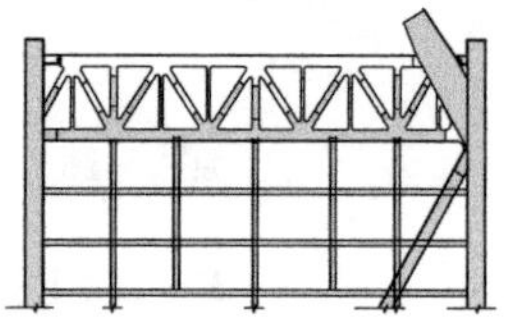
步骤八	桁架第一段上弦安装	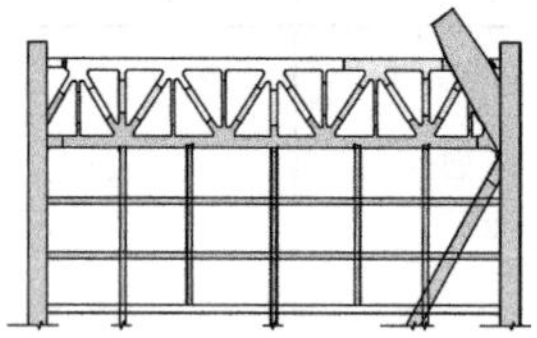
步骤九	桁架第二段上弦安装	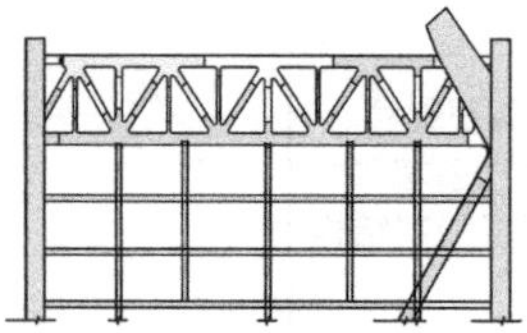
步骤十	桁架第三段上弦安装	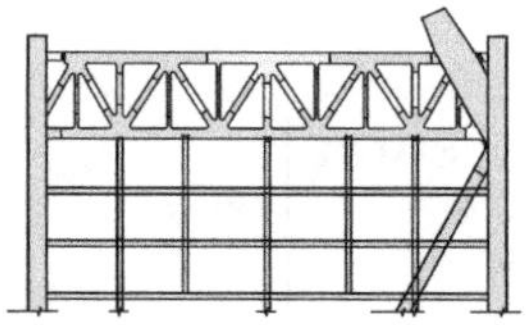
步骤十一	剩余腹杆安装	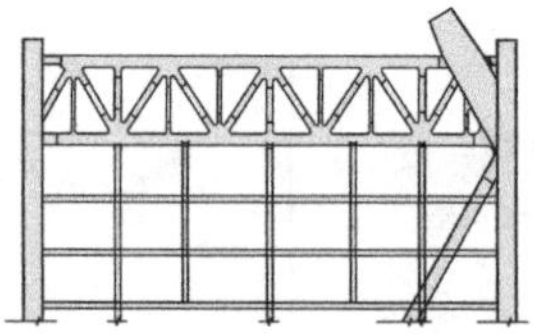
步骤十二	焊接完成后拆除临时支撑	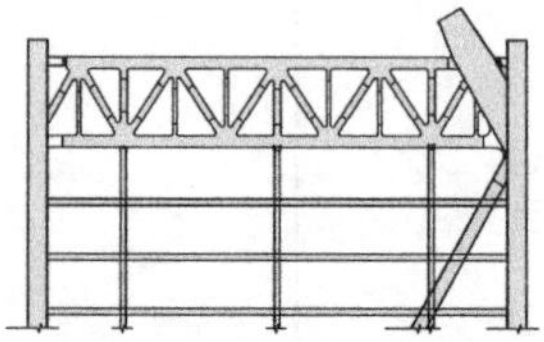

焊接方案对绿色施工影响因素及对策　　表 5-28

序号	绿色施工影响因素	对策
1	焊接顺序不明确将影响焊接质量，增加技措费	明确各杆件焊接顺序，细化各杆件的焊接流程
2	焊接方法不合适将影响焊接质量，造成焊接材料浪费	明确各杆件焊接方法，尤其是厚钢板焊接工艺
3	焊接措施不到位，造成： 1. 焊渣对环境的影响； 2. 焊渣飞溅易引起火灾； 3. 电焊弧光对操作人员健康影响	1. 明确焊渣排放措施； 2. 施焊过程应制定对飞溅焊渣的遮挡措施； 3. 制定施焊过程的操作人员防护措施

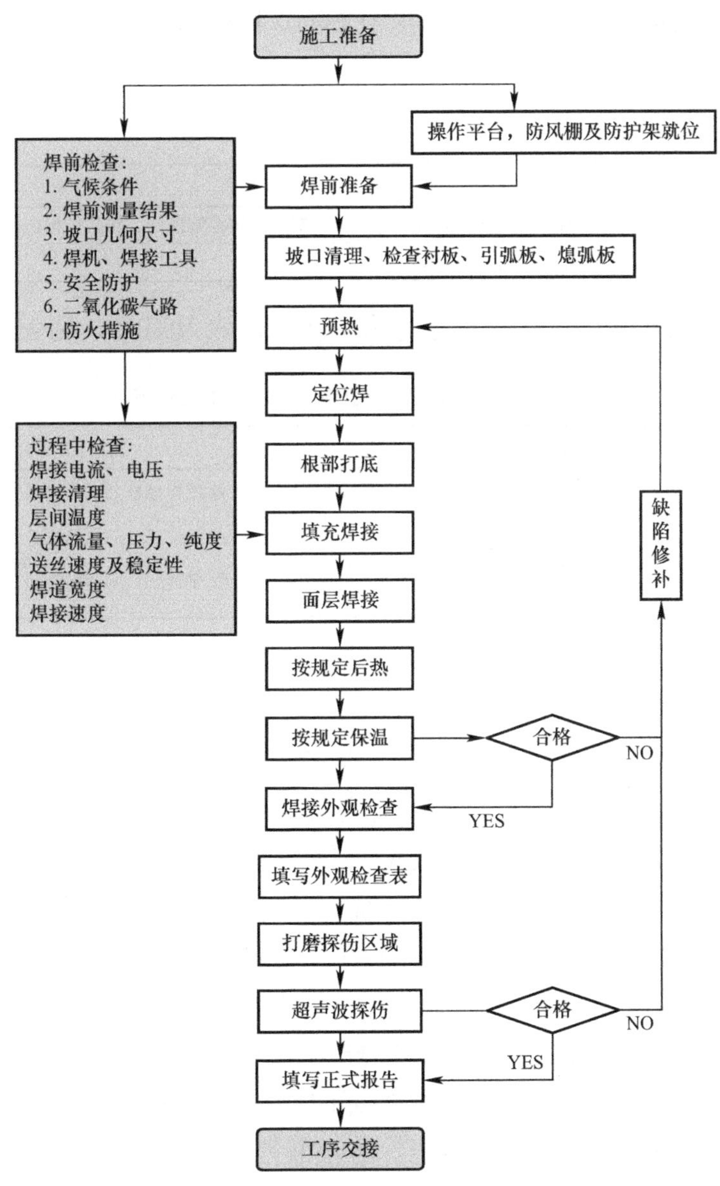

图 5-19　焊接施工流程图

4）厚钢板焊接工艺（内容略）。

5）栓钉焊接工艺（内容略）。

6）现场焊接质量控制（内容略）。

（8）高强螺栓施工方案

本工程大部分的连接形式将采用扭剪型高强螺栓连接，高强螺栓连接采用10.9级扭剪型高强螺栓，钢号及螺母、垫圈应符合现行国家标准《钢结构用扭剪型高强度螺栓连接副》GB/T 3632～3633的规定。摩擦面抗滑移系数分为两档，其中Q345杆件为0.50，Q235杆件为0.45。主要分布如表5-29所示。

表5-29

结构部位	高强螺栓连接部位
外框	钢柱与钢梁、钢梁与钢梁、大斜撑与钢梁、钢梁与核心筒埋件、转换桁架构件之间
核心筒	钢梁与核心筒埋件、钢梁与钢梁

1）高强螺栓施工方案对绿色施工影响因素及对策，见表5-30。

高强螺栓施工方案对绿色施工影响因素及对策 **表5-30**

序号	绿色施工影响因素	对策
1	高强螺栓连接顺序不明确将影响连接质量，增加技术措施费	明确各杆件高强螺栓顺序，细化各杆件的连接流程
2	高强螺栓管理不到位造成螺栓遗落、损坏等材料损耗	制定螺栓管理制度，明确保管要求

2）高强螺栓安装流程如图5-20所示。

3）高强螺栓安装工艺与方法：

① 高强螺栓连接长度的确定（内容略）。

② 当构件吊装到位后，将临时安装螺栓穿入孔中（注意不要使杂物进入连接面），临时螺栓的数量不得少于本节点螺栓数量的30%，且不少于2颗，然后用扳手拧紧螺栓，使连接面接合紧密。

装配和紧固接头时，从安装好的一端或刚性端向自由端进行。同一个接头上的高强螺栓群施工，从螺栓群中部开始安装，逐个拧紧。扭剪型高强螺栓的拧紧分初拧、终拧两个步骤，初拧扭矩值为终拧的60%。拧紧螺栓时，要从螺栓群中部向四周扩展逐个拧紧，每拧一遍均应用不同颜色的油漆做上标记，防止漏拧。

③ 接触面缝隙超规的处理。由于本工程采用大量的高强螺栓连

接，基于节点摩擦面的要求，钢板平整度必须达到每平方米范围内不大于1mm的要求。

高强螺栓安装时应清除摩擦面上的铁屑、浮锈等污物，摩擦面上不允许存在钢材卷曲变形及凹陷等现象。安装时应注意连接板是否紧密贴合，对因钢板厚度偏差或制作误差造成的接触面间隙，应进行处理。

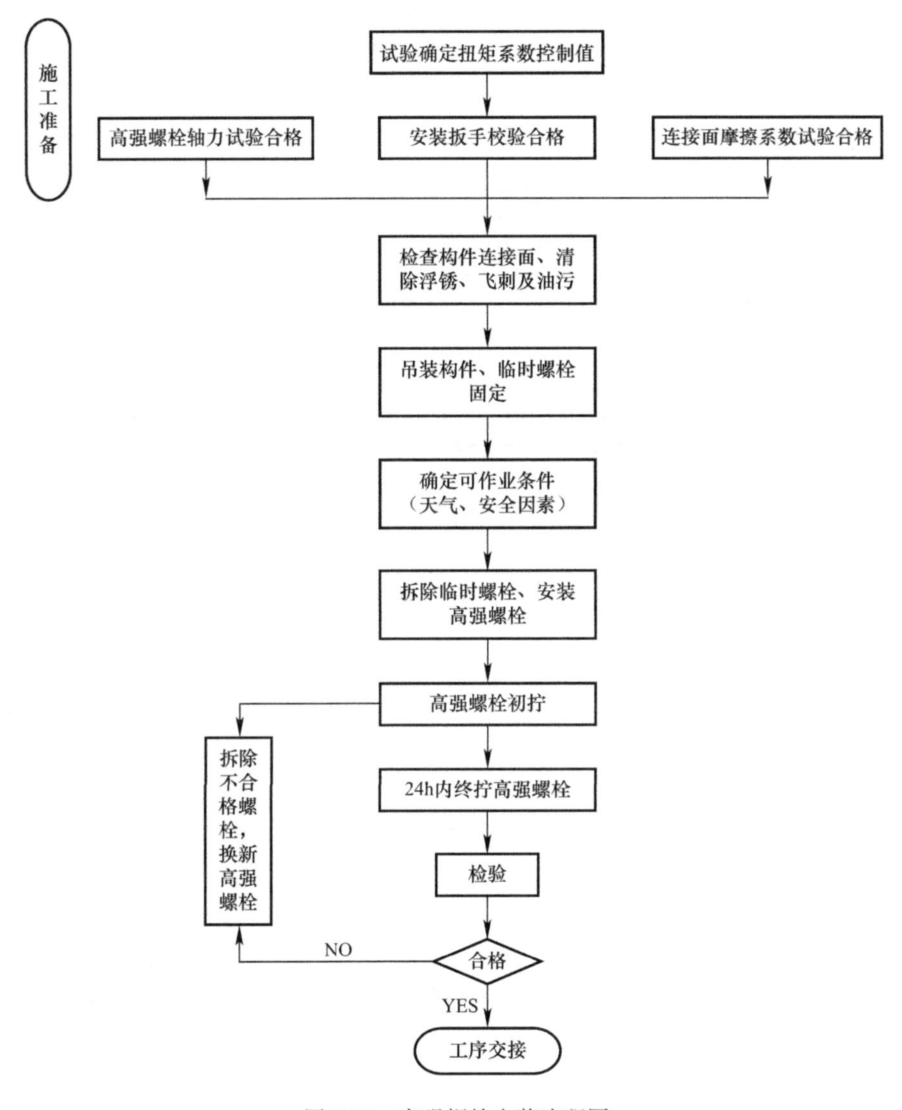

图 5-20 高强螺栓安装流程图

4）高强螺栓的保管要求，见表5-31。

高强螺栓保管及要求 **表 5-31**

序号	高强螺栓保管及要求
1	高强度螺栓连接副应由制造厂按批配套供应，每个包装箱内都须配套装有螺栓、螺母及垫圈，包装箱应能满足储运要求，并具备防水、密封的功能。包装箱内应带有产品合格证和质量保证书；包装箱外表面应注明批号、规格及数量
2	在运输、保管及使用过程中应轻装轻卸，防止损伤螺纹，发现螺纹损伤严重或雨淋过的螺栓不应使用
3	螺栓连接副应成箱在室内仓库保管，地面应有防潮措施，并按批号、规格分类堆放，保管使用中不得混批。高强度螺栓连接副包装箱码放底层应架空，距地面高度大于300mm，码高不超过三层
4	使用前尽可能不要开箱，以免破坏包装的密封性。开箱取出部分螺栓后也应原封包装好，以免沾染灰尘和锈蚀
5	高强度螺栓连接副在安装使用时，工地应按当天计划使用的规格和数量领取，当天安装剩余的也应妥善保管，有条件的话应送回仓库保管
6	在安装过程中，应注意保护螺栓，不得沾染泥沙等脏物和碰伤螺纹。使用过程中如发现异常情况，应立即停止施工，经检查确认无误后再行施工
7	高强度螺栓连接副的保管时间不应超过6个月。保管周期超过6个月时，若再次使用须按要求进行扭矩系数试验或紧固轴力试验，检验合格后方可使用

5）高强螺栓性能检验（内容略）。

（9）压型钢板施工方案

1）压型钢板施工方案对绿色施工影响因素及对策，见表5-32。

压型钢板施工方案对绿色施工影响因素及对策 **表 5-32**

序号	绿色施工影响因素	对策
1	压型钢板安装方案考虑不周，造成材料浪费，增加技术措施费	验算压型钢板承载能力和变形，充分利用压型钢板本身作为上部混凝土楼板模板，依据计算确定支撑方案。明确压型钢板支撑连接方案、连接开孔要求、具体螺栓连接间距、数量、安装方法等
2	压型钢板管理不到位造成钢板变形、损坏等材料损耗	明确压型钢板运输、堆放、吊装的详细要求，明确保管责任
3	压型钢板布置不当易造成材料浪费	提前对每个开间策划压型钢板布板图，根据压型钢板尺寸优化钢板排板方案

2）压型钢板铺设流程如图5-21所示。

3）施工技术要点见表5-33。

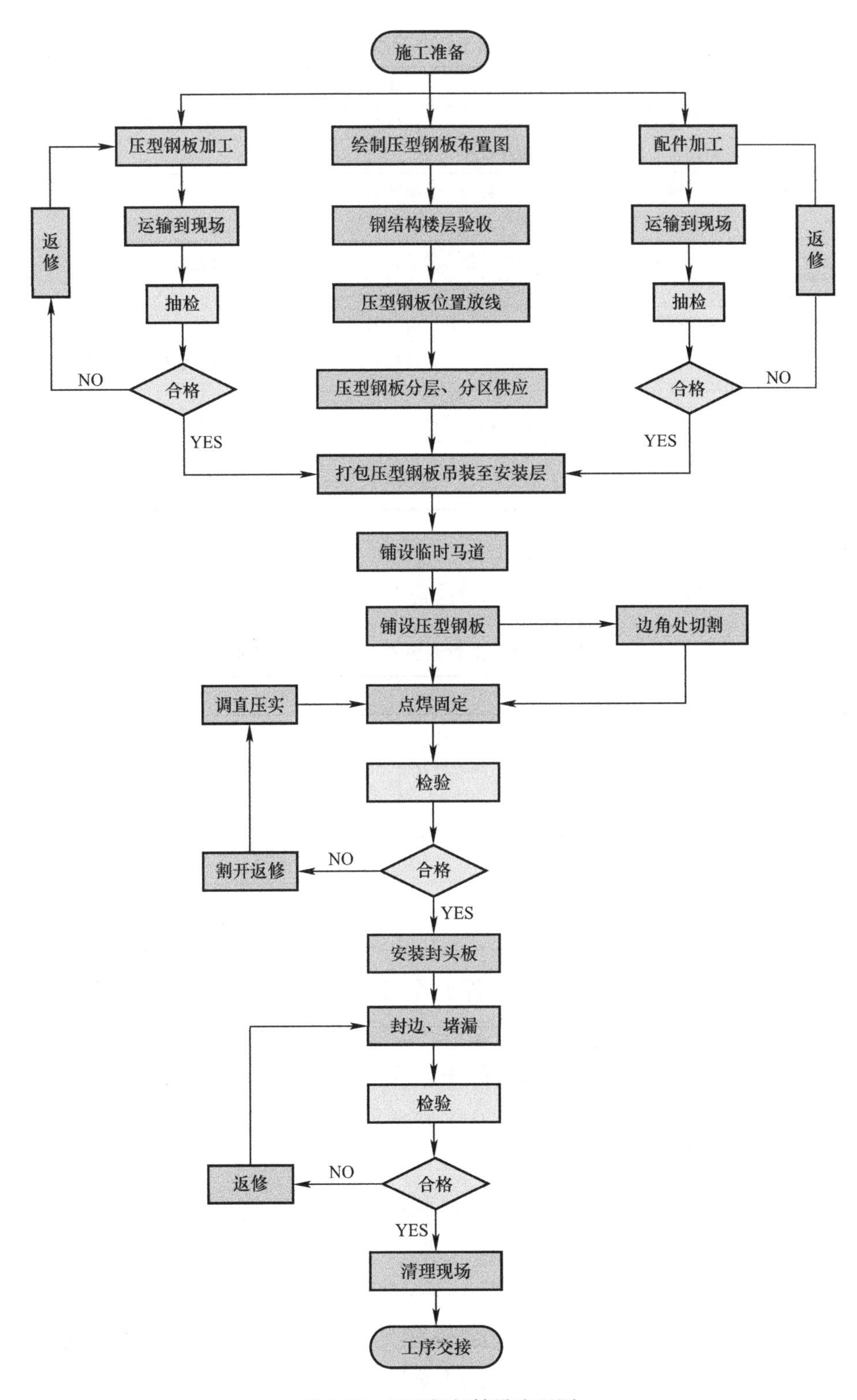

图 5-21　压型钢板铺设流程图

施工技术要点　　表 5-33

序号	施工质量技术要点
1	压型钢板在装、卸、安装中严禁用钢丝绳捆绑直接起吊，运输及堆放应有足够支点，以防变形
2	铺设前对弯曲变形的压型钢板应校正好
3	功能楼层钢梁顶面要保持清洁，严防潮湿及涂刷油漆未干
4	下料、切孔采用等离子切割机进行切割，严禁用氧气乙炔火焰切割。大孔洞四周应补强
5	压型钢板在施工阶段要进行强度以及变形验算，必要时应按照要求设置临时支撑；支撑架拆除应待混凝土达到一定强度后方可拆除
6	压型钢板按图纸放线安装、调直、压实并用射钉固定牢靠
7	压型钢板铺设完毕、调直固定后应及时用锁口机具进行锁口，防止由于堆放施工材料和人员交通造成压型板咬口分离
8	安装完毕，应在钢筋安装前及时清扫施工垃圾，剪切下来的边角料应收集到地面上集中堆放
9	加强成品保护，铺设人员交通马道，减少人员在压型钢板上不必要的走动，严禁在压型钢板上堆放重物

（10）钢结构防火涂料施工

1）钢结构防火涂料施工对绿色施工影响因素及对策，见表 5-34。

钢结构防火涂料施工对绿色施工影响因素及对策　　表 5-34

序号	绿色施工影响因素	对策
1	防火涂料产品质量不符合标准要求，可能会造成有毒有害气体对环境的影响以及对操作人员健康影响	明确产品验收标准，进场检验要点
2	防火涂料喷涂时喷射物飞溅对作业场所环境造成污染影响操作人员健康	设置喷涂时围护屏障的防护措施
3	喷涂操作要求不明确，造成喷涂层过厚造成材料浪费	明确工艺要点和施工质量要求，控制涂料喷涂厚度

2）钢结构防火涂料施工流程如图 5-22 所示。

3）施工要点

① 基层处理。清理掉钢构件上的灰尘、油污和其他杂物。对不需喷涂的部位采用塑料布包扎保护，避免污染。带钢丝网的基层要清理合格后方可固定钢丝网。

② 现场围护：由于防火喷涂是利用高压气流将涂料喷射到构件表面，因此不可避免地造成喷射物飞溅。为防止喷射物飞出建筑物外或污染到不需进行防火喷涂的部位，一定要搭设围护屏障。

③ 防火涂料的配制：有些涂料在工厂配好后用塑料桶运到现场，使用前需搅匀。有些涂料则需在现场随用随配。配合时先将涂料倒入混合机内加水搅合 2min，然后加入粘结剂和钢防胶充分搅拌 5～10min

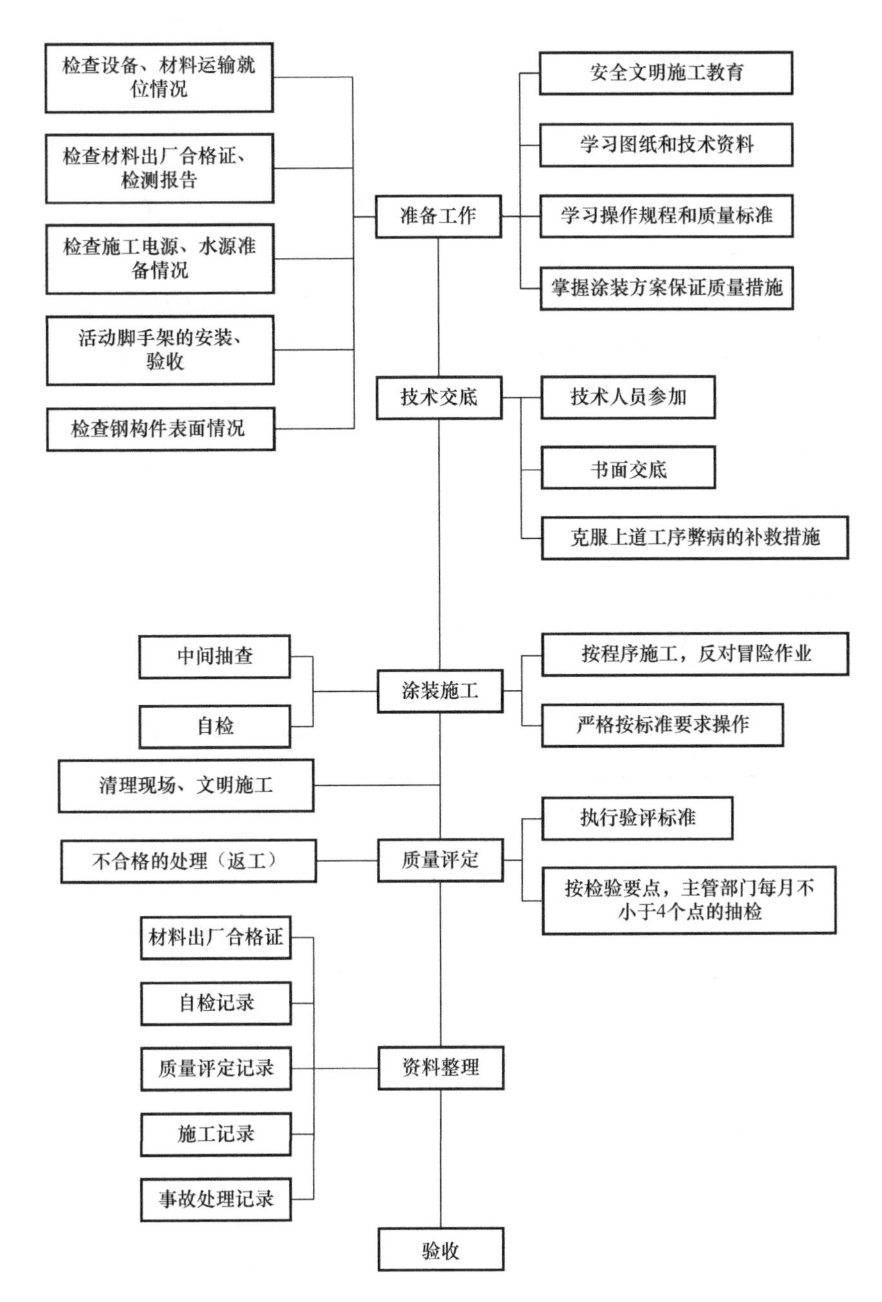

图 5-22　防火涂料施工流程图

即可进行喷涂。

④ 喷涂方法：防火涂料的涂层分为底层和面层。厚涂型采取分遍喷涂。每次喷涂的厚度为 5～10mm，具体根据环境温度而定。首次可喷厚一点，待涂层晾干到七八成再喷后续的涂层，直至达到所需厚度为止。

在喷涂时喷枪要垂直于被喷涂钢构件的表面，距离10～15mm，喷涂气压保持在0.4～0.6MPa。喷涂过程中经常用钢针检查涂层厚度。

⑤ 涂层养护：防火涂层需在环境温度以上进行48h固化，喷后的涂层要注意保护，不要刮伤。

⑥ 固化后检查：外观应均匀一致，构件拐角处或构件结合处要细密，大面应平整，不能出现大于0.5mm的裂缝；内部缺陷检查时，用专用钢针扎入涂层至构件表面，涂层厚度不应小于设计厚度。

⑦ 涂层返修：对于空鼓、裂缝的涂层，要求刮除重喷。厚度不足的涂层则补喷到规定厚度。

4）工艺试验（内容略）。

（11）监测方案

1）监测方案对绿色施工影响因素及对策，见表5-35。

监测方案对绿色施工影响因素及对策　　　　表5-35

序号	绿色施工影响因素	对策
1	监测资源配置不合理，造成浪费	与建设方充分协调，制定统一检测方案，避免重复投入
2	检测方法或监测点布置欠当，影响预期检测效果	监测方案充分论证，广泛听取专家意见，确保方案可行

2）温差引起施工过程中结构变形的对策（内容略）。

3）结构自重作用下的结构变形控制和可能安装误差的调整（内容略）。

4）上部结构的整体变形监测（内容略）。

5）结构应力应变监测（内容略）。

6）施工过程的状态监测（内容略）。

5.9.9 相关计划

（1）绿色施工管理计划

1）资源利用管理计划

① 资源利用管理目标，见表5-36。

② 资源利用管理机构和职责分工：

a. 资源利用管理组织机构，如图5-23所示。

b. 资源利用管理职责分工，见表5-37。

资源利用管理目标　　表 5-36

序号	环境目标	环境目标阐述	责任人
1	噪声	噪声排放达标，符合《建筑施工场界噪声限值》规定	
2	粉尘	控制粉尘及气体排放，不超过法律、法规的限定数值	
3	固体废弃物	减少固体废弃物的产生，合理回收可利用建筑垃圾	
4	污水	生产及生活污水排放达标，符合《污水综合排放标准》规定	
5	资源	控制水电、纸张、材料等资源消耗，施工垃圾分类处理，尽量回收利用	
6	能源消耗指标	在设备能源管理方面达到同类设备领先水平	

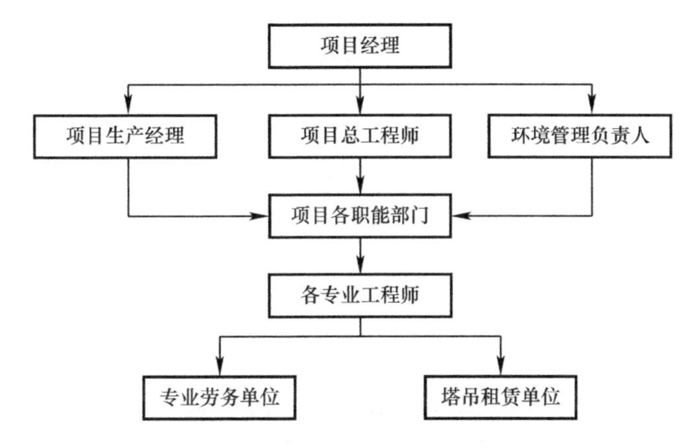

图 5-23　资源利用管理组织机构图

资源利用管理职责分工　　表 5-37

岗位	职责权限
项目经理	1. 建立以项目经理为第一责任人的绿色施工领导小组，负责绿色施工的组织实施及目标实现，并明确绿色施工管理员； 2. 负责制定绿色施工管理责任制度，负责绿色施工各项费用的投入； 3. 负责组织进行绿色施工过程评价，负责组织编写“项目绿色施工管理计划”； 4. 负责每月召开一次项目绿色施工管理工作会议，认真研究与分析当前项目绿色施工管理情况，对存在的问题及时进行整改
项目总工	1. 负责绿色施工评价阶段、施工过程的划分，负责在施工组织设计中绿色施工技术措施或专项施工方案编制，并确保绿色施工费用的有效使用； 2. 参与进行绿色施工过程评价，参与编写“项目绿色施工管理计划”，并负责审核
环境管理负责人	1. 负责绿色施工具体管理和绿色施工档案管理工作； 2. 负责编写“项目绿色施工管理计划”； 3. 组织绿色施工教育培训，增强施工人员绿色施工意识； 4. 负责能源、环境专项统计工作，建立健全本工程绿色施工相关档案
工程技术部	1. 在编制施工组织设计（方案）时，将绿色施工纳入编制内容；并负责对现场所有人员进行相关人员的交底工作； 2. 对施工工艺进行研究，结合本工程施工实际情况，寻求并制订出符合要求的、可行的能、节水、节材、节地、环境保护控制； 3. 负责对本工程资源能源计划与实际消耗的统计工作，分析偏差的原因，向绿色施工领导小组予以汇报； 4. 及时公布在节约资源与减少环境负面影响的施工活动与产生的部位； 5. 负责绿色施工技术措施的落实情况的检查工作

续表

岗位	职责权限
物资合约部	1. 负责汽油、柴油等各种能源消耗月度计量统计工作； 2. 负责钢材等主要原材料消耗的统计工作； 3. 将现场实际资源、能源消耗情况及时与工程技术部沟通，找出偏离目标的原因； 4. 配合落实绿色施工的各项技术措施
质安综合部	1. 组织对现场相关人员进行绿色施工教育工作； 2. 做好绿色施工的宣传； 3. 做好过程的监控，对现场存在的不符合项，负责下发整改通知单，要求限期内整改到位； 4. 建立本工程绿色施工档案，将相关资料及时予以归档； 5. 对重大偏离项及时向有关领导报告
劳务分包单位	1. 负责配合、落实各项绿色施工管理工作； 2. 负责组织本单位作业人员学习绿色施工管理知识，增强绿色施工意识的教育； 3. 认真组织落实相关技术措施； 4. 发现不符合项，偏离项时及时向项目部报告

c. 资源节约和利用计划及保证措施，见表5-38。

资源节约和利用计划及保证措施　　表5-38

序号	类别	节约措施内容	
1	节能	节水	1. 项目现场安装水表； 2. 现场使用的所有水阀门均为节水型； 3. 对现场人员进行节水教育； 4. 办公区、施工区均明确一名责任人员，检查水泄漏等，杜绝长流水现象； 5. 施工养护用水及现场道路喷洒等用水，在降水期间，一律使用地下水；在非降水期间，喷洒者应注意节约用水； 6. 设置循环水池系统，将使用水沉淀后，循环应用
		节电	1. 现场安装总电表，施工区及生活区安装分电表，专人定期抄表； 2. 对现场人员进行节电教育； 3. 在保证正常施工及安全的前提下，尽量减少夜间不必要的照明； 4. 办公区使用节能型照明器具，下班前，做到人走灯灭； 5. 夏季控制使用空调，在无人办公或气候适宜的情况下，不开空调； 6. 现场照明禁止使用碘钨灯，生活区严禁使用电炉； 7. 施工机械操作人员，尽量控制机械操作，减少设备的空转
		节耗	确保施工设备满负荷运转，减少无用功，禁止不合格临时设施用电，以免造成燃料损失
2	节材	1. 临时设施充分利用旧料和现场拆迁回收材料，使用装配方便、可循环利用的材料； 2. 尽量采用工业化的成品，减少现场作业与废料； 3. 充分利用废弃物，建筑垃圾分类收集、回收和资源化利用	
3	绿色施工	1. 按照国家、行业或地方管理部门的要求，选择使用绿色建材； 2. 所有施工用辅助材料均采用对人体无害的绿色材料，要符合《民用建筑室内环境污染控制规范》、《室内建筑装饰装修材料有害物质限量》	

d. 资源利用管理制度，见表 5-39。

资源利用管理制度 **表 5-39**

序号	制度名称	主要内容
1	环境保护管理制度	为项目部现场环境保护管理的基本制度
2	施工现场防噪声污染制度	对人为、机械设备噪声控制措施，对强噪声采取作业时间控制与及时监测的办法
3	施工现场防水污染管理制度	对现场的厕所、食堂、油漆库房等物品采取的防水污染措施
4	施工现场防大气污染管理办法	在施工整个过程中如何采取降尘，减少大气污染上采取的措施
5	节材与材料利用管理制度	优化方案、减少措施用量，合理采购，减少库存，现场办公、生活用房等方面增加材料的重复利用率，防止不必要的浪费，且增加成本
6	节水与水资源利用管理制度	在施工现场的各个用水部位，采取有效的节水措施，增加循环水的再利用开发，制订用效的卫生保障制度，避免对人体健康及周围环境产生不良影响
7	节能与能源利用管理制度	优先选用国家、行业推荐的节能、高效、环保的设备、机具，合理安排施工顺序、工作面，以减少作业区域的设备数量；充分利用自然条件，合理安排生产、办公、生活体形、朝向、面积，合理配置降温及取暖设施的数量等措施，以达到能源的充分利用效果
8	节地与施工用地保护管理制度	合理设计临时设施的最低使用面积，红线外尽量使用废地，利用保护施工用地原有植被，充分利用原有建筑物、构筑物、道路、管线为施工服务等措施，以达到节合理利用施工用地的目的

2）环境管理计划

① 环境管理目标，见表 5-40。

环境管理目标 **表 5-40**

序号	环境目标和指标	实施方法	责任人	协管部门	监管部门	实施时间
1	电消耗：严格控制电资源的无为消耗	1. 完善管理制度，划分责任区，落实到人；对入场人员进行技术交底及节约用电的教育； 2. 把电用量计划纳入目标管理，进行计量管理，按月建立“用电消耗台账”； 3. 施工所用电器设备的负荷，应与供电容量相匹配，进场时，专职电工应予以检查；做到“一机一箱一闸一漏”，人走机停，断电上锁，确保安全用电； 4. 防止出现长明灯的现象，使用节能灯具； 5. 设专人管理		工程技术部	物资合约部	开工前至工程竣工

续表

序号	环境目标和指标	实施方法	责任人	协管部门	监管部门	实施时间
2	钢材消耗：严格控制主要原材料的浪费	对全体作业人员进行原材料节约教育，提高素质，做到控制与教育相结合； 各专业技术人员要对各类原材料在不同阶段的使用量提出计划，认真复核； 在施工过程中要考虑资源节约和污染预防，优先采用资源能源消耗低、对环境污染少的工艺技术； 严格施工过程控制，不出现不合格品，避免发生返工现象； 原材料的管理有专人负责，责任到人；控制原材料的采购误差量；配备完整计量器具；提高生产周转材料的重复利用率；可利用的废弃物及时回收并加以利用； 各岗位配备管理人员		物资部、工程合约技术部	安环部	施工过程中
3	现场整洁，垃圾集中堆放、及时清运	1. 组织识别该环境因素产生的施工过程与时间； 2. 项目经理组织管理人员制定具体管理措施； 3. 指定固体废弃物堆放场； 4. 环境管理员对现场作业人员进行环境教育，明确责任区划分，做到分类堆放，工完场清； 5. 环境管理员在施工过程中经常对重点部位进行检查，发现问题及时处理		物资部、工程合约技术部	安环部	施工过程中
4	不发生意外火灾、爆炸事故	1. 由安全部门对使用者进行岗前培训教育，让其具备管理、使用上的相关知识、技能。 2. 购买的正规厂家合格产品品； 3. 使用人员使用后要及时将阀门关闭，要经常检查气瓶阀门是否漏气，注意明火的安全距离； 4. 乙炔在使用时必须使用阻火器； 5. 配备消防设备，如灭火器等		物资部、工程合约技术部	安环部	开工前至工程竣工
5	严格控制柴油的无为消耗	1. 根据塔吊的运行情况，控制柴油数量； 2. 与塔司责任考核的一项主要内容； 3. 构件吊装到位后，不需要配合时，需熄火等待； 4. 由物资部进行管理计量，建立台账； 5. 加强管理，杜绝丢失、在进行加油时，减少遗洒； 6. 设备管理员具体实施加强过程的监督		物资部、工程合约技术部	工程技术部	开工前至工程竣工

② 环境管理组织机构和职责分工：

a. 环境管理组织机构，如图 5-24 所示。

b. 环境管理职责分工，见表 5-41。

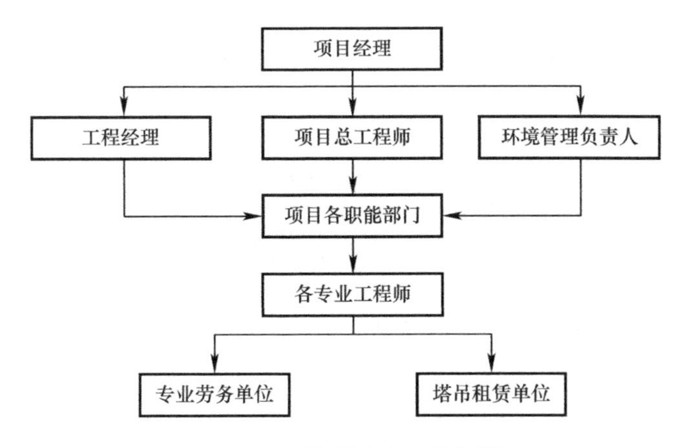

图 5-24　环境管理组织机构图

环境管理职责分工　　**表 5-41**

序号	岗位/部门	管理职责
1	项目经理	项目经理是施工现场环境管理的第一责任人，负责建立健全项目环境管理体系，组织体系运行管理
2	项目总工	1. 主持编制项目环境管理方案、管理规划，落实责任并组织实施；组织项目经理部的环境意识教育和环保措施培训； 2. 贯彻国家及地方环境保护法律、法规、标准及文件规定； 3. 协助项目经理制定环境保护管理办法和规章制度，并监督实施； 4. 组织人员进行环境因素辨识，编制重大环境因素清单和环境保护措施，组织环保措施交底并督促措施的落实； 5. 参加环保检查和监测，并根据监测结果，确定是否需要采取更为严格的防控措施
3	生产经理	1. 在项目经理领导下，负责项目施工生产和日常管理工作； 2. 负责施工现场的生产管理，协助项目经理抓好施工中的环境和现场各项管理工作，处理施工中出现的具体问题； 3. 严格按照管理体系标准和总部管理体系文件要求，对施工全过程进行有效的监控，确保工程文明施工、环境保护和创优目标的实现； 4. 协助项目经理组织具体计划、安排施工中的环境管理工作，检查现场环保工作计划的实施情况，主持召开环境管理小组会、参与组织环境卫生检查和考核，协助项目经理组织环境污染投诉事故的调查、处理，检查防范措施的落实情况
4	环境管理负责人	1. 环境管理负责人对项目环境管理负直接领导责任； 2. 落实有关环境管理规定，对进场工人进行环保教育和培训，强化职工的环境保护意识； 3. 组织现场环境管理的检查和环保监测，出现问题及时处理； 4. 项目制定并实施的环境管理制度有《固体废弃物控制制度》、《绿色建材采购制度》、《环境保护奖罚制度》等
5	责任工程师	1. 专业工程师是项目环境管理工作小组成员，在编制施工组织设计及方案时，必须制订出环境保护措施。在日常施工中监督、检查其实际执行情况； 2. 负责执行环境法律法规和其他要求、规章制度，负责参与识别、评价环境因素，确定项目重要环境因素，制定项目环境管理目标、指标； 3. 及时传达项目环境管理决策，并监督实施； 4. 协助项目经理开展各项环境管理活动

续表

序号	岗位/部门	管理职责
6	工程技术部	1. 组织参与施工过程中环境因素的识别与评价，制定重要环境因素的控制措施和目标方案； 2. 按照《环境因素评价表》及行业、地方及业主要求、环境因素的控制措施和目标方案编制环保技术交底书； 3. 负责施工生产过程中环境保护设施的建造； 4. 负责《工程项目重大环境事件应急预案》编制，参与环境事件的调查和处理
7	安全环境部	1. 牵头组织学习、贯彻执行国家、地方政府和上级颁发的有关环境保护、水土保持等有关方面法律、法规、标准、规范； 2. 根据要求编制环保法律清单； 3. 有针对性地制定环保管理办法； 4. 牵头组织工程技术部、物资合约部对项目的环境因素进行识别，评价出重要环境因素，填写《环境因素调查表》和《环境因素评价表》，督促各相关部门制定重要环竟因素控制措施和管理方案； 5. 监督检查项目环境保护措施和方案的落实和执行情况； 6. 负责环境保护日常工作，做好环保工作的内、外部信息沟通和交流。做好有关环保资料的登记、保管、整理和归档； 7. 做好内外部培训、教育工作。组织开展环境保护的宣传教育工作，普及环境保护知识； 8. 负责环保投诉的处置，发生环保事件立即向项目经理报告，参与调查处理环境污染事故； 9. 依据国家、所在省、市环保部门的有关规定，针对本工程环境特点，制定具体详细的环保、水保规划与措施，并督促各施工队抓好贯彻落实，确保施工不对当地环境造成任何损害。负责施工过程中的文物保护工作
8	物资合约部	1. 参与项目环境因素的识别与评价，并制定负责物资设备在使用和管理过程中已确定的重要环境因素的控制措施，并监督其实施情况； 2. 参与环保事件的调查和处理

③ 辨识重大环境因素，见表5-42。

辨识重大环境因素　　表5-42

序号	工序/工作活动	环境因素	环境影响	评价方法
1	办公区、生活区、施工现场	电的消耗（照明、办公、焊接、塔吊）	能源消耗	定量
2	相关施工过程/施工现场	钢材的消耗	资源消耗	定量
3	办公区、生活区、施工现场	固体废弃物处理（边角余料的丢弃）	资源消耗	定量
4	食堂	液化气、天然气意外泄漏发生火灾、爆炸	火灾	定量
5	仓库、施工现场	潜在火灾的发生（如乙炔气、柴油）	火灾	定量
6	相关施工过程/施工现场	塔吊柴油的消耗	资源消耗	定量

④ 环境保护资源配置计划，见表5-43。

环境保护资源配置计划 表 5-43

序号	环境保护用资源名称	数量	使用特征	保管人
1	废料堆放场	2个	现场钢材与压型板边角料固定回收点	
2	垃圾箱	20个	主要通道及办公区、生活区	
3	纸篓	若干	宿舍与办公室	
4	垃圾袋	若干	办公室与生活区	
5	扫帚	若干	施工现场	
6	笤帚、簸箕	若干	办公室与生活区	
7	拖把	若干	办公室与生活区	
8	口罩	若干	施工现场	
9	护目镜	若干	焊接、打磨	
10	梅花头收集箱	2个	螺栓	
11	电度表	15块	办公、宿舍、现场及塔吊	
12	专用库房	8个	螺栓、油漆、气瓶等	
13	柴油箱	2个	塔吊	
14	定型操作平台	20套	巨型柱、外框柱	
15	防风布、石棉布	若干	焊接棚	
16	道路硬化	若干	现场主干道	
17	环保宣传图牌	若干	宿舍、办公及现场	
18	现场绿化	若干	办公区，主干道	
19	消毒柜	2个	食堂	
20	消毒药水、喷雾器材	2套	现场、生活区	

⑤ 环境管理制度，见表 5-44。

环境管理制度 表 5-44

序号	制度名称	主要内容
1	消防管理制度	为了切实加强生活区、办公区、施工现场消防管理，防止各类火灾事故发生而特制订的制度
2	动火审批制度	主要针对现场动用明火而进行，要求先审批，后动火
3	易燃易爆品存放制度	为了加强易燃易爆物品管理，防止发生火灾事故而制度的管理制度
4	专用仓库管理制度	对各类专用仓库管理实行严格控制，严禁混放
5	食堂管理制度	为了加强食堂的卫生管理而专门制订的管理制度
6	环境卫生管理制度	针对施工现场、分区域，落实责任人，将文明施工与日常考核结合起来，充分调动全员管理的积极性
7	施工现场卫生检查制度	为了搞好现场的卫生管理工作，美化工作和生活环境，保持施工现场的整洁卫生，制定本制度
8	固体废弃物管理规定	针对施工现场各类固体物品，进行分类及时收集，集中存放，保管，及时处理出场的办法，杜绝不必的浪费，节约成本
9	施工现场用电管理制度	加强现场临时用电管理，严格计量管理，禁止不必要的浪费现象
10	施工机械设备管理制度	加强宣传与学习，合理组织，提高机械设备的完好率和利用率，坚决反对设备所需的柴油与电的不必的浪费，节约成本，为有效地进行设备管理而献言献策
11	厕所管理制度	加强生活区、办公区及现场厕所的管理，坚决扼制各类病源的传播
12	现场安全生产、文明施工奖罚细则	强制推行标准化，制度化，使文明施工贯穿于施工全过程，整个可能涉及的区域，责任到人，定期考核，随时检查，从而促进整体的管理

⑥ 施工环境保证措施：

a. 固体废弃物管理，见表5-45。

固体废弃物管理　　表5-45

序号	实施措施
1	施工现场在进行现场地面的清扫时，避开六级以上大风天气；在清扫前先洒水，保持地面湿润，保持现场的整洁；现场清扫的垃圾要堆放至指定的场地或区域
2	区域清理：施工现场的区域施工过程中要作到工完场清，不留死角；每个区域要设有垃圾区，及时将垃圾运入垃圾站
3	注重构件卸车、焊接施工、起重吊装过程材料、废料的收集
4	分类存放、做好标识：施工现场固体废弃物主要是钢材的边角余料、电焊头、材料、外包装等垃圾，按可回收、不可回收、有毒有害分类收集，按照要求统一做好标识，及时组织清运

b. 资源和能源消耗的控制，见表5-46。

资源和能源消耗的控制　　表5-46

序号	实施措施
1	根据识别确定的资源和能源消耗方面的重要环境因素，按管理规划实施控制
2	工程技术部门要加大技术的探索与研究，采取安全可靠地技术措施，最大限度地降低钢材等原材料的消耗；特别是各种安装过程中的措施材料，注重材料的重复利用率
3	严格领用制度
4	按施工需要，编制现场临时用电方案，合理布置现场临时用电线路。严格计量管理，加强过程检查，采取人走机停，人走断电

c. 易燃、易爆及化学危险品、油品的控制，见表5-47。

易燃、易爆及化学危险品、油品的控制　　表5-47

序号	实施措施
1	项目技术负责人组织有关人员分析确定项目使用的易燃、易爆及化学危险品、油品，采取有效的控制措施，确保满足相关法律法规要求
2	施工现场设立封闭式存放区，不同性质、不同应急响应方法的物品应单独存放，提供适宜的贮存环境；特别是油品，必须使用密闭式容器贮存，防止泄漏
3	专人负责保管，严格领用审批手续，做好发放记录，定期进行清点，控制库存量
4	易燃、易爆及化学危险品、油品使用前，由项目技术负责人组织专业施工员进行技术交底，必要时进行应急准备和响应培训，严格按操作规程和产品使用说明执行
5	备好防护用品，做好应急准备

d. 火灾、爆炸事故的控制，见表5-48。

火灾、爆炸事故的控制　　表5-48

序号	实施措施
1	项目技术负责人组织有关人员分析确定项目潜在的火灾、爆炸点，采取控制措施，确保满足相关法律法规要求

续表

序号	实施措施
2	对现场人员进行消防意识教育和消防知识培训，增强员工的消防意识
3	对存放易燃易爆仓库等区域，按消防规定配备环保型灭火器，做好应急准备
4	建立和完善现场消防管理制度，每月进行一次消防安全检查，发现隐患及时整改
5	施工过程中，氧气、乙炔使用时，注意他们之间的瓶距与明火的安全距离，特别在高处作业时，由于空间限制，不能保持安全距离时，必须采取可靠的隔离措施
6	注意生活区的检查，食堂管理人员、作业人员要及时检查阀门、气管的完好情况，损坏或破损的及时更换
7	履带吊及各种运输车辆，现场自己加油或采用加油车加油时，要有人监护，周围区域不得接近明火，操作人员禁止吸烟
8	发生紧急情况时，按应急预案执行

e. 职业健康安全设施，见表5-49。

职业健康安全设施　　表5-49

序号	实施措施
1	职工生活区与施工现场保持一定的距离，以防止施工对宿舍的污染，为职工营造一个较清洁的生活环境
2	在生活房屋、办公房屋室内安装风扇、空调，以利夏季防暑降温及冬季取暖
3	生活区设立足够数量的卫生设施，保持职工宿舍区内的卫生
4	设立生活垃圾池，生活垃圾在生活区内采用封闭式容器收集，然后统一倒入垃圾池，再按运至指定垃圾处理地点统一处理
5	生活区内设置公共洗澡间，洗澡间内设置冷热水管，保证职工在工作后能洗澡，保持个人的清洁卫生

f. 医疗保证措施，见表5-50。

医疗保证措施　　表5-50

序号	实施措施
1	夏季发放防暑药品，防止中暑。冬季发放防寒、防冻药品，防止冻伤；搞好环境卫生，切断蚊蝇等传播孳生源，有效控制疾病
2	建立突发疫情应急处理机制。在突发疫情出现时，应急处理机动队及时出动，按照防治预案采取措施，并将疫情和措施报告有关部门
3	建立工地医疗紧急预案：在工地发生突发性高危疾病、人身意外伤亡事故时，启动医疗应急预案，确保病人或伤员能及时到医院就医

增加环境保护措施、节材措施（节材优化、建筑垃圾减量化、尽量利用科循环材料等）、节水措施（根据工程所在地的水资源状况，制定节水措施）、节能措施、节地与施工用地保护措施（临时用地指标、施工平面布置规划和临时用地节地措施等）。

g. 卫生保证措施，见表5-51。

卫生保证措施 **表5-51**

名称	序号	实施措施
现场环境卫生	1	工地配备环境卫生清扫人员，每天对工地的环境卫生进行打扫
	2	积极开展灭鼠防鼠活动，同时抓好消毒、杀虫工作
	3	保持施工场地的整洁，做到工完料清，材料分类成堆，机械设备停放有序
食堂卫生	1	建立食堂卫生监督机制，安质组对卫生进行抽查，确保食堂卫生
	2	食堂人员（炊事员）要进行体检，合格后方可上岗
	3	生熟食分开储存，两套用具
	4	食堂工作人员统一着白色工作服，工作服每日消毒，保持自身清洁、卫生
	5	加强饮食管理，保证职工的营养供给。对食品制作人员进行定期的健康检查及技能培训，保证饭菜可口卫生、营养合理
	6	加强食品的采购和储存管理，保证食品安全卫生。采购人员必须具备较丰富的食品卫生知识和较强的责任心

（2）进度管理计划

内容略。

（3）质量管理计划

内容略。

（4）职业健康安全管理计划

内容略。

（5）成本管理计划

内容略。

（6）成品保护计划

1）成品和设备保护的组织机构与职责（内容略）。

2）成品和设备保护的管理制度（内容略）。

3）成品和设备保护措施，见表5-52。

成品和设备保护措施 **表5-52**

成品名称	成品伤害	保护方法	保护时间	保护要点
构件	磕碰、污染	垫木方、覆盖	自进场之后至安装之前	构件进场后须统一排放，加垫木方，摆放整齐后用彩条布覆盖
压型钢板	重压、砸坏	垫木方、尽量减少交叉作业	自安装完成之后至混凝土浇筑前	在压型钢板铺设完毕后，在其上堆放钢筋、木方等材料，必须加垫木方
（略）				

第 6 章　工程项目绿色施工实施

绿色施工的实施是一个复杂的系统工程，需要在管理层面充分发挥计划、组织、领导和控制职能，建立系统的管理体系，明确第一责任人，持续改进，合理协调，强化检查与监督等。

6.1　建立系统的管理体系

面对不同的施工对象，绿色施工管理体系可能会有所不同，但其实现绿色施工过程受控的主要目的是一致的，覆盖施工企业和工程项目绿色施工管理体系的两个层面要求是不变的。因此工程项目绿色施工管理体系应成为企业和项目管理体系有机整体的重要组成部分，它包括制定、实施、评审和保障实现绿色施工目标所需的组织机构及职责分工、规划活动、相关制度、流程和资源分组等，主要由组织管理体系和监督控制体系构成。

（1）组织管理体系

在组织管理体系中，要确定绿色施工的相关组织机构和责任分工，明确项目经理为第一责任人，使绿色施工的各项工作任务有明确的部门和岗位来承担。如某工程项目为了更好地推进绿色施工，建立了一套完备的组织管理体系，成立由项目经理、项目副经理、项目总工为正副组长及各部门负责人构成的绿色施工领导小组。明确由组长（项目经理）作为第一责任人，全面统筹绿色施工的策划、实施、评价等工作；由副组长（项目副经理）挂帅进行绿色施工的推进，负责批次、阶段和单位工程评价组织等工作；另一副组长（项目总工）负责绿色施工组织设计、绿色施工方案或绿色施工专项方案的编制，指导绿色施工在工程中的实施；同时明确由质量与安全部负责项目部绿色施工日常监督工作，根据绿色施工涉及的技术、材料、能源、机械、行政、后勤、安全、环保以及劳务等各个职能系统的特点，把绿色施工的相关责任落实到工程项目的每个部门和岗位，做到全体成员分工负责，齐抓共管。把绿色施工与全体成员的具体工作联系起来，系统考核，综合激励，取得良好效果。

（2）监督控制体系

绿色施工需要强化计划与监督控制，有力的监控体系是实现绿色施工的重要保障。在管理流程上，绿色施工必须经历策划、实施、检查与评价等环节。绿色施工要通过监控，测量实施效果，并提出改进意见。绿色施工是过程，过程实施完成后绿色施工的实施效果就难以准确测量。因此，工程项目绿色施工需要强化过程监督与控制，建立监督控制体系。体系的构建应由建设、监理和施工等单位构成，共同参与绿色施工的批次、阶段和单位工程评价及施工过程的见证。在工程项目施工中，施工方、监理方要重视日常检查和监督，依据实际状况与评价指标的要求严格控制，通过 PDCA 循环，促进持续改进，提升绿色施工实施水平。监督控制体系要充分发挥其旁站监控职能，使绿色施工扎实进行，保障相应目标实现。

6.2 明确项目经理是绿色施工第一责任人

绿色施工需要明确第一责任人，以加强绿色施工管理。施工中存在的环保意识不强、绿色施工投入不足、绿色施工管理制度不健全、绿色施工措施落实不到位等问题，是制约绿色施工有效实施的关键问题。应明确工程项目经理为绿色施工的第一责任人，由项目经理全面负责绿色施工，承担工程项目绿色施工推进责任。这样工程项目绿色施工才能落到实处，才能调动和整合项目内外资源，在工程项目部形成全项目、全员推进绿色施工的良好氛围。

6.3 持续改进

绿色施工推进应遵循管理学中通用的 PDCA 原理。PDCA 原理，又名 PDCA 循环，也叫质量环，是管理学中的一个通用模型。最早是休哈特（Walter A. Shewhart）于 1930 年提出构想，后来被美国质量管理专家戴明（Edwards Deming）博士在 1950 年再度挖掘，广泛宣传，并运用于持续改善产品质量的过程中。PDCA 原理适用于一切管理活动，它是能使任何一项活动有效进行的一种合乎逻辑的工作程序。

其中P、D、C、A四个英文字母所代表的意义如下：

① P（Plan）——计划，包括方针和目标的确定以及活动计划的制定；

② D（Do）——执行，执行就是具体运作，实现计划中的内容；

③ C（Check）——检查，就是要总结执行计划的结果，分清哪些对了，哪些错了，明确效果，找出问题；

④ A（Action）——处理，对检查的结果进行处理，认可或否定。成功的经验要加以肯定，或者模式化或者标准化加以适当推广；失败的教训要加以总结，以免重现；这一轮未解决的问题放到下一个PDCA循环。

PDCA循环，可以使我们的思想方法和工作步骤更加条理化、系统化、图像化和科学化。它具有如下特点：

（1）大环套小环，小环保大环，推动大循环

PDCA循环作为管理的基本方法，适用于整个工程项目的绿色施工管理。整个工程项目绿色施工管理本身形成一个PDCA循环，内部又嵌套着各部门绿色施工管理PDCA小循环，层层循环，形成大环套小环，小环里面又套更小的环。大环是小环的母体和依据，小环是大环的分解和保证；通过循环把绿色施工的各项工作有机地联系起来，彼此协同，互相促进。

（2）不断前进，不断提高

PDCA循环就像爬楼梯一样，一个循环运转结束，绿色施工的水平就会提高一步，然后再制定下一个循环，再运转、再提高，不断前进，不断提高。

（3）门路式上升。PDCA循环不是在同一水平上循环，每循环一次，就解决一部分题目，取得一部分成果，工作就前进一步，水平就提高一步。每通过一次PDCA循环，都要进行总结，提出新目标，再进行第二次PDCA循环，使绿色施工的车轮滚滚向前。如图6-1所示。

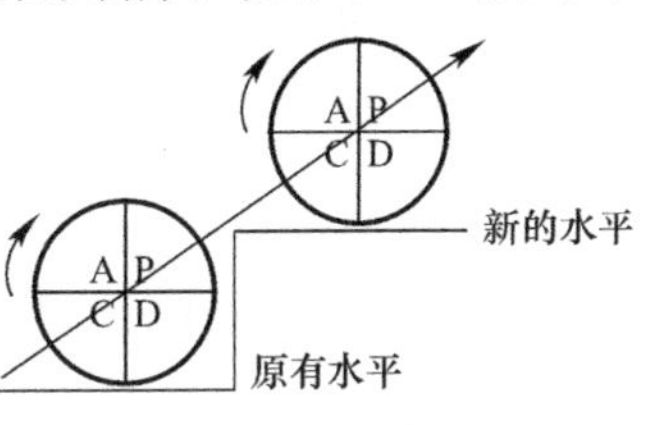

图6-1　PDCA循环图

绿色施工持续改进（PDCA循环）的基本阶段和步骤如下：

（1）计划（P）阶段

即根据绿色施工的要求和组织方针，提出工程项目绿色施工的基本目标。

步骤一：明确“四节一环保”的主题要求。绿色施工以施工过程有效实现“四节一环保”为前提，这也是绿色施工的导向和相关决策的依据。

步骤二：设定绿色施工应达到的目标。也就是绿色施工所要做到的内容和达到的标准。目标可以是定性与定量化结合的，能够用数量来表示的指标要尽可能量化，不能用数量来表示的指标也要明确。目标是用来衡量实际效果的指标，所以设定应该有依据，要通过充分的现状调查和比较来获得。《建筑工程绿色施工评价标准》GB/T 50640—2010 提供了绿色施工的衡量指标体系，工程项目要结合自身能力和项目总体要求，具体确定实现各个指标的程度与水平。

步骤三：策划绿色施工有关的各种方案并确定最佳方案。针对工程项目，绿色施工的可能方案有很多，然而现实条件中不可能把所有想到的方案都实施，所以提出各种方案后优选并确定出最佳的方案是较有效率的方法。

步骤四：制定对策，细化分解策划方案。有了好的方案，其中的细节也不能忽视，计划的内容如何完成好，需要将方案步骤具体化，逐一制定对策，明确回答出方案中的“5W2H”即：为什么制定该措施（Why）？达到什么目标（What）？在何处执行（Where）？由谁负责完成（Who）？什么时间完成（When）？如何完成（How）？花费多少（How much）？

（2）实施（D）阶段

即按照绿色施工的策划方案，在实施的基础上，努力实现预期目标的过程。

步骤五：绿色施工实施过程的测量与监督。对策制定完成后就进入了具体实施阶段。在这一阶段除了按计划和方案实施外，还必须要对过程进行测量，确保工作能够按计划进度实施。同时建立数据采集，收集过程的原始记录和数据等项目文档。

（3）检查效果（C）阶段

即确认绿色施工的实施是否达到了预定目标。

步骤六：绿色施工的效果检查。方案是否有效、目标是否完成，需要进行效果检查后才能得出结论。将采取的对策进行确认后，对采集到的证据进行总结分析，把完成情况同目标值进行比较，看是否达到了预定的目标。如果没有出现预期的结果，应该确认是否严格按照计划实施对策，如果是，就意味着对策失败，那就要重新进行最佳方案的确定。

（4）处置（A）阶段

步骤七：标准化。对已被证明的有成效的绿色施工措施，要进行标准化，制定成工作标准，以便在企业和以后执行和推广，并最终转化为施工企业的组织过程资产。

步骤八：问题总结。对绿色施工方案中效果不显著的或者实施过程中出现的问题进行总结，为开展新一轮的PDCA循环提供依据。

总之，绿色施工过程通过实施PDCA管理循环，能实现自主性的工作改进。此外需要重点强调的是，绿色施工起始的计划（P）实际应为工程项目绿色施工组织设计、施工方案或绿色施工专项方案，应通过实施（D）和检查（C），发现问题，制定改进方案，形成恰当处理意见（A），指导新的PDCA循环，实现新的提升，如此循环，持续提高绿色施工的水平。

6.4 绿色施工协调与调度

为了确保绿色施工目标的实现，在施工中要高度重视施工调度与协调管理。应对施工现场进行统一调度、统一安排与协调管理，严格按照策划方案，精心组织施工，确保有计划、有步骤地实现绿色施工的各项目标。

绿色施工是工程施工的“升级版”，应特别重视施工过程的协调和调度，应建立以项目经理为核心的调度体系，及时反馈上级及建设单位的意见，处理绿色施工中出现的问题，并及时加以落实执行，实现各种现场资源的高效利用。工程项目绿色施工的总调度应由项目经理担任，负责绿色施工的总体协调，确保施工过程达到绿色施工合格水平以上，施工现场总调度的职责是：

（1）监督、检查含绿色施工方案的执行情况，负责人力物力的综合平衡，促进生产活动正常进行。

（2）定期召开有建设单位、上级职能部门、设计单位、监理单位的协调会，解决绿色施工疑问和难点。

（3）定期组织召开各专业管理人员及作业班组长参加的会议，分析整个工程的进度、成本、计划、质量、安全、绿色施工执行情况，使项目策划的内容准确落实到项目实施中。

（4）指派专人负责，协调各专业工长的工作，组织好各分部分项工程的施工衔接，协调穿叉作业，保证施工的条理化、程序化。

（5）施工组织协调建立在计划和目标管理基础之上，根据绿色施工策划文件与工程有关的经济技术文件进行，指挥调度必须准确、及时、果断。

（6）建立与建设、监理单位在计划管理、技术质量管理和资金管理等方面的协调配合措施。

6.5 检查与监测

绿色施工的检查与检测包括日常、定期检查与监测，其目的是检查绿色施工的总体实施情况，测量绿色施工目标的完成情况和效果，为后续施工提供改进和提升的依据和方向。检查与监测的手段可以是定性的，也可以是定量的。工程项目可针对绿色施工制定季度检、月检、周检、日检等不同频率周期的检查制度，周检、日检要侧重于工长和班组层面，月检、周检应侧重于项目部层面，季度检可侧重于企业或分公司层面。监测内容应在策划书中明确，应针对不同监测项目建立监测制度，应采取措施，保证监测数据准确，满足绿色施工的内外评价要求。总之，绿色施工的检查与测量要以《建筑工程绿色施工评价标准》GB/T 50640—2010和绿色施工策划文件为依据，检查和监测各目标和方案落实情况。

第7章 工程项目绿色施工评价

绿色施工评价是衡量绿色施工实施水平的标尺。我国从逐步重视绿色施工到推出绿色施工评价标准经历了一个较长过程。从2003年在北京奥运工程中倡导绿色施工开始，绿色施工在我国逐渐受到关注，出现了一些关于绿色施工评价指标体系和评价模型的研究成果。有一些学者侧重评价模型的研究，提出了将层次分析法、模糊评价等系统评价方法应用于绿色施工评价的一些方法。一些意识比较超前、实力较强的施工企业也开始在工程中实践绿色施工，并探索绿色施工评价。中国建筑第八工程局有限公司在2008年发布实施了企业标准《绿色施工评价标准》。同期，住建部立项由中国建筑股份有限公司、中国建筑第八工程局有限公司为主编单位会同相关单位编写了《建筑工程绿色施工评价标准》GB/T 50640－2010，于2010年11月正式发布。至此，绿色施工有了国家的评价标准，为绿色施工评价提供了依据。绿色施工评价是一项系统性很强的工作，贯穿整个施工过程，涉及较多的评价要素和评价点，工程项目特色各异、所处环境千差万别，需要系统策划、组织和实施。

7.1 评价策划

绿色施工评价分为要素评价、批次评价、阶段评价和单位工程评价，绿色施工评价应在施工项目部自检的基础上进行。绿色施工评价是系统工程，是工程项目管理的重要内容，需要通过应用“5W2H”的方法，明确绿色施工评价的目的、主体、对象、时间和方法等关键点。

7.2 评价的总体框架

根据《建筑工程绿色施工评价标准》GB/T 50640－2010的要求，

绿色施工评价框架体系（图 7-1）的主要内容有：

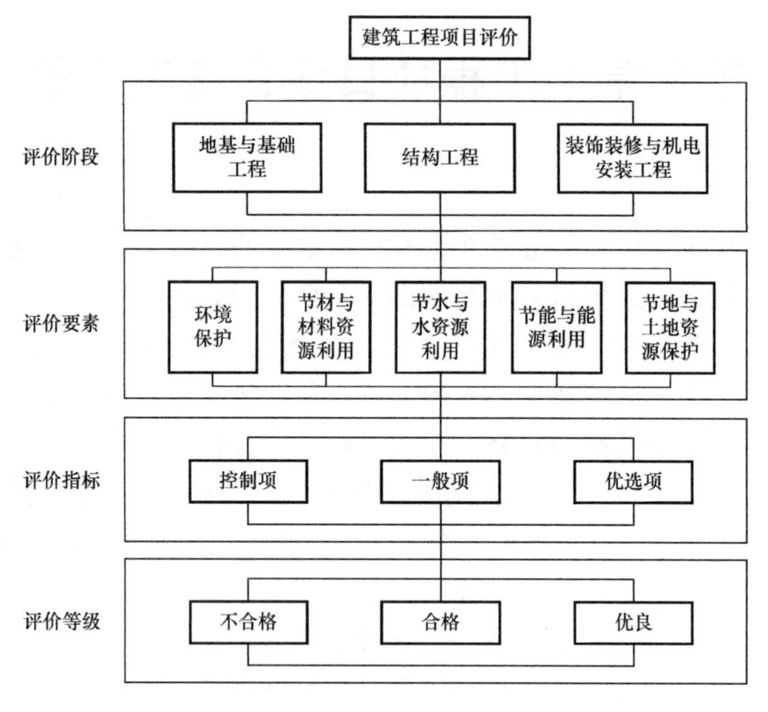

图 7-1　绿色施工评价框架体系

（1）进行绿色施工评价的工程必须首先满足《建筑工程绿色施工评价标准》GB/T 50640－2010 第三章基本规定的要求。

（2）评价阶段宜按地基与基础工程、结构工程、装饰装修与机电安装工程进行。

（3）建筑工程绿色施工应依据环境保护、节材与材料资源利用、节水与水资源利用、节能与能源利用和节地与土地资源保护五个要素进行评价。

（4）评价要素应由控制项、一般项、优选项三类评价指标组成。

（5）要素评价的控制项为必须达到要求的条款；一般项为覆盖面较大，实施难度一般的条款，为据实计分项；优选项实施难度较大、要求较高、实施后效果较高的条款，为据实加分项。

（6）评价等级应分为不合格、合格和优良。

（7）绿色施工评价层级分为要素评价、批次评价、阶段评价、单位工程评价。

（8）绿色施工评价应从要素评价着手，要素评价决定批次评价等级，批次评价决定阶段评价等级，阶段评价决定单位工程评价等级。

7.3 评价的基本要求

绿色施工评价应以建筑工程施工过程为对象进行评价。绿色施工项目应符合以下规定：

（1）建立绿色施工管理体系和管理制度，实施目标管理。（2）根据绿色施工要求进行图纸会审和深化设计。（3）施工组织设计及施工方案应有专门的绿色施工章节，绿色施工目标明确，内容应涵盖“四节一环保”要求。（4）工程技术交底应包含绿色施工内容。（5）采用符合绿色施工要求的新材料、新技术、新工艺、新机具进行施工。（6）建立绿色施工培训制度，并有实施记录。（7）根据检查情况，制定持续改进措施。（8）采集和保存过程管理资料、见证资料和自检评价记录等绿色施工资料。（9）在评价过程中，应采集反映绿色施工水平的典型图片或影像资料。

发生下列事故之一，为绿色施工不合格项目：

（1）发生安全生产死亡责任事故。（2）发生重大质量事故，并造成严重影响。（3）发生群体传染病、食物中毒等责任事故。（4）施工中因“四节一环保”问题被政府管理部门处罚。（5）违反国家有关“四节一环保”的法律法规，造成严重社会影响。（6）施工扰民造成严重社会影响。

7.3.1 评价的目的

对工程项目绿色施工进行评价，其主要目的表现为：一是借助全面的评价指标体系实现对绿色施工水平的综合度量，通过单项指标的水平和综合指标水平全面度量绿色施工的状态。二是通过绿色施工评价了解单项指标和综合指标哪些方面比较突出，哪些方面不足，为后续工作实现持续改进提供科学依据。三是为推进区域和系统的绿色施工，可通过绿色施工评价结果发现典型，进行相应的评价和评比，以便强化绿色施工激励。

7.3.2 符合性分析

在绿色施工影响因素分析的基础上，根据工程项目和环境特性找出与评价标准一般项未能覆盖或不存在的评价点，对《建筑工程绿色施工评价标准》GB/T 50640－2010 的评价点数量进行增减调整，并选择企业绿色施工的特色技术列入优选项的评价点范围，经建设单位、监理单位评审认同后，列入《建筑工程绿色施工评价标准》GB/T 50640－2010 作为适于本工程项目的绿色施工评价依据，进行绿色施工评价。

7.3.3 评价实施主体

绿色施工评价的实施主体主要包括建设、施工和监理三方。绿色施工批次评价、阶段评价和单位工程评价分别由施工方、监理方和建设方组织，其他方参加。在不同的评价层面，绿色施工组织的实施主体各不相同，其用意在于体现评价的客观真实，发挥互相监督作用。

7.3.4 评价对象

绿色施工的评价对象主要是针对房屋建筑工程施工过程实现环境保护、节材与材料资源利用、节水与水资源利用、节能与能源利用和节地及土地资源保护等五个要素的状态进行评价。

7.3.5 评价时间间隔

绿色施工评价时间间隔，应满足绿色施工评价标准要求，并应结合企业、项目的具体情况确定，但至少应达到评价次数每月 1 次，且每阶段不少于 1 次的基本要求。

绿色施工评价时间间隔主要是基于“持续改进”的考虑。即：在每个批次评价完成后，针对“四节一环保”的实施情况，在肯定成绩的基础上，找到相应“短板”形成改进意见，付诸实施一定时间后，能够得到可见的明显效果。

7.4 评价方法

绿色施工评价应按要素、批次、阶段和单位工程评价的顺序进行。要素评价依据控制项、一般项和优选项三类指标的具体情况，按照《建筑工程绿色施工评价标准》GB/T 50640—2010 进行评价，形成相应分值，给出相应绿色施工评价等级。

7.4.1 各类指标的赋分方法

（1）控制项为必须满足的标准，控制项不合格的项目实行一票否决制，不得评为绿色施工项目。控制项的评价方法应符合表 7-1 的规定。

控制项评价方法 表 7-1

评分要求	结　论	说　明
措施到位，全部满足考评指标要求	符合要求	进入评分流程
措施不到位，不满足考评指标要求	不符合要求	一票否决，为非绿色施工项目

（2）一般项指标，应根据实际发生项执行的情况计分，评价方法应符合表 7-2 的规定。

一般项计分标准 表 7-2

评分要求	评　分
措施到位，满足考评指标要求	2
措施基本到位，部分满足考评指标要求	1
措施不到位，不满足考评指标要求	0

（3）优选项指标，应根据实际发生项执行情况加分，评价方法应符合表 7-3 的规定。

优选项加分标准 表 7-3

评分要求	评　分
措施到位，满足考评指标要求	1
措施基本到位，部分满足考评指标要求	0.5
措施不到位，不满足考评指标要求	0

7.4.2 要素、批次、阶段和单位工程评分计算方法

（1）要素评价得分

一般项得分：应按百分制折算，如下式。

$$A=\frac{B}{C}\times 100$$

式中 A——折算分；

B——实际发生项条目实得分之和；

C——实际发生项条目应得分之和。

优选项加分：应按优选项实际发生条目加分求和 D。

要素评价得分：要素评价得分 F＝一般项折算分 A＋优选项加分 D。

（2）批次评价得分

1）批次评价应按表 7-4 的规定进行要素权重确定。

批次评价要素权重系数表 **表 7-4**

评价要素	地基与基础、结构工程、装饰装修与机电安装
环境保护	0.3
节材与材料资源利用	0.2
节水与水资源利用	0.2
节能与能源利用	0.2
节地与施工用地保护	0.1

2）批次评价得分 E= Σ（要素评价得分 F × 权重系数）。

（3）阶段评价得分

$$阶段评价得分\ G = \frac{评价批次得分\ E}{评价批次数}$$

（4）单位工程绿色评价得分

单位工程评价应按表 7-5 的规定进行要素权重确定。

单位工程要素权重系数表 **表 7-5**

评价阶段	权重系数
地基与基础	0.3
结构工程	0.5
装饰装修与机电安装	0.2

单位工程评价得分 W = Σ(阶段评价得分 G × 权重系数)

7.4.3 单位工程绿色施工等级判定方法

（1）有下列情况之一者为不合格：

控制项不满足要求；

单位工程总得分 W<60 分；

结构工程阶段得分<60 分。

（2）满足以下条件者为合格：

控制项全部满足要求；

单位工程总得分 60 分≤W<80 分，结构工程得分≥60 分；

至少每个评价要素各有一项优选项得分，优选项总分≥5。

（3）满足以下条件者为优良：

控制项全部满足要求；

单位工程总得分 W≥80 分；

结构工程得分≥80 分；

至少每个评价要素中有两项优选项得分。优选项总分≥10。

7.5 评价的组织

根据《建筑工程绿色施工评价标准》GB/T 50640—2010 的相关规定，绿色施工评价的组织应注意以下几个问题：

（1）单位工程绿色施工评价应由建设单位组织，项目施工单位和监理单位参加，评价结果应由建设、监理、施工单位三方签认。

（2）单位工程施工阶段评价应由监理单位组织，项目建设单位和施工单位参加，评价结果应由建设、监理、施工单位三方签认。

（3）单位工程施工批次评价应由施工单位组织，项目建设单位和监理单位参加，评价结果应由建设、监理、施工单位三方签认。

（4）企业应进行绿色施工的随机检查，并对绿色施工目标的完成情况进行评估。

（5）项目部会同建设和监理单位应根据绿色施工情况，制定改进措施，由项目部实施改进。

（6）项目部应接受建设单位、政府主管部门及其委托单位的绿色施工检查。

7.6 评价实施

绿色施工评价在实施中要按照评价指标的要求，检查、评估各项指标的完成情况。在评价实施过程中应重点关注以下几点：

（1）进行绿色施工评价，必须首先达到《建筑工程绿色施工评价标准》GB/T 50640—2010 基本规定的要求。

（2）重视评价资料积累。绿色施工评价涉及内容多、范围广，评价过程中要检查大量的资料，填写很多表格，因此要准备好评价过程中的相关资料，并对资料进行整理分类。

（3）重视评价人员的培训。评价人员应能很好地理解绿色施工的内涵，熟悉绿色施工评价的指标体系和评价方法，因此要对评价人员进行这些方面内容的专项培训，以保障评价的准确性。

（4）评价中需要把握好各类指标的地位和要求。绿色施工评价指标的控制项、一般项和优选项在评价中的地位和要求有所不同。控制项属于评价中的强制项，是最基本要求，实行一票否决；一般项评价是绿色施工评价中工作量最大、涉及内容最多、工作最繁杂的评价，是评价中的重点；优选项是施工难度较大、实施要求较高、实施后效果较好的项目，实质是备选项，选项愈多，绿色水平愈高。

（5）绿色施工评价结果必须要有项目施工相关方的认定。绿色施工评价与其他施工验收一样，是程序性和规范性很强的工作，必须要有工程项目施工相关方的认定才能生效。

（6）要注重对评价结果的分析，制定改进措施。评价本身不是目的，真正的目的是为了持续改进。因而要重视对评价结果进行分析，要注意针对那些实施较差的要素评价点，认真查找原因，制定有效的改进措施。

（7）针对评价结果，实施适度的奖惩。调动实施主体、责任主体的积极性，建立有效的正负激励措施。

7.7 评价实例

该工程位于我国中部某市，建筑面积 5000m^2，地下 1 层，地上 4 层，为企业总部办公之用。

首先应编制《工程项目绿色施工策划书》。其内容应至少包括但不限于：工程概况、总体部署、组织管理、岗位责任制、分部分项绿色施工方案、保障措施及绿色施工评价方案等内容。

绿色施工评价方案编制前，首先进行绿色施工环境要素分析。针对本工程具体情况，经与相关方协商，本工程典型特征明显，故无需对《建筑工程绿色施工评价标准》GB/T 50640—2010 规定的一般项和优选项的评价点作调整。

依据《建筑工程绿色施工评价标准》GB/T 50640—2010 基本要求，施工单位自评方案确定为：地基基础阶段评价 1 次，结构工程施工阶段评价 2 次，装饰装修与机电安装阶段评价 1 次。

工程项目批次评价由工程项目生产副经理负责组织，技术、安全、质量、环境等部门派员参加，质量安全负责人负责具体实施，并邀请监理和建设单位参与评价和见证，每次均应完成批次评价及《整改意见书》，以便完成对前期工作的总结，形成对后期工作的指导。

本工程绿色施工评价表包括要素评价表20张（其中，略去结构阶段第二批次要素评价表5张）、批次评价表4张、阶段评价表2张和单位工程评价表1张，见表7-6～表7-27。

绿色施工要素评价表（一） **表7-6**

<table>
<tr><td rowspan="2" colspan="2">工程名称</td><td rowspan="2">××××大厦</td><td>编　号</td><td colspan="2">0001</td></tr>
<tr><td>填表日期</td><td colspan="2">2011.5.10</td></tr>
<tr><td colspan="2">施工单位</td><td>××××建筑公司</td><td>施工阶段</td><td colspan="2">地基基础</td></tr>
<tr><td colspan="2">评价要素</td><td>环境保护</td><td>施工部位</td><td colspan="2">地下一层</td></tr>
<tr><td rowspan="5">控制项</td><td colspan="3">标准编号及标准要求</td><td colspan="2">评价结论</td></tr>
<tr><td colspan="3">5.1.1 现场施工标牌应包括环境保护内容</td><td colspan="2">符合要求</td></tr>
<tr><td colspan="3">5.1.2 施工现场应在醒目位置设环境保护标识</td><td colspan="2">符合要求</td></tr>
<tr><td colspan="3">5.1.3 施工现场的文物古迹和古树名木应采取有效保护措施</td><td colspan="2">无此项</td></tr>
<tr><td colspan="3">5.1.4 现场食堂应有卫生许可证，炊事员应持有效健康证明</td><td colspan="2">符合要求</td></tr>
<tr><td rowspan="14">一般项</td><td colspan="2">标准编号及标准要求</td><td>计分标准及检查情况</td><td>应得分</td><td>实得分</td></tr>
<tr><td colspan="2">5.2.1 资源保护
1 应保护场地四周原有地下水形态，减少抽取地下水</td><td>措施到位，满足考评指标要求</td><td>2</td><td>2</td></tr>
<tr><td colspan="2">2 危险品、化学品存放处及污物排放应采取隔离措施</td><td>措施到位，满足考评指标要求</td><td>2</td><td>2</td></tr>
<tr><td colspan="2">5.2.2 人员健康（8）
施工作业区和生活办公区应分开布置，生活设施应远离有毒有害物质</td><td>措施到位，满足考评指标要求</td><td>2</td><td>2</td></tr>
<tr><td colspan="2">生活区应有专人负责，应有消暑或保暖措施</td><td>措施到位，满足考评指标要求</td><td>2</td><td>2</td></tr>
<tr><td colspan="2">现场工人劳动强度和工作时间应符合现行国家标准《体力劳动强度等级》GB 3869 的有关规定</td><td>措施基本到位，部分满足考评指标要求</td><td>2</td><td>1</td></tr>
<tr><td colspan="2">从事有毒、有害、有刺激性气味和强光、强噪声施工的人员应佩戴与其相应的防护器具</td><td>措施基本到位，部分满足考评指标要求</td><td>2</td><td>1</td></tr>
<tr><td colspan="2">深井、密闭环境、防水和室内装修施工应有自然通风或临时通风设施</td><td></td><td>—</td><td>—</td></tr>
<tr><td colspan="2">现场危险设备、地段、有毒物品存放地应配置醒目安全标志，施工应采取有效防毒、防污、防尘、防潮、通风等措施，应加强人员健康管理</td><td>措施到位，满足考评指标要求</td><td>2</td><td>2</td></tr>
<tr><td colspan="2">厕所、卫生设施、排水沟及阴暗潮湿地带应定期消毒</td><td>措施到位，满足考评指标要求</td><td>2</td><td>2</td></tr>
<tr><td colspan="2">食堂各类器具应清洁，个人卫生、操作行为应规范</td><td>措施到位，满足考评指标要求</td><td>2</td><td>2</td></tr>
<tr><td colspan="2">5.2.3 扬尘控制（9）
现场应建立洒水清扫制度，配备洒水设备，并应有专人负责</td><td>措施到位，满足考评指标要求</td><td>2</td><td>2</td></tr>
<tr><td colspan="2">对裸露地面、集中堆放的土方应采取抑尘措施</td><td>措施到位，满足考评指标要求</td><td>2</td><td>2</td></tr>
<tr><td colspan="2">运送土方、渣土等易产生扬尘的车辆应采取封闭或遮盖措施</td><td>措施到位，满足考评指标要求</td><td>2</td><td>2</td></tr>
</table>

续表

	标准编号及标准要求	计分标准及检查情况	应得分	实得分
一般项	现场进出口应设冲洗池和吸湿垫，应保持进出现场车辆清洁	措施基本到位，部分满足考评指标要求	2	1
	易飞扬和细颗粒建筑材料应封闭存放，余料应及时回收	措施基本到位，部分满足考评指标要求	2	1
	易产生扬尘的施工作业应采取遮挡、抑尘等措施	措施不到位，不满足考评指标要求	2	0
	拆除爆破作业应有降尘措施	—	—	—
	高空垃圾清运应采用封闭式管道或垂直运输机械完成	—	—	—
	现场使用散装水泥、预拌砂浆应有密闭防尘措施	措施到位，满足考评指标要求	2	2
	5.2.4 废气排放控制（4） 进出场车辆及机械设备废气排放应符合国家年检要求	措施到位，满足考评指标要求	2	2
	不应使用煤作为现场生活的燃料	措施到位，满足考评指标要求	2	2
	电焊烟气的排放应符合现行国家标准《大气污染物综合排放标准》GB 16297 的规定	—	—	—
	不应在现场燃烧废弃物	措施到位，满足考评指标要求	2	2
	5.2.5 建筑垃圾处置（6） 建筑垃圾应分类收集、集中堆放	措施到位，满足考评指标要求	2	2
	废电池、废墨盒等有毒有害的废弃物应封闭回收，不应混放	措施到位，满足考评指标要求	2	2
	有毒有害废物分类率应达到 100％	措施到位，满足考评指标要求	2	2
	垃圾桶应分为可回收与不可回收利用两类，应定期清运	措施到位，满足考评指标要求	2	2
	建筑垃圾回收利用率应达到 30％	措施到位，满足考评指标要求	2	2
	碎石和土石方类等应用作地基和路基回填材料	措施到位，满足考评指标要求	2	2
	5.2.6 污水排放（5） 现场道路和材料堆放场地周边应设排水沟	措施基本到位，部分满足考评指标要求	2	1
	工程污水和试验室养护用水应经处理达标后排入市政污水管道	措施不到位，不满足考评指标要求	2	0
	现场厕所应设置化粪池，化粪池应定期清理	措施到位，满足考评指标要求	2	2
	工地厨房应设隔油池，应定期清理	措施到位，满足考评指标要求	2	2
	雨水、污水应分流排放	措施不到位，不满足考评指标要求	2	0
	5.2.7 光污染（2） 夜间焊接作业时，应采取挡光措施	—	—	—

续表

	标准编号及标准要求	计分标准及检查情况	应得分	实得分
一般项	工地设置大型照明灯具时，应有防止强光线外泄的措施	措施到位，满足考评指标要求	2	2
	5.2.8 噪声控制（5） 应采用先进机械、低噪声设备进行施工，机械、设备应定期保养维护	措施到位，满足考评指标要求	2	2
	产生噪声较大的机械设备，应尽量远离施工现场办公区、生活区和周边住宅区	措施到位，满足考评指标要求	2	2
	混凝土输送泵、电锯房等应设有吸声降噪屏或其他降噪措施	措施到位，满足考评指标要求	2	2
	夜间施工噪声强值应符合国家有关规定	措施到位，满足考评指标要求	2	2
	吊装作业指挥应使用对讲机传达指令	措施到位，满足考评指标要求	2	2
	5.2.9 施工现场应设置连续、密闭能有效隔绝各类污染的围挡	措施到位，满足考评指标要求	2	2
	5.2.10 施工中，开挖土方应合理回填利用	措施到位，满足考评指标要求	2	2
优选项	5.3.1 施工作业面应设置隔音设施	—	—	—
	5.3.2 现场应设置可移动环保厕所，并应定期清运、消毒	—	—	—
	5.3.3 现场应设噪声监测点，并应实施动态监测	措施到位，满足考评指标要求	—	1
	5.3.4 现场应有医务室，人员健康应急预案应完善	—	—	—
	5.3.5 施工应采取基坑封闭降水措施	—	—	—
	5.3.6 现场应采用喷雾设备降尘	—	—	—
	5.3.7 建筑垃圾回收利用率应达到50%	措施到位，满足考评指标要求	—	1
	5.3.8 工程污水应采取去泥沙、除油污、分解有机物、沉淀过滤、酸碱中和等处理方式，实现达标排放	—	—	—
评价得分	控制项符合要求 一般项折算得分：(65/76)×100%＝85.5 优选项加分：2分 要素得分：87.5			
签字栏	建设单位代表签字	监理单位代表签字	施工单位代表签字	

绿色施工要素评价表（二） **表 7-7**

<table>
<tr><td rowspan="2" colspan="2">工程名称</td><td rowspan="2" colspan="2">××××大厦</td><td>编　号</td><td colspan="2">0001</td></tr>
<tr><td>填表日期</td><td colspan="2">2011.5.10</td></tr>
<tr><td colspan="2">施工单位</td><td colspan="2">××××建筑公司</td><td>施工阶段</td><td colspan="2">地基基础</td></tr>
<tr><td colspan="2">评价要素</td><td colspan="2">节材与材料资源利用</td><td>施工部位</td><td colspan="2">地下一层</td></tr>
<tr><td rowspan="3">控制项</td><td colspan="4">标准编号及标准要求</td><td colspan="2">评价结论</td></tr>
<tr><td colspan="4">6.1.1 应根据就地取材的原则进行材料选择并有实施记录</td><td colspan="2">符合要求</td></tr>
<tr><td colspan="4">6.1.2 应有健全的机械保养、限额领料、建筑垃圾再生利用等制度</td><td colspan="2">符合要求</td></tr>
<tr><td rowspan="10">一般项</td><td colspan="2">标准编号及标准要求</td><td colspan="2">检查情况</td><td>应得分</td><td>实得分</td></tr>
<tr><td colspan="2">6.2.1 材料的选择（3）
1 施工应选用绿色、环保材料</td><td colspan="2">措施基本到位，部分满足指标要求</td><td>2</td><td>1</td></tr>
<tr><td colspan="2">2 临建设施应采用可拆迁、可回收材料</td><td colspan="2">措施到位，满足指标要求</td><td>2</td><td>2</td></tr>
<tr><td colspan="2">3 应利用粉煤灰、矿渣、外加剂等新材料降低混凝土和砂浆中的水泥用量；粉煤灰、矿渣、外加剂等新材料掺量应按供货单位推荐掺量、使用要求、施工条件、原材料等因素通过试验确定</td><td colspan="2">现场使用商品混凝土，干粉砂浆</td><td>2</td><td>2</td></tr>
<tr><td colspan="2">6.2.2 材料节约（7）
1 应采用管件合一的脚手架和支撑体系</td><td colspan="2">措施到位，满足指标要求</td><td>2</td><td>2</td></tr>
<tr><td colspan="2">2 应采用工具式模板和新型模板材料，如铝合金、塑料、玻璃钢和其他可再生材质的大模板和钢框镶边模板</td><td colspan="2">措施到位，满足指标要求</td><td>2</td><td>2</td></tr>
<tr><td colspan="2">3 材料运输方法应科学，应降低运输损耗率</td><td colspan="2">措施到位，满足指标要求</td><td>2</td><td>2</td></tr>
<tr><td colspan="2">4 应优化线材下料方案</td><td colspan="2"></td><td>—</td><td>—</td></tr>
<tr><td colspan="2">5 面材、块材镶贴，应做到预先总体排版</td><td colspan="2"></td><td>—</td><td>—</td></tr>
<tr><td colspan="2">6 应因地制宜，采用利于降低材料消耗的四新技术</td><td colspan="2">措施到位，满足指标要求</td><td>2</td><td>2</td></tr>
</table>

续表

	标准编号及标准要求	检查情况	应得分	实得分
一般项	7 应提高模板、脚手架体系的周转率	措施到位，满足指标要求	2	2
	6.2.3 资源再生利用（4）建筑余料应合理使用	措施到位，满足指标要求	2	2
	板材、块材等下脚料和撒落混凝土及砂浆应科学利用	措施到位，满足指标要求	2	2
	临建设施应充分利用既有建筑物、市政设施和周边道路	措施到位，满足指标要求	2	2
	现场办公用纸应分类摆放，纸张应两面使用，废纸应回收	措施到位，满足指标要求	2	2
优选项	6.3.1 应编制材料计划，应合理使用材料	措施到位，满足指标要求	—	1
	6.3.2 应采用建筑配件整体化或建筑构件装配化安装的施工方法		—	—
	6.3.3 主体结构施工应选择自动提升、顶升模架或工作平台		—	—
	6.3.4 建筑材料包装物回收率应达到 100%	措施到位，满足指标要求	—	1
优选项	6.3.5 现场应使用预拌砂浆	措施到位，满足指标要求	—	1
	6.3.6 水平承重模板应采用早拆支撑体系		—	—
	6.3.7 现场临建设施、安全防护设施应定型化、工具化、标准化		—	—
评价得分	控制项符合要求 一般项折算得分：(23/24)×100%=95.8 分 优选项加分：2 分 要素得分：97.8 分			
签字栏	建设单位代表签字	监理单位代表签字	施工单位代表签字	

绿色施工要素评价表（三） 表 7-8

<table>
<tr><td>工程名称</td><td colspan="2" rowspan="2">××××大厦</td><td>编　号</td><td colspan="2">0001</td></tr>
<tr><td></td><td>填表日期</td><td colspan="2">2011.5.10</td></tr>
<tr><td>施工单位</td><td colspan="2">××××建筑公司</td><td>施工阶段</td><td colspan="2">地基基础</td></tr>
<tr><td>评价要素</td><td colspan="2">节水与水资源利用</td><td>施工部位</td><td colspan="2">地下一层</td></tr>
<tr><td rowspan="3">控制项</td><td colspan="3">标准编号及标准要求</td><td colspan="2">评价结论</td></tr>
<tr><td colspan="3">7.1.1 签订标段分包或劳务合同时，应将节水指标纳入合同条款</td><td colspan="2">符合要求</td></tr>
<tr><td colspan="3">7.1.2 应有计量考核记录</td><td colspan="2">符合要求</td></tr>
<tr><td rowspan="10">一般项</td><td>标准编号及标准要求</td><td colspan="2">检查情况</td><td>应得分</td><td>实得分</td></tr>
<tr><td>7.2.1 节约用水（7）
1 应根据工程特点，制定用水定额</td><td colspan="2">措施到位，满足指标要求</td><td>2</td><td>2</td></tr>
<tr><td>2 施工现场供、排水系统应合理适用</td><td colspan="2">措施到位，满足指标要求</td><td>2</td><td>2</td></tr>
<tr><td>3 施工现场办公区、生活区的生活用水应采用节水器具，节水器具配置率应达到100%</td><td colspan="2">措施到位，满足指标要求</td><td>2</td><td>2</td></tr>
<tr><td>4 施工现场的生活用水与工程用水应分别计量</td><td colspan="2">措施到位，满足指标要求</td><td>2</td><td>2</td></tr>
<tr><td>5 施工中应采用先进的节水施工工艺</td><td colspan="2">措施基本到位，部分满足指标要求</td><td>2</td><td>1</td></tr>
<tr><td>6 混凝土养护和砂浆搅拌用水应合理，应有节水措施</td><td colspan="2">措施基本到位，部分满足指标要求</td><td>2</td><td>1</td></tr>
<tr><td>7 管网和用水器具不应有渗漏</td><td colspan="2">措施基本到位，部分满足指标要求</td><td>2</td><td>1</td></tr>
<tr><td>7.2.2 水资源的利用（2）
1 基坑降水应储存使用</td><td colspan="2">—</td><td>—</td><td>—</td></tr>
<tr><td>2 冲洗现场机具、设备、车辆用水，应设立循环用水装置</td><td colspan="2">措施到位，满足指标要求</td><td>2</td><td>2</td></tr>
<tr><td rowspan="5">优选项</td><td>7.3.1 施工现场应建立基坑降水再利用的收集处理系统</td><td colspan="2"></td><td>—</td><td>—</td></tr>
<tr><td>7.3.2 施工现场应有雨水收集利用的设施</td><td colspan="2"></td><td>—</td><td>—</td></tr>
<tr><td>7.3.3 喷洒路面、绿化浇灌不应用自来水</td><td colspan="2">措施到位，满足指标要求</td><td>—</td><td>1</td></tr>
<tr><td>7.3.4 生活、生产污水应处理并使用</td><td colspan="2"></td><td>—</td><td>—</td></tr>
<tr><td>7.3.5 现场应使用经检验合格的非传统水源</td><td colspan="2"></td><td>—</td><td>—</td></tr>
<tr><td>评价得分</td><td colspan="5">控制项符合要求
一般项折算得分：(13/16)×100%=81.2 分
优选项加分：1 分
要素得分：82.2 分</td></tr>
<tr><td rowspan="2">签字栏</td><td>建设单位代表签字</td><td colspan="2">监理单位代表签字</td><td colspan="2">施工单位代表签字</td></tr>
<tr><td></td><td colspan="2"></td><td colspan="2"></td></tr>
</table>

绿色施工要素评价表（四） **表 7-9**

<table>
<tr><td colspan="2" rowspan="2">工程名称</td><td colspan="2" rowspan="2">××××大厦</td><td>编　号</td><td colspan="2">0001</td></tr>
<tr><td>填表日期</td><td colspan="2">2011.5.10</td></tr>
<tr><td colspan="2">施工单位</td><td colspan="2">××××建筑公司</td><td>施工阶段</td><td colspan="2">地基基础</td></tr>
<tr><td colspan="2">评价要素</td><td colspan="2">节能与能源利用</td><td>施工部位</td><td colspan="2">地下一层</td></tr>
<tr><td rowspan="4">控制项</td><td colspan="4">标准编号及标准要求</td><td colspan="2">评价结论</td></tr>
<tr><td colspan="4">8.1.1 对施工现场的生产、生活、办公和主要耗能施工设备应设有节能的控制措施</td><td colspan="2">符合要求</td></tr>
<tr><td colspan="4">8.1.2 对主要耗能施工设备应定期进行耗能计量核算</td><td colspan="2">符合要求</td></tr>
<tr><td colspan="4">8.1.3 不应使用国家、行业、地方政府明令淘汰的施工设备、机具和产品</td><td colspan="2">符合要求</td></tr>
<tr><td rowspan="10">一般项</td><td colspan="2">标准编号及标准要求</td><td colspan="2">检查情况</td><td>应得分</td><td>实得分</td></tr>
<tr><td colspan="2">8.2.1 临时用电设施（3）
应采用节能型设施</td><td colspan="2">措施基本到位，部分满足指标要求</td><td>2</td><td>1</td></tr>
<tr><td colspan="2">临时用电应设置合理，管理制度应齐全并应落实到位</td><td colspan="2">措施到位，满足指标要求</td><td>2</td><td>2</td></tr>
<tr><td colspan="2">现场照明设计应符合现行行业标准《施工现场临时用电安全技术规范》JGJ 46 的规定</td><td colspan="2">措施到位，满足指标要求</td><td>2</td><td>2</td></tr>
<tr><td colspan="2">8.2.2 机械设备（4）
应采用能源利用效率高的施工机械设备</td><td colspan="2">措施基本到位，部分满足指标要求</td><td>2</td><td>1</td></tr>
<tr><td colspan="2">施工机具资源应共享</td><td colspan="2">措施到位，满足指标要求</td><td>2</td><td>2</td></tr>
<tr><td colspan="2">应定期监控重点耗能设备的能源利用情况，并有记录</td><td colspan="2">措施不到位，不满足指标要求</td><td>2</td><td>0</td></tr>
<tr><td colspan="2">应建立设备技术档案，并应定期进行设备维护、保养</td><td colspan="2">措施基本到位，部分满足指标要求</td><td>2</td><td>1</td></tr>
<tr><td colspan="2">8.2.3 临时设施（2）
施工临时设施应结合日照和风向等自然条件，合理采用自然采光、通风和外窗遮阳设施</td><td colspan="2">措施到位，满足指标要求</td><td>2</td><td>2</td></tr>
<tr><td colspan="2">临时施工用房应使用热工性能达标的复合墙体和屋面板，顶棚宜采用吊顶</td><td colspan="2">措施到位，满足指标要求</td><td>2</td><td>2</td></tr>
</table>

续表

	标准编号及标准要求	检查情况	应得分	实得分
一般项	8.2.4 材料运输与施工（4） 建筑材料的选用应缩短运输距离，减少能源消耗	措施到位，满足指标要求	2	2
	应采用能耗少的施工工艺	措施到位，满足指标要求	2	2
	应合理安排施工工序和施工进度	措施到位，满足指标要求	2	2
	应尽量减少夜间作业和冬期施工的时间	措施到位，满足指标要求	2	2
优选项	8.3.1 应根据当地气候和自然资源条件，合理利用太阳能或其他可再生能源		—	—
	8.3.2 临时用电设备应采用自动控制装置	措施到位，满足指标要求	—	1
	8.3.3 应使用国家、行业推荐的节能、高效、环保的施工设备和机具	措施基本到位，部分满足指标要求	—	0.5
	8.3.4 办公、生活和施工现场，采用节能照明灯具的数量应大于80%	措施到位，满足指标要求	—	1
	8.3.5 办公、生活和施工现场用电应分别计量	措施到位，满足指标要求	—	1
评价得分	控制项符合要求 一般项折算得分：(21/26)×100%=80.7分 优选项加分：3.5分 要素得分：84.2分			
签字栏	建设单位代表签字	监理单位代表签字	施工单位代表签字	

绿色施工要素评价表（五） 表 7-10

工程名称	××××大厦	编　号	0001
		填表日期	2011.5.10
施工单位	××××建筑公司	施工阶段	地基基础
评价要素	节地与土地资源保护	施工部位	地下一层

	标准编号及标准要求	评价结论
控制项	9.1.1 施工场地布置应合理并应实施动态管理	符合要求
	9.1.2 施工临时用地应有审批用地手续	无此项
	9.1.3 施工单位应充分了解施工现场及毗邻区域内人文景观保护要求、工程地质情况及基础设施管线分布情况，制订相应保护措施，并应报请相关方核准	无此项

	标准编号及标准要求	检查情况	应得分	实得分
一般项	9.2.1 节约用地（5） 施工总平面布置应紧凑，并应尽量减少占地	措施到位，满足指标要求	2	2
	应在经批准的临时用地范围内组织施工	措施到位，满足指标要求	2	2
	应根据现场条件，合理设计场内交通道路	措施到位，满足指标要求	2	2
	施工现场临时道路布置应与原有及永久道路兼顾考虑，并应充分利用拟建道路为施工服务	措施到位，满足指标要求	2	2
	应采用商品混凝土	措施到位，满足指标要求	2	2
	9.2.2 保护用地（5） 应采取防止水土流失的措施	措施到位，满足指标要求	2	2
	应充分利用山地、荒地作为取、弃土场的用地		—	—
	施工后应恢复植被		—	—
	应对深基坑施工方案进行优化，并应减少土方开挖和回填量，保护用地	措施基本到位，部分满足指标要求	2	1
	在生态脆弱的地区施工完成后，应进行地貌复原		—	—
优选项	9.3.1 临时办公和生活用房应采用结构可靠的多层轻钢活动板房、钢骨架多层水泥活动板房等可重复使用的装配式结构	措施到位，满足指标要求	—	1
	9.3.2 对施工中发现的地下文物资源，应进行有效保护，处理措施恰当		—	—
	9.3.3 地下水位控制应对相邻地表和建筑物无有害影响		—	—
	9.3.4 钢筋加工应配送化，构件制作应工厂化		—	—
	9.3.5 施工总平面布置应能充分利用和保护原有建筑物、构筑物、道路和管线等，职工宿舍应满足 $2m^2$/人的使用面积要求	措施到位，满足指标要求	—	1
评价得分	控制项符合要求。 一般项折算得分：(13/14)×100％＝93 分 优选项加分：2 分 要素得分：95 分			

签字栏	建设单位代表签字	监理单位代表签字	施工单位代表签字

绿色施工第一批次评价汇总表（一） **表 7-11**

<table>
<tr><td rowspan="2">工程名称</td><td rowspan="2" colspan="2">××××大厦</td><td>编　号</td><td>0001</td></tr>
<tr><td>填表日期</td><td>2011.5.10</td></tr>
<tr><td>评价阶段</td><td colspan="4">地基基础阶段</td></tr>
<tr><td>评价要素</td><td colspan="2">评价得分</td><td>权重系数</td><td>实得分</td></tr>
<tr><td>环境保护</td><td colspan="2">87.5</td><td>0.3</td><td>26.3</td></tr>
<tr><td>节材与材料资源利用</td><td colspan="2">97.8</td><td>0.2</td><td>19.6</td></tr>
<tr><td>节水与水资源利用</td><td colspan="2">82.2</td><td>0.2</td><td>16.4</td></tr>
<tr><td>节能与能源利用</td><td colspan="2">84.2</td><td>0.2</td><td>16.8</td></tr>
<tr><td>节地与施工用地保护</td><td colspan="2">95</td><td>0.1</td><td>9.5</td></tr>
<tr><td>合计</td><td colspan="2"></td><td>1</td><td>88.6</td></tr>
<tr><td>评价结论</td><td colspan="4">1、控制项：符合要求
2、评价得分：88.6
3、优选项：10.5 分
4、评价要素“节水与水资源利用”的优选项指标只有 1 项加分
结论：合格</td></tr>
<tr><td rowspan="2">签字栏</td><td>建设单位</td><td colspan="2">监理单位</td><td>施工单位</td></tr>
<tr><td>单位盖章和代表签字处</td><td colspan="2">单位盖章和代表签字处</td><td>单位盖章和代表签字处</td></tr>
</table>

绿色施工阶段评价汇总表（一） **表 7-12**

<table>
<tr><td rowspan="2">工程名称</td><td colspan="2" rowspan="2">××××大厦</td><td>编　号</td><td>0001</td></tr>
<tr><td>填表日期</td><td>2011.5.10</td></tr>
<tr><td>评价阶段</td><td colspan="4">地基基础阶段</td></tr>
<tr><td>评价批次</td><td>批次得分</td><td>优选项得分</td><td colspan="2">等级</td></tr>
<tr><td>1</td><td>88.6</td><td>10.5</td><td colspan="2">合格</td></tr>
<tr><td>2</td><td></td><td></td><td colspan="2"></td></tr>
<tr><td>3</td><td></td><td></td><td colspan="2"></td></tr>
<tr><td>4</td><td></td><td></td><td colspan="2"></td></tr>
<tr><td>5</td><td></td><td></td><td colspan="2"></td></tr>
<tr><td>6</td><td></td><td></td><td colspan="2"></td></tr>
<tr><td>7</td><td></td><td></td><td colspan="2"></td></tr>
<tr><td>8</td><td></td><td></td><td colspan="2"></td></tr>
<tr><td>9</td><td></td><td></td><td colspan="2"></td></tr>
<tr><td>10</td><td></td><td></td><td colspan="2"></td></tr>
<tr><td>11</td><td></td><td></td><td colspan="2"></td></tr>
<tr><td>12</td><td></td><td></td><td colspan="2"></td></tr>
<tr><td>13</td><td></td><td></td><td colspan="2"></td></tr>
<tr><td>14</td><td></td><td></td><td colspan="2"></td></tr>
<tr><td>15</td><td></td><td></td><td colspan="2"></td></tr>
<tr><td>评价结论</td><td colspan="4">1、控制项：符合要求
2、批次得分：88.6
3、优选项得分：10.5
4、评价要素“节水与水资源利用”的优选项指标只有1项加分
结论：合格</td></tr>
</table>

<table>
<tr><td rowspan="2">签字栏</td><td>建设单位</td><td>监理单位</td><td>施工单位</td></tr>
<tr><td>单位盖章和代表签字处</td><td>单位盖章和代表签字处</td><td>单位盖章和代表签字处</td></tr>
</table>

注：阶段评价得分 G=Σ 批次评价得分 E/评价批次数。

绿色施工要素评价表（六） 表 7-13

<table>
<tr><td colspan="2">工程名称</td><td colspan="2" rowspan="2">××××大厦</td><td>编　号</td><td colspan="2">0002</td></tr>
<tr><td colspan="2"></td><td>填表日期</td><td colspan="2">2011.6.7</td></tr>
<tr><td colspan="2">施工单位</td><td colspan="2">××××建筑公司</td><td>施工阶段</td><td colspan="2">结构工程</td></tr>
<tr><td colspan="2">评价要素</td><td colspan="2">环境保护</td><td>施工部位</td><td colspan="2">地上二层</td></tr>
<tr><td rowspan="5">控制项</td><td colspan="3">标准编号及标准要求</td><td colspan="3">评价结论</td></tr>
<tr><td colspan="3">5.1.1 现场施工标牌应包括环境保护内容</td><td colspan="3">符合要求</td></tr>
<tr><td colspan="3">5.1.2 施工现场应在醒目位置设环境保护标识</td><td colspan="3">符合要求</td></tr>
<tr><td colspan="3">5.1.3 施工现场的文物古迹和古树名木应采取有效保护措施</td><td colspan="3">无此项</td></tr>
<tr><td colspan="3">5.1.4 现场食堂应有卫生许可证，炊事员应持有效健康证明</td><td colspan="3">符合要求</td></tr>
<tr><td rowspan="15">一般项</td><td colspan="2">标准编号及标准要求</td><td colspan="2">计分标准及检查情况</td><td>应得分</td><td>实得分</td></tr>
<tr><td colspan="2">5.2.1 资源保护
1 应保护场地四周原有地下水形态，减少抽取地下水</td><td colspan="2"></td><td>—</td><td>—</td></tr>
<tr><td colspan="2">2 危险品、化学品存放处及污物排放应采取隔离措施</td><td colspan="2">措施到位，满足考评指标要求</td><td>2</td><td>2</td></tr>
<tr><td colspan="2">5.2.2 人员健康（8）
施工作业区和生活办公区应分开布置，生活设施应远离有毒有害物质</td><td colspan="2">措施到位，满足考评指标要求</td><td>2</td><td>2</td></tr>
<tr><td colspan="2">生活区应有专人负责，应有消暑或保暖措施</td><td colspan="2">措施到位，满足考评指标要求</td><td>2</td><td>2</td></tr>
<tr><td colspan="2">现场工人劳动强度和工作时间应符合现行国家标准《体力劳动强度等级》GB 3869 的有关规定</td><td colspan="2">措施基本到位，部分满足考评指标要求</td><td>2</td><td>1</td></tr>
<tr><td colspan="2">从事有毒、有害、有刺激性气味和强光、强噪声施工的人员应佩戴与其相应的防护器具</td><td colspan="2">措施基本到位，部分满足考评指标要求</td><td>2</td><td>1</td></tr>
<tr><td colspan="2">深井、密闭环境、防水和室内装修施工应有自然通风或临时通风设施</td><td colspan="2"></td><td>—</td><td>—</td></tr>
<tr><td colspan="2">现场危险设备、地段、有毒物品存放地应配置醒目安全标志，施工应采取有效防毒、防污、防尘、防潮、通风等措施，应加强人员健康管理</td><td colspan="2">措施到位，满足考评指标要求</td><td>2</td><td>2</td></tr>
<tr><td colspan="2">厕所、卫生设施、排水沟及阴暗潮湿地带应定期消毒</td><td colspan="2">措施到位，满足考评指标要求</td><td>2</td><td>2</td></tr>
<tr><td colspan="2">食堂各类器具应清洁，个人卫生、操作行为应规范</td><td colspan="2">措施到位，满足考评指标要求</td><td>2</td><td>2</td></tr>
<tr><td colspan="2">5.2.3 扬尘控制（9）
现场应建立洒水清扫制度，配备洒水设备，并应有专人负责</td><td colspan="2">措施到位，满足考评指标要求</td><td>2</td><td>2</td></tr>
<tr><td colspan="2">对裸露地面、集中堆放的土方应采取抑尘措施</td><td colspan="2">措施到位，满足考评指标要求</td><td>2</td><td>2</td></tr>
<tr><td colspan="2">运送土方、渣土等易产生扬尘的车辆应采取封闭或遮盖措施</td><td colspan="2">措施到位，满足考评指标要求</td><td>2</td><td>2</td></tr>
<tr><td colspan="2">现场进出口应设冲洗池和吸湿垫，应保持进出现场车辆清洁</td><td colspan="2">措施基本到位，部分满足考评指标要求</td><td>2</td><td>1</td></tr>
</table>

续表

	标准编号及标准要求	计分标准及检查情况	应得分	实得分
一般项	易飞扬和细颗粒建筑材料应封闭存放，余料应及时回收	措施基本到位，部分满足考评指标要求	2	1
	易产生扬尘的施工作业应采取遮挡、抑尘等措施	措施不到位，不满足考评指标要求	2	0
	拆除爆破作业应有降尘措施	措施基本到位，部分满足考评指标要求	2	1
	高空垃圾清运应采用封闭式管道或垂直运输机械完成	措施到位，满足考评指标要求	2	2
	现场使用散装水泥、预拌砂浆应有密闭防尘措施	措施到位，满足考评指标要求	2	2
	5.2.4 废气排放控制（4） 进出场车辆及机械设备废气排放应符合国家年检要求	措施到位，满足考评指标要求	2	2
	不应使用煤作为现场生活的燃料	措施到位，满足考评指标要求	2	2
	电焊烟气的排放应符合现行国家标准《大气污染物综合排放标准》GB 16297 的规定		—	—
	不应在现场燃烧废弃物	措施到位，满足考评指标要求	2	2
	5.2.5 建筑垃圾处置（6） 建筑垃圾应分类收集、集中堆放	措施到位，满足考评指标要求	2	2
	废电池、废墨盒等有毒有害的废弃物应封闭回收，不应混放	措施到位，满足考评指标要求	2	2
	有毒有害废物分类率应达到 100%	措施到位，满足考评指标要求	2	2
	垃圾桶应分为可回收与不可回收利用两类，应定期清运	措施到位，满足考评指标要求	2	2
	建筑垃圾回收利用率应达到 30%	措施到位，满足考评指标要求	2	2
	碎石和土石方类等应用作地基和路基回填材料	措施到位，满足考评指标要求	2	2
	5.2.6 污水排放（5） 现场道路和材料堆放场地周边应设排水沟	措施基本到位，部分满足考评指标要求	2	1
	工程污水和试验室养护用水应经处理达标后排入市政污水管道	措施不到位，不满足考评指标要求	2	0
	现场厕所应设置化粪池，化粪池应定期清理	措施到位，满足考评指标要求	2	2
	工地厨房应设隔油池，应定期清理	措施到位，满足考评指标要求	2	2
	雨水、污水应分流排放	措施不到位，不满足考评指标要求	2	0
	5.2.7 光污染（2） 夜间焊接作业时，应采取挡光措施	措施到位，满足考评指标要求	2	2

续表

	标准编号及标准要求	计分标准及检查情况	应得分	实得分
一般项	工地设置大型照明灯具时，应有防止强光线外泄的措施	措施到位，满足考评指标要求	2	2
	5.2.8 噪声控制（5） 应采用先进机械、低噪声设备进行施工，机械、设备应定期保养维护	措施到位，满足考评指标要求	2	2
	产生噪声较大的机械设备，应尽量远离施工现场办公区、生活区和周边住宅区	措施到位，满足考评指标要求	2	2
	混凝土输送泵、电锯房等应设有吸音降噪屏或其他降噪措施	措施到位，满足考评指标要求	2	2
	夜间施工噪音声强值应符合国家有关规定	措施到位，满足考评指标要求	2	2
	吊装作业指挥应使用对讲机传达指令	措施到位，满足考评指标要求	2	2
	5.2.9 施工现场应设置连续、密闭能有效隔绝各类污染的围挡	措施到位，满足考评指标要求	2	2
	5.2.10 施工中，开挖土方应合理回填利用		—	—
优选项	5.3.1 施工作业面应设置隔音设施	措施基本到位，部分满足考评要求		0.5
	5.3.2 现场应设置可移动环保厕所，并应定期清运、消毒		—	—
	5.3.3 现场应设噪声监测点，并应实施动态监测	措施到位，满足考评指标要求		1
	5.3.4 现场应有医务室，人员健康应急预案应完善		—	—
	5.3.5 施工应采取基坑封闭降水措施		—	—
	5.3.6 现场应采用喷雾设备降尘		—	—
	5.3.7 建筑垃圾回收利用率应达到 50%	措施到位，满足考评指标要求		1
	5.3.8 工程污水应采取去泥沙、除油污、分解有机物、沉淀过滤、酸碱中和等处理方式，实现达标排放		—	—
评价得分	控制项符合要求 一般项折算得分：(66/78)×100%=84.6 分 优选项加分：2.5 分 要素得分：87.1 分			
签字栏	建设单位代表签字	监理单位代表签字	施工单位代表签字	

绿色施工要素评价表（七） 表 7-14

<table>
<tr><td colspan="2" rowspan="2">工程名称</td><td colspan="2" rowspan="2">××××大厦</td><td>编　号</td><td colspan="2">0002</td></tr>
<tr><td>填表日期</td><td colspan="2">2011.6.7</td></tr>
<tr><td colspan="2">施工单位</td><td colspan="2">××××建筑公司</td><td>施工阶段</td><td colspan="2">结构工程</td></tr>
<tr><td colspan="2">评价要素</td><td colspan="2">节材与材料资源利用</td><td>施工部位</td><td colspan="2">地上二层</td></tr>
<tr><td rowspan="3">控制项</td><td colspan="4">标准编号及标准要求</td><td colspan="2">评价结论</td></tr>
<tr><td colspan="4">6.1.1 应根据就地取材的原则进行材料选择并有实施记录</td><td colspan="2">符合要求</td></tr>
<tr><td colspan="4">6.1.2 应有健全的机械保养、限额领料、建筑垃圾再生利用等制度</td><td colspan="2">符合要求</td></tr>
<tr><td rowspan="11">一般项</td><td colspan="2">标准编号及标准要求</td><td colspan="2">检查情况</td><td>应得分</td><td>实得分</td></tr>
<tr><td colspan="2">6.2.1 材料的选择（3）
1 施工应选用绿色、环保材料</td><td colspan="2">措施基本到位，部分满足指标要求</td><td>2</td><td>1</td></tr>
<tr><td colspan="2">2 临建设施应采用可拆迁、可回收材料</td><td colspan="2">措施到位，满足指标要求</td><td>2</td><td>2</td></tr>
<tr><td colspan="2">3 应利用粉煤灰、矿渣、外加剂等新材料降低混凝土和砂浆中的水泥用量；粉煤灰、矿渣、外加剂等新材料掺量应按供货单位推荐掺量、使用要求、施工条件、原材料等因素通过试验确定</td><td colspan="2">现场使用商品混凝土，干粉砂浆</td><td>2</td><td>2</td></tr>
<tr><td colspan="2">6.2.2 材料节约（7）
1 应采用管件合一的脚手架和支撑体系</td><td colspan="2">措施到位，满足指标要求</td><td>2</td><td>2</td></tr>
<tr><td colspan="2">2 应采用工具式模板和新型模板材料，如铝合金、塑料、玻璃钢和其他可再生材质的大模板和钢框镶边模板</td><td colspan="2">措施到位，满足指标要求</td><td>2</td><td>2</td></tr>
<tr><td colspan="2">3 材料运输方法应科学，应降低运输损耗率</td><td colspan="2">措施到位，满足指标要求</td><td>2</td><td>2</td></tr>
<tr><td colspan="2">4 应优化线材下料方案</td><td colspan="2"></td><td>—</td><td>—</td></tr>
<tr><td colspan="2">5 面材、块材镶贴，应做到预先总体排版</td><td colspan="2"></td><td>—</td><td>—</td></tr>
<tr><td colspan="2">6 应因地制宜，采用利于降低材料消耗的四新技术</td><td colspan="2">措施到位，满足指标要求</td><td>2</td><td>2</td></tr>
<tr><td colspan="2">7 应提高模板、脚手架体系的周转率</td><td colspan="2">措施到位，满足指标要求</td><td>2</td><td>2</td></tr>
</table>

续表

	标准编号及标准要求	检查情况	应得分	实得分
一般项	6.2.3 资源再生利用（4）建筑余料应合理使用	措施到位，满足指标要求	2	2
	板材、块材等下脚料和撒落混凝土及砂浆应科学利用	措施到位，满足指标要求	2	2
	临建设施应充分利用既有建筑物、市政设施和周边道路	措施到位，满足指标要求	2	2
	现场办公用纸应分类摆放，纸张应两面使用，废纸应回收	措施到位，满足指标要求	2	2
优选项	6.3.1 应编制材料计划，应合理使用材料	措施到位，满足指标要求	—	1
	6.3.2 应采用建筑配件整体化或建筑构件装配化安装的施工方法		—	—
	6.3.3 主体结构施工应选择自动提升、顶升模架或工作平台		—	—
	6.3.4 建筑材料包装物回收率应达到100％	措施到位，满足指标要求	—	1
	6.3.5 现场应使用预拌砂浆	措施到位，满足指标要求	—	1
	6.3.6 水平承重模板应采用早拆支撑体系		—	—
	6.3.7 现场临建设施、安全防护设施应定型化、工具化、标准化		—	—
评价得分	控制项符合要求。 一般项折算得分：(23/24)×100％＝95.8分 优选项加分：2分 要素得分：97.8分			
签字栏	建设单位代表签字	监理单位代表签字	施工单位代表签字	

绿色施工要素评价表（八）　　表 7-15

<table>
<tr><td rowspan="2">工程名称</td><td rowspan="2" colspan="2">××××大厦</td><td>编　号</td><td>0002</td></tr>
<tr><td>填表日期</td><td>2011.6.7</td></tr>
<tr><td>施工单位</td><td colspan="2">××××建筑公司</td><td>施工阶段</td><td>结构工程</td></tr>
<tr><td>评价要素</td><td colspan="2">节水与水资源利用</td><td>施工部位</td><td>地上二层</td></tr>
<tr><td rowspan="3">控制项</td><td colspan="3">标准编号及标准要求</td><td>评价结论</td></tr>
<tr><td colspan="3">7.1.1 签订标段分包或劳务合同时，应将节水指标纳入合同条款</td><td>符合要求</td></tr>
<tr><td colspan="3">7.1.2 应有计量考核记录</td><td>符合要求</td></tr>
<tr><td rowspan="10">一般项</td><td>标准编号及标准要求</td><td>检查情况</td><td>应得分</td><td>实得分</td></tr>
<tr><td>7.2.1 节约用水（7）
1 应根据工程特点，制定用水定额</td><td>措施到位，满足指标要求</td><td>2</td><td>2</td></tr>
<tr><td>2 施工现场供、排水系统应合理适用</td><td>措施到位，满足指标要求</td><td>2</td><td>2</td></tr>
<tr><td>3 施工现场办公区、生活区的生活用水应采用节水器具，节水器具配置率应达到 100%</td><td>措施到位，满足指标要求</td><td>2</td><td>2</td></tr>
<tr><td>4 施工现场的生活用水与工程用水应分别计量</td><td>措施到位，满足指标要求</td><td>2</td><td>2</td></tr>
<tr><td>5 施工中应采用先进的节水施工工艺</td><td>措施基本到位，部分满足指标要求</td><td>2</td><td>1</td></tr>
<tr><td>6 混凝土养护和砂浆搅拌用水应合理，应有节水措施</td><td>措施基本到位，部分满足指标要求</td><td>2</td><td>1</td></tr>
<tr><td>7 管网和用水器具不应有渗漏</td><td>措施基本到位，部分满足指标要求</td><td>2</td><td>1</td></tr>
<tr><td>7.2.2 水资源的利用（2）
1 基坑降水应储存使用</td><td>—</td><td>—</td><td>—</td></tr>
<tr><td>2 冲洗现场机具、设备、车辆用水，应设立循环用水装置</td><td>措施到位，满足指标要求</td><td>2</td><td>2</td></tr>
<tr><td rowspan="5">优选项</td><td>7.3.1 施工现场应建立基坑降水再利用的收集处理系统</td><td></td><td>—</td><td>—</td></tr>
<tr><td>7.3.2 施工现场应有雨水收集利用的设施</td><td></td><td>—</td><td>—</td></tr>
<tr><td>7.3.3 喷洒路面、绿化浇灌不应用自来水</td><td>措施到位，满足指标要求</td><td>—</td><td>1</td></tr>
<tr><td>7.3.4 生活、生产污水应处理并使用</td><td></td><td>—</td><td>—</td></tr>
<tr><td>7.3.5 现场应使用经检验合格的非传统水源</td><td></td><td>—</td><td>—</td></tr>
<tr><td>评价得分</td><td colspan="4">控制项符合要求。
一般项折算得分：(13/16)×100%=81.2 分
优选项加分：2 分
要素得分：83.2 分</td></tr>
<tr><td rowspan="2">签字栏</td><td>建设单位代表签字</td><td>监理单位代表签字</td><td colspan="2">施工单位代表签字</td></tr>
<tr><td></td><td></td><td colspan="2"></td></tr>
</table>

绿色施工要素评价表（九） 表 7-16

<table>
<tr><td colspan="2" rowspan="2">工程名称</td><td colspan="2" rowspan="2">××××大厦</td><td>编　号</td><td colspan="2">0002</td></tr>
<tr><td>填表日期</td><td colspan="2">2011.6.7</td></tr>
<tr><td colspan="2">施工单位</td><td colspan="2">××××建筑公司</td><td>施工阶段</td><td colspan="2">结构工程</td></tr>
<tr><td colspan="2">评价要素</td><td colspan="2">节能与能源利用</td><td>施工部位</td><td colspan="2">地上二层</td></tr>
<tr><td rowspan="4">控制项</td><td colspan="4">标准编号及标准要求</td><td colspan="2">评价结论</td></tr>
<tr><td colspan="4">8.1.1 对施工现场的生产、生活、办公和主要耗能施工设备应设有节能的控制措施</td><td colspan="2">符合要求</td></tr>
<tr><td colspan="4">8.1.2 对主要耗能施工设备应定期进行耗能计量核算</td><td colspan="2">符合要求</td></tr>
<tr><td colspan="4">8.1.3 不应使用国家、行业、地方政府明令淘汰的施工设备、机具和产品</td><td colspan="2">符合要求</td></tr>
<tr><td rowspan="10">一般项</td><td colspan="2">标准编号及标准要求</td><td colspan="2">检查情况</td><td>应得分</td><td>实得分</td></tr>
<tr><td colspan="2">8.2.1 临时用电设施（3）
应采用节能型设施</td><td colspan="2">措施基本到位，部分满足指标要求</td><td>2</td><td>1</td></tr>
<tr><td colspan="2">临时用电应设置合理，管理制度应齐全并应落实到位</td><td colspan="2">措施到位，满足指标要求</td><td>2</td><td>2</td></tr>
<tr><td colspan="2">现场照明设计应符合现行行业标准《施工现场临时用电安全技术规范》JGJ 46 的规定</td><td colspan="2">措施到位，满足指标要求</td><td>2</td><td>2</td></tr>
<tr><td colspan="2">8.2.2 机械设备（4）
应采用能源利用效率高的施工机械设备</td><td colspan="2">措施基本到位，部分满足指标要求</td><td>2</td><td>1</td></tr>
<tr><td colspan="2">施工机具资源应共享</td><td colspan="2">措施到位，满足指标要求</td><td>2</td><td>2</td></tr>
<tr><td colspan="2">应定期监控重点耗能设备的能源利用情况，并有记录</td><td colspan="2">措施不到位，不满足指标要求</td><td>2</td><td>0</td></tr>
<tr><td colspan="2">应建立设备技术档案，并应定期进行设备维护、保养</td><td colspan="2">措施基本到位，部分满足指标要求</td><td>2</td><td>1</td></tr>
<tr><td colspan="2">8.2.3 临时设施（2）
施工临时设施应结合日照和风向等自然条件，合理采用自然采光、通风和外窗遮阳设施</td><td colspan="2">措施到位，满足指标要求</td><td>2</td><td>2</td></tr>
<tr><td colspan="2">临时施工用房应使用热工性能达标的复合墙体和屋面板，顶棚宜采用吊顶</td><td colspan="2">措施到位，满足指标要求</td><td>2</td><td>2</td></tr>
</table>

续表

	标准编号及标准要求	检查情况	应得分	实得分
一般项	8.2.4 材料运输与施工（4） 建筑材料的选用应缩短运输距离，减少能源消耗	措施到位，满足指标要求	2	2
	应采用能耗少的施工工艺	措施到位，满足指标要求	2	2
	应合理安排施工工序和施工进度	措施到位，满足指标要求	2	2
	应尽量减少夜间作业和冬期施工的时间	措施到位，满足指标要求	2	2
优选项	8.3.1 应根据当地气候和自然资源条件，合理利用太阳能或其他可再生能源		—	—
	8.3.2 临时用电设备应采用自动控制装置	措施到位，满足指标要求	—	1
	8.3.3 应使用国家、行业推荐的节能、高效、环保的施工设备和机具	措施基本到位，部分满足指标要求	—	0.5
优选项	8.3.4 办公、生活和施工现场，采用节能照明灯具的数量应大于 80%	措施到位，满足指标要求	—	1
	8.3.5 办公、生活和施工现场用电应分别计量	措施到位，满足指标要求	—	1
评价得分	控制项符合要求。 一般项折算得分：(21/26)×100%=80.7 分 优选项加分：3.5 分 要素得分：84.2 分			
签字栏	建设单位代表签字	监理单位代表签字	施工单位代表签字	

绿色施工要素评价表（十） 表 7-17

工程名称	××××大厦		编　号	0002
			填表日期	2011.6.7
施工单位	××××建筑公司		施工阶段	结构工程
评价要素	节地与土地资源保护		施工部位	地上二层
控制项	标准编号及标准要求		评价结论	
	9.1.1 施工场地布置应合理并应实施动态管理		符合要求	
	9.1.2 施工临时用地应有审批用地手续		无此项	
	9.1.3 施工单位应充分了解施工现场及毗邻区域内人文景观保护要求、工程地质情况及基础设施管线分布情况，制订相应保护措施，并应报请相关方核准		无此项	
一般项	标准编号及标准要求	检查情况	应得分	实得分
	9.2.1 节约用地（5） 施工总平面布置应紧凑，并应尽量减少占地	措施到位，满足指标要求	2	2
	应在经批准的临时用地范围内组织施工	措施到位，满足指标要求	2	2
	应根据现场条件，合理设计场内交通道路	措施到位，满足指标要求	2	2
	施工现场临时道路布置应与原有及永久道路兼顾考虑，并应充分利用拟建道路为施工服务	措施到位，满足指标要求	2	2
	应采用商品混凝土	措施到位，满足指标要求	2	2
	9.2.2 保护用地（5） 应采取防止水土流失的措施	措施到位，满足指标要求	2	2
	应充分利用山地、荒地作为取、弃土场的用地		—	—
	施工后应恢复植被		—	—
	应对深基坑施工方案进行优化，并应减少土方开挖和回填量，保护用地		—	—
	在生态脆弱的地区施工完成后，应进行地貌复原		—	—
优选项	9.3.1 临时办公和生活用房应采用结构可靠的多层轻钢活动板房、钢骨架多层水泥活动板房等可重复使用的装配式结构	措施到位，满足指标要求	—	1
	9.3.2 对施工中发现的地下文物资源，应进行有效保护，处理措施恰当		—	—
	9.3.3 地下水位控制应对相邻地表和建筑物无有害影响		—	—
	9.3.4 钢筋加工应配送化，构件制作应工厂化		—	—
	9.3.5 施工总平面布置应能充分利用和保护原有建筑物、构筑物、道路和管线等，职工宿舍应满足 $2m^2$/人的使用面积要求	措施到位，满足指标要求	—	1
评价得分	控制项符合要求。 一般项折算得分：100 分 优选项加分：2 分 要素得分：102 分			
签字栏	建设单位代表签字	监理单位代表签字	施工单位代表签字	

绿色施工第一批次评价汇总表（二） 表 7-18

工程名称	××××大厦	编　号	0002
		填表日期	2011.6.7
评价阶段	结构工程		
评价要素	评价得分	权重系数	实得分
环境保护	87.1	0.3	26.1
节材与材料资源利用	97.8	0.2	19.6
节水与水资源利用	83.2	0.2	16.6
节能与能源利用	84.2	0.2	16.8
节地与施工用地保护	102	0.1	10.2
合计		1	89.3
评价结论	1、控制项：符合要求 2、评价得分：89.3 分 3、优选项：12 分 结论：优良		
签字栏	建设单位	监理单位	施工单位
	单位盖章和代表签字处	单位盖章和代表签字处	单位盖章和代表签字处

绿色施工第二批次评价汇总表 表 7-19

<table>
<tr><td rowspan="2">工程名称</td><td rowspan="2" colspan="2">××××大厦</td><td>编　号</td><td>0003</td></tr>
<tr><td>填表日期</td><td>2011.6.27</td></tr>
<tr><td>评价阶段</td><td colspan="4">结构工程</td></tr>
<tr><td>评价要素</td><td colspan="2">评价得分</td><td>权重系数</td><td>实得分</td></tr>
<tr><td>环境保护</td><td colspan="2">87.1</td><td>0.3</td><td>26.1</td></tr>
<tr><td>节材与材料资源利用</td><td colspan="2">97.8</td><td>0.2</td><td>19.6</td></tr>
<tr><td>节水与水资源利用</td><td colspan="2">82.2</td><td>0.2</td><td>16.4</td></tr>
<tr><td>节能与能源利用</td><td colspan="2">88.1</td><td>0.2</td><td>17.6</td></tr>
<tr><td>节地与施工用地保护</td><td colspan="2">102</td><td>0.1</td><td>10.2</td></tr>
<tr><td>合计</td><td colspan="2"></td><td>1</td><td>89.9</td></tr>
<tr><td>评价结论</td><td colspan="4">1、控制项：符合要求
2、评价得分：89.9 分
3、优选项：11 分
结论：优良</td></tr>
<tr><td rowspan="2">签字栏</td><td>建设单位</td><td colspan="2">监理单位</td><td>施工单位</td></tr>
<tr><td>单位盖章和代表签字处</td><td colspan="2">单位盖章和代表签字处</td><td>单位盖章和代表签字处</td></tr>
</table>

绿色施工阶段评价汇总表（二）　　表 7-20

<table>
<tr><td rowspan="2">工程名称</td><td rowspan="2" colspan="2">××××大厦</td><td>编　号</td><td>0003</td></tr>
<tr><td>填表日期</td><td>2011.6.27</td></tr>
<tr><td>评价阶段</td><td colspan="4">结构工程</td></tr>
<tr><td>评价批次</td><td>批次得分</td><td colspan="2">优选项得分</td><td>等级</td></tr>
<tr><td>1</td><td>89.3</td><td colspan="2">12</td><td>优良</td></tr>
<tr><td>2</td><td>89.9</td><td colspan="2">11</td><td>优良</td></tr>
<tr><td>3</td><td></td><td colspan="2"></td><td></td></tr>
<tr><td>4</td><td></td><td colspan="2"></td><td></td></tr>
<tr><td>5</td><td></td><td colspan="2"></td><td></td></tr>
<tr><td>6</td><td></td><td colspan="2"></td><td></td></tr>
<tr><td>7</td><td></td><td colspan="2"></td><td></td></tr>
<tr><td>8</td><td></td><td colspan="2"></td><td></td></tr>
<tr><td>9</td><td></td><td colspan="2"></td><td></td></tr>
<tr><td>10</td><td></td><td colspan="2"></td><td></td></tr>
<tr><td>11</td><td></td><td colspan="2"></td><td></td></tr>
<tr><td>12</td><td></td><td colspan="2"></td><td></td></tr>
<tr><td>13</td><td></td><td colspan="2"></td><td></td></tr>
<tr><td>14</td><td></td><td colspan="2"></td><td></td></tr>
<tr><td>15</td><td></td><td colspan="2"></td><td></td></tr>
<tr><td>评价结论</td><td colspan="4">1、控制项：符合要求
2、批次得分：89.6 分
3、优选项得分：11.5 分
结论：优良</td></tr>
</table>

<table>
<tr><td rowspan="2">签字栏</td><td>建设单位</td><td>监理单位</td><td>施工单位</td></tr>
<tr><td>单位盖章和代表签字处</td><td>单位盖章和代表签字处</td><td>单位盖章和代表签字处</td></tr>
</table>

注：阶段评价得分 G=Σ 批次评价得分 E/评价批次数。

绿色施工要素评价表（十一） 表 7-21

<table>
<tr><td rowspan="2">工程名称</td><td colspan="2" rowspan="2">××××大厦</td><td>编　号</td><td>0004</td></tr>
<tr><td>填表日期</td><td>2011.7.20</td></tr>
<tr><td>施工单位</td><td colspan="2">××××建筑公司</td><td>施工阶段</td><td>装饰装修与机电安装工程</td></tr>
<tr><td>评价要素</td><td colspan="2">环境保护</td><td>施工部位</td><td></td></tr>
<tr><td rowspan="5">控制项</td><td colspan="2">标准编号及标准要求</td><td colspan="2">评价结论</td></tr>
<tr><td colspan="2">5.1.1 现场施工标牌应包括环境保护内容</td><td colspan="2">符合要求</td></tr>
<tr><td colspan="2">5.1.2 施工现场应在醒目位置设环境保护标识</td><td colspan="2">符合要求</td></tr>
<tr><td colspan="2">5.1.3 施工现场的文物古迹和古树名木应采取有效保护措施</td><td colspan="2">无此项</td></tr>
<tr><td colspan="2">5.1.4 现场食堂应有卫生许可证，炊事员应持有效健康证明</td><td colspan="2">符合要求</td></tr>
<tr><td rowspan="15">一般项</td><td>标准编号及标准要求</td><td>计分标准及检查情况</td><td>应得分</td><td>实得分</td></tr>
<tr><td>5.2.1 资源保护
1 应保护场地四周原有地下水形态，减少抽取地下水</td><td></td><td>—</td><td>—</td></tr>
<tr><td>2 危险品、化学品存放处及污物排放应采取隔离措施</td><td>措施到位，满足考评指标要求</td><td>2</td><td>2</td></tr>
<tr><td>5.2.2 人员健康（8）
施工作业区和生活办公区应分开布置，生活设施应远离有毒有害物质</td><td>措施到位，满足考评指标要求</td><td>2</td><td>2</td></tr>
<tr><td>生活区应有专人负责，应有消暑或保暖措施</td><td>措施到位，满足考评指标要求</td><td>2</td><td>2</td></tr>
<tr><td>现场工人劳动强度和工作时间应符合现行国家标准《体力劳动强度等级》GB 3869 的有关规定</td><td>措施基本到位，部分满足考评指标要求</td><td>2</td><td>1</td></tr>
<tr><td>从事有毒、有害、有刺激性气味和强光、强噪声施工的人员应佩戴与其相应的防护器具</td><td>措施基本到位，部分满足考评指标要求</td><td>2</td><td>1</td></tr>
<tr><td>深井、密闭环境、防水和室内装修施工应有自然通风或临时通风设施</td><td></td><td>—</td><td>—</td></tr>
<tr><td>现场危险设备、地段、有毒物品存放地应配置醒目安全标志，施工应采取有效防毒、防污、防尘、防潮、通风等措施，应加强人员健康管理</td><td>措施到位，满足考评指标要求</td><td>2</td><td>2</td></tr>
<tr><td>厕所、卫生设施、排水沟及阴暗潮湿地带应定期消毒</td><td>措施到位，满足考评指标要求</td><td>2</td><td>2</td></tr>
<tr><td>食堂各类器具应清洁，个人卫生、操作行为应规范</td><td>措施到位，满足考评指标要求</td><td>2</td><td>2</td></tr>
<tr><td>5.2.3 扬尘控制（9）
现场应建立洒水清扫制度，配备洒水设备，并应有专人负责</td><td>措施到位，满足考评指标要求</td><td>2</td><td>2</td></tr>
<tr><td>对裸露地面、集中堆放的土方应采取抑尘措施</td><td>措施到位，满足考评指标要求</td><td>2</td><td>2</td></tr>
<tr><td>运送土方、渣土等易产生扬尘的车辆应采取封闭或遮盖措施</td><td>措施到位，满足考评指标要求</td><td>2</td><td>2</td></tr>
<tr><td>现场进出口应设冲洗池和吸湿垫，应保持进出现场车辆清洁</td><td>措施基本到位，部分满足考评指标要求</td><td>2</td><td>1</td></tr>
</table>

续表

	标准编号及标准要求	计分标准及检查情况	应得分	实得分
一般项	易飞扬和细颗粒建筑材料应封闭存放，余料应及时回收	措施基本到位，部分满足考评指标要求	2	1
	易产生扬尘的施工作业应采取遮挡、抑尘等措施	措施不到位，不满足考评指标要求	2	0
	拆除爆破作业应有降尘措施		—	—
	高空垃圾清运应采用封闭式管道或垂直运输机械完成	措施到位，满足考评指标要求	2	2
	现场使用散装水泥、预拌砂浆应有密闭防尘措施	措施到位，满足考评指标要求	2	2
	5.2.4 废气排放控制（4） 进出场车辆及机械设备废气排放应符合国家年检要求	措施到位，满足考评指标要求	2	2
	不应使用煤作为现场生活的燃料	措施到位，满足考评指标要求	2	2
	电焊烟气的排放应符合现行国家标准《大气污染物综合排放标准》GB 16297 的规定		—	—
	不应在现场燃烧废弃物	措施到位，满足考评指标要求	2	2
	5.2.5 建筑垃圾处置（6） 建筑垃圾应分类收集、集中堆放	措施到位，满足考评指标要求	2	2
	废电池、废墨盒等有毒有害的废弃物应封闭回收，不应混放	措施到位，满足考评指标要求	2	2
	有毒有害废物分类率应达到 100%	措施到位，满足考评指标要求	2	2
	垃圾桶应分为可回收与不可回收利用两类，应定期清运	措施到位，满足考评指标要求	2	2
	建筑垃圾回收利用率应达到 30%	措施到位，满足考评指标要求	2	2
	碎石和土石方类等应用作地基和路基回填材料	措施到位，满足考评指标要求	2	2
	5.2.6 污水排放（5） 现场道路和材料堆放场地周边应设排水沟	措施基本到位，部分满足考评指标要求	2	1
	工程污水和试验室养护用水应经处理达标后排入市政污水管道	措施不到位，不满足考评指标要求	2	0
	现场厕所应设置化粪池，化粪池应定期清理	措施到位，满足考评指标要求	2	2
	工地厨房应设隔油池，应定期清理	措施到位，满足考评指标要求	2	2
	雨水、污水应分流排放	措施不到位，不满足考评指标要求	2	0
	5.2.7 光污染（2） 夜间焊接作业时，应采取挡光措施	措施到位，满足考评指标要求	2	2
	工地设置大型照明灯具时，应有防止强光线外泄的措施	措施到位，满足考评指标要求	2	2

续表

	标准编号及标准要求	计分标准及检查情况	应得分	实得分
一般项	5.2.8 噪声控制（5） 应采用先进机械、低噪声设备进行施工，机械、设备应定期保养维护	措施到位，满足指标要求	2	2
	产生噪声较大的机械设备，应尽量远离施工现场办公区、生活区和周边住宅区	措施到位，满足指标要求	2	2
	混凝土输送泵、电锯房等应设有吸声降噪屏或其他降噪措施		—	—
	夜间施工噪声声强值应符合国家有关规定	措施到位，满足指标要求	2	2
	吊装作业指挥应使用对讲机传达指令	措施到位，满足指标要求	2	2
	5.2.9 施工现场应设置连续、密闭能有效隔绝各类污染的围挡	措施到位，满足指标要求	2	2
	5.2.10 施工中，开挖土方应合理回填利用		—	—
优选项	5.3.1 施工作业面应设置隔声设施	措施基本到位，部分满足考评要求		0.5
	5.3.2 现场应设置可移动环保厕所，并应定期清运、消毒		—	—
	5.3.3 现场应设噪声监测点，并应实施动态监测	措施到位，满足考评指标要求		1
	5.3.4 现场应有医务室，人员健康应急预案应完善		—	—
	5.3.5 施工应采取基坑封闭降水措施		—	—
	5.3.6 现场应采用喷雾设备降尘		—	—
	5.3.7 建筑垃圾回收利用率应达到50%	措施到位，满足考评指标要求		1
	5.3.8 工程污水应采取去泥沙、除油污、分解有机物、沉淀过滤、酸碱中和等处理方式，实现达标排放		—	—
评价得分	控制项符合要求 一般项折算得分：(63/74)×100%=85.1分 优选项加分：2.5分 要素得分：87.6分			
签字栏	建设单位代表签字	监理单位代表签字	施工单位代表签字	

绿色施工要素评价表（十二） **表 7-22**

<table>
<tr><td colspan="2" rowspan="2">工程名称</td><td rowspan="2" colspan="2">××××大厦</td><td>编　号</td><td colspan="2">0004</td></tr>
<tr><td>填表日期</td><td colspan="2">2011.7.20</td></tr>
<tr><td colspan="2">施工单位</td><td colspan="2">××××建筑公司</td><td>施工阶段</td><td colspan="2">装饰装修与机电安装工程</td></tr>
<tr><td colspan="2">评价要素</td><td colspan="2">节材与材料资源利用</td><td>施工部位</td><td colspan="2"></td></tr>
<tr><td rowspan="3">控制项</td><td colspan="4">标准编号及标准要求</td><td colspan="2">评价结论</td></tr>
<tr><td colspan="4">6.1.1 应根据就地取材的原则进行材料选择并有实施记录</td><td colspan="2">符合要求</td></tr>
<tr><td colspan="4">6.1.2 应有健全的机械保养、限额领料、建筑垃圾再生利用等制度</td><td colspan="2">符合要求</td></tr>
<tr><td rowspan="10">一般项</td><td colspan="2">标准编号及标准要求</td><td colspan="2">检查情况</td><td>应得分</td><td>实得分</td></tr>
<tr><td colspan="2">6.2.1 材料的选择（3）
1 施工应选用绿色、环保材料</td><td colspan="2">措施基本到位，部分满足指标要求</td><td>2</td><td>1</td></tr>
<tr><td colspan="2">2 临建设施应采用可拆迁、可回收材料</td><td colspan="2">措施到位，满足指标要求</td><td>2</td><td>2</td></tr>
<tr><td colspan="2">3 应利用粉煤灰、矿渣、外加剂等新材料降低混凝土和砂浆中的水泥用量；粉煤灰、矿渣、外加剂等新材料掺量应按供货单位推荐掺量、使用要求、施工条件、原材料等因素通过试验确定</td><td colspan="2">现场使用商品混凝土，干粉砂浆</td><td>2</td><td>2</td></tr>
<tr><td colspan="2">6.2.2 材料节约（7）
1 应采用管件合一的脚手架和支撑体系</td><td colspan="2"></td><td>—</td><td>—</td></tr>
<tr><td colspan="2">2 应采用工具式模板和新型模板材料，如铝合金、塑料、玻璃钢和其他可再生材质的大模板和钢框镶边模板</td><td colspan="2"></td><td>—</td><td>—</td></tr>
<tr><td colspan="2">3 材料运输方法应科学，应降低运输损耗率</td><td colspan="2">措施到位，满足指标要求</td><td>2</td><td>2</td></tr>
<tr><td colspan="2">4 应优化线材下料方案</td><td colspan="2">措施到位，满足指标要求</td><td>2</td><td>2</td></tr>
<tr><td colspan="2">5 面材、块材镶贴，应做到预先总体排版</td><td colspan="2">措施到位，满足指标要求</td><td>2</td><td>2</td></tr>
<tr><td colspan="2">6 应因地制宜，采用利于降低材料消耗的四新技术</td><td colspan="2">措施到位，满足指标要求</td><td>2</td><td>2</td></tr>
</table>

续表

<table>
<tr><td rowspan="7">一般项</td><td>标准编号及标准要求</td><td>检查情况</td><td>应得分</td><td>实得分</td></tr>
<tr><td>7 应提高模板、脚手架体系的周转率</td><td></td><td>—</td><td>—</td></tr>
<tr><td>6.2.3 资源再生利用（4）建筑余料应合理使用</td><td>措施到位，满足指标要求</td><td>2</td><td>2</td></tr>
<tr><td>板材、块材等下脚料和撒落混凝土及砂浆应科学利用</td><td>措施到位，满足指标要求</td><td>2</td><td>2</td></tr>
<tr><td>临建设施应充分利用既有建筑物、市政设施和周边道路</td><td>措施到位，满足指标要求</td><td>2</td><td>2</td></tr>
<tr><td>现场办公用纸应分类摆放，纸张应两面使用，废纸应回收</td><td>措施到位，满足指标要求</td><td>2</td><td>2</td></tr>
<tr><td colspan="4"></td></tr>
<tr><td rowspan="3">优选项</td><td>6.3.1 应编制材料计划，应合理使用材料</td><td>措施到位，满足指标要求</td><td>—</td><td>1</td></tr>
<tr><td>6.3.2 应采用建筑配件整体化或建筑构件装配化安装的施工方法</td><td></td><td>—</td><td>—</td></tr>
<tr><td>6.3.3 主体结构施工应选择自动提升、顶升模架或工作平台</td><td></td><td>—</td><td>—</td></tr>
<tr><td rowspan="4">优选项</td><td>6.3.4 建筑材料包装物回收率应达到100%</td><td>措施到位，满足指标要求</td><td>—</td><td>1</td></tr>
<tr><td>6.3.5 现场应使用预拌砂浆</td><td>措施到位，满足指标要求</td><td>—</td><td>1</td></tr>
<tr><td>6.3.6 水平承重模板应采用早拆支撑体系</td><td></td><td>—</td><td>—</td></tr>
<tr><td>6.3.7 现场临建设施、安全防护设施应定型化、工具化、标准化</td><td></td><td>—</td><td>—</td></tr>
<tr><td>评价得分</td><td colspan="4">控制项符合要求。
一般项折算得分：(21/22)×100%=95.5 分
优选项加分：2 分
要素得分：97.5 分</td></tr>
<tr><td rowspan="2">签字栏</td><td>建设单位代表签字</td><td>监理单位代表签字</td><td colspan="2">施工单位代表签字</td></tr>
<tr><td></td><td></td><td colspan="2"></td></tr>
</table>

绿色施工要素评价表（十三） 表7-23

<table>
<tr><td colspan="2" rowspan="2">工程名称</td><td colspan="2" rowspan="2">××××大厦</td><td>编　号</td><td colspan="2">0004</td></tr>
<tr><td>填表日期</td><td colspan="2">2011.7.20</td></tr>
<tr><td colspan="2">施工单位</td><td colspan="2">××××建筑公司</td><td>施工阶段</td><td colspan="2">装饰装修与机电安装工程</td></tr>
<tr><td colspan="2">评价要素</td><td colspan="2">节水与水资源利用</td><td>施工部位</td><td colspan="2"></td></tr>
<tr><td rowspan="3">控制项</td><td colspan="4">标准编号及标准要求</td><td colspan="2">评价结论</td></tr>
<tr><td colspan="4">7.1.1 签订标段分包或劳务合同时，应将节水指标纳入合同条款</td><td colspan="2">符合要求</td></tr>
<tr><td colspan="4">7.1.2 应有计量考核记录</td><td colspan="2">符合要求</td></tr>
<tr><td rowspan="10">一般项</td><td colspan="2">标准编号及标准要求</td><td colspan="2">检查情况</td><td>应得分</td><td>实得分</td></tr>
<tr><td colspan="2">7.2.1 节约用水（7）
1 应根据工程特点，制定用水定额</td><td colspan="2">措施到位，满足指标要求</td><td>2</td><td>2</td></tr>
<tr><td colspan="2">2 施工现场供、排水系统应合理适用</td><td colspan="2">措施到位，满足指标要求</td><td>2</td><td>2</td></tr>
<tr><td colspan="2">3 施工现场办公区、生活区的生活用水应采用节水器具，节水器具配置率应达到100%</td><td colspan="2">措施到位，满足指标要求</td><td>2</td><td>2</td></tr>
<tr><td colspan="2">4 施工现场的生活用水与工程用水应分别计量</td><td colspan="2">措施到位，满足指标要求</td><td>2</td><td>2</td></tr>
<tr><td colspan="2">5 施工中应采用先进的节水施工工艺</td><td colspan="2">措施基本到位，部分满足指标要求</td><td>2</td><td>1</td></tr>
<tr><td colspan="2">6 混凝土养护和砂浆搅拌用水应合理，应有节水措施</td><td colspan="2"></td><td>—</td><td>—</td></tr>
<tr><td colspan="2">7 管网和用水器具不应有渗漏</td><td colspan="2">措施基本到位，部分满足指标要求</td><td>2</td><td>1</td></tr>
<tr><td colspan="2">7.2.2 水资源的利用（2）
1 基坑降水应储存使用</td><td colspan="2">—</td><td>—</td><td>—</td></tr>
<tr><td colspan="2">2 冲洗现场机具、设备、车辆用水，应设立循环用水装置</td><td colspan="2">措施到位，满足指标要求</td><td>2</td><td>2</td></tr>
<tr><td rowspan="5">优选项</td><td colspan="2">7.3.1 施工现场应建立基坑降水再利用的收集处理系统</td><td colspan="2"></td><td>—</td><td>—</td></tr>
<tr><td colspan="2">7.3.2 施工现场应有雨水收集利用的设施</td><td colspan="2"></td><td>—</td><td>—</td></tr>
<tr><td colspan="2">7.3.3 喷洒路面、绿化浇灌不应用自来水</td><td colspan="2">措施到位，满足指标要求</td><td>—</td><td>1</td></tr>
<tr><td colspan="2">7.3.4 生活、生产污水应处理并使用</td><td colspan="2"></td><td>—</td><td>1</td></tr>
<tr><td colspan="2">7.3.5 现场应使用经检验合格的非传统水源</td><td colspan="2"></td><td>—</td><td></td></tr>
<tr><td>评价得分</td><td colspan="6">控制项符合要求
一般项折算得分：(12/14)×100%=85.7分
优选项加分：2分
要素得分：87.7分</td></tr>
<tr><td rowspan="2">签字栏</td><td colspan="2">建设单位代表签字</td><td colspan="2">监理单位代表签字</td><td colspan="2">施工单位代表签字</td></tr>
<tr><td colspan="2"></td><td colspan="2"></td><td colspan="2"></td></tr>
</table>

绿色施工要素评价表（十四） **表 7-24**

<table>
<tr><td colspan="2" rowspan="2">工程名称</td><td colspan="2" rowspan="2">××××大厦</td><td>编　号</td><td colspan="2">0004</td></tr>
<tr><td>填表日期</td><td colspan="2">2011.7.20</td></tr>
<tr><td colspan="2">施工单位</td><td colspan="2">××××建筑公司</td><td>施工阶段</td><td colspan="2">装饰装修与机电安装工程</td></tr>
<tr><td colspan="2">评价要素</td><td colspan="2">节能与能源利用</td><td>施工部位</td><td colspan="2"></td></tr>
<tr><td rowspan="4">控制项</td><td colspan="4">标准编号及标准要求</td><td colspan="2">评价结论</td></tr>
<tr><td colspan="4">8.1.1 对施工现场的生产、生活、办公和主要耗能施工设备应设有节能的控制措施</td><td colspan="2">符合要求</td></tr>
<tr><td colspan="4">8.1.2 对主要耗能施工设备应定期进行耗能计量核算</td><td colspan="2">符合要求</td></tr>
<tr><td colspan="4">8.1.3 不应使用国家、行业、地方政府明令淘汰的施工设备、机具和产品</td><td colspan="2">符合要求</td></tr>
<tr><td rowspan="9">一般项</td><td colspan="2">标准编号及标准要求</td><td colspan="2">检查情况</td><td>应得分</td><td>实得分</td></tr>
<tr><td colspan="2">8.2.1 临时用电设施（3）
应采用节能型设施</td><td colspan="2">措施基本到位，部分满足指标要求</td><td>2</td><td>1</td></tr>
<tr><td colspan="2">临时用电应设置合理，管理制度应齐全并应落实到位</td><td colspan="2">措施到位，满足指标要求</td><td>2</td><td>2</td></tr>
<tr><td colspan="2">现场照明设计应符合现行行业标准《施工现场临时用电安全技术规范》JGJ 46 的规定</td><td colspan="2">措施到位，满足指标要求</td><td>2</td><td>2</td></tr>
<tr><td colspan="2">8.2.2 机械设备（4）
应采用能源利用效率高的施工机械设备</td><td colspan="2">措施基本到位，部分满足指标要求</td><td>2</td><td>1</td></tr>
<tr><td colspan="2">施工机具资源应共享</td><td colspan="2">措施到位，满足指标要求</td><td>2</td><td>2</td></tr>
<tr><td colspan="2">应定期监控重点耗能设备的能源利用情况，并有记录</td><td colspan="2">措施基本到位，部分满足指标要求</td><td>2</td><td>1</td></tr>
<tr><td colspan="2">应建立设备技术档案，并应定期进行设备维护、保养</td><td colspan="2">措施基本到位，部分满足指标要求</td><td>2</td><td>1</td></tr>
<tr><td colspan="2">8.2.3 临时设施（2）
施工临时设施应结合日照和风向等自然条件，合理采用自然采光、通风和外窗遮阳设施</td><td colspan="2">措施到位，满足指标要求</td><td>2</td><td>2</td></tr>
</table>

续表

	标准编号及标准要求	检查情况	应得分	实得分
一般项	临时施工用房应使用热工性能达标的复合墙体和屋面板，顶棚宜采用吊顶	措施到位，满足指标要求	2	2
	8.2.4 材料运输与施工（4） 建筑材料的选用应缩短运输距离，减少能源消耗	措施到位，满足指标要求	2	2
	应采用能耗少的施工工艺	措施到位，满足指标要求	2	2
	应合理安排施工工序和施工进度	措施到位，满足指标要求	2	2
	应尽量减少夜间作业和冬期施工的时间	措施到位，满足指标要求	2	2
优选项	8.3.1 应根据当地气候和自然资源条件，合理利用太阳能或其他可再生能源		—	—
	8.3.2 临时用电设备应采用自动控制装置	措施到位，满足指标要求	—	1
	8.3.3 应使用国家、行业推荐的节能、高效、环保的施工设备和机具	措施基本到位，部分满足指标要求	—	0.5
	8.3.4 办公、生活和施工现场，采用节能照明灯具的数量应大于 80%	措施到位，满足指标要求	—	1
	8.3.5 办公、生活和施工现场用电应分别计量	措施到位，满足指标要求	—	1
评价得分	控制项符合要求。 一般项折算得分：(22/26)×100%=84.6 分 优选项加分：3.5 分 要素得分：88.1 分			
签字栏	建设单位代表签字	监理单位代表签字	施工单位代表签字	

绿色施工要素评价表（十五）　表 7-25

<table>
<tr><td rowspan="2">工程名称</td><td colspan="2" rowspan="2">××××大厦</td><td>编　号</td><td>0004</td></tr>
<tr><td>填表日期</td><td>2011.7.20</td></tr>
<tr><td>施工单位</td><td colspan="2">××××建筑公司</td><td>施工阶段</td><td>装饰装修与机电安装工程</td></tr>
<tr><td>评价要素</td><td colspan="2">节地与土地资源保护</td><td>施工部位</td><td></td></tr>
<tr><td rowspan="4">控制项</td><td colspan="2">标准编号及标准要求</td><td colspan="2">评价结论</td></tr>
<tr><td colspan="2">9.1.1 施工场地布置应合理并应实施动态管理</td><td colspan="2">符合要求</td></tr>
<tr><td colspan="2">9.1.2 施工临时用地应有审批用地手续</td><td colspan="2">无此项</td></tr>
<tr><td colspan="2">9.1.3 施工单位应充分了解施工现场及毗邻区域内人文景观保护要求、工程地质情况及基础设施管线分布情况，制订相应保护措施，并应报请相关方核准</td><td colspan="2">无此项</td></tr>
<tr><td rowspan="11">一般项</td><td>标准编号及标准要求</td><td>检查情况</td><td>应得分</td><td>实得分</td></tr>
<tr><td>9.2.1 节约用地（5）
施工总平面布置应紧凑，并应尽量减少占地</td><td>措施到位，满足指标要求</td><td>2</td><td>2</td></tr>
<tr><td>应在经批准的临时用地范围内组织施工</td><td>措施到位，满足指标要求</td><td>2</td><td>2</td></tr>
<tr><td>应根据现场条件，合理设计场内交通道路</td><td>措施到位，满足指标要求</td><td>2</td><td>2</td></tr>
<tr><td>施工现场临时道路布置应与原有及永久道路兼顾考虑，并应充分利用拟建道路为施工服务</td><td>措施到位，满足指标要求</td><td>2</td><td>2</td></tr>
<tr><td>应采用商品混凝土</td><td></td><td>—</td><td>—</td></tr>
<tr><td>9.2.2 保护用地（5）
应采取防止水土流失的措施</td><td>措施到位，满足指标要求</td><td>2</td><td>2</td></tr>
<tr><td>应充分利用山地、荒地作为取、弃土场的用地</td><td></td><td>—</td><td>—</td></tr>
<tr><td>施工后应恢复植被</td><td></td><td>—</td><td>—</td></tr>
<tr><td>应对深基坑施工方案进行优化，并应减少土方开挖和回填量，保护用地</td><td></td><td>—</td><td>—</td></tr>
<tr><td>在生态脆弱的地区施工完成后，应进行地貌复原</td><td></td><td>—</td><td>—</td></tr>
<tr><td rowspan="5">优选项</td><td>9.3.1 临时办公和生活用房应采用结构可靠的多层轻钢活动板房、钢骨架多层水泥活动板房等可重复使用的装配式结构</td><td>措施到位，满足指标要求</td><td>—</td><td>1</td></tr>
<tr><td>9.3.2 对施工中发现的地下文物资源，应进行有效保护，处理措施恰当</td><td></td><td>—</td><td>—</td></tr>
<tr><td>9.3.3 地下水位控制应对相邻地表和建筑物无有害影响</td><td></td><td>—</td><td>—</td></tr>
<tr><td>9.3.4 钢筋加工应配送化，构件制作应工厂化</td><td></td><td>—</td><td>—</td></tr>
<tr><td>9.3.5 施工总平面布置应能充分利用和保护原有建筑物、构筑物、道路和管线等，职工宿舍应满足 $2m^2$/人的使用面积要求</td><td>措施到位，满足指标要求</td><td>—</td><td>1</td></tr>
<tr><td>评价得分</td><td colspan="4">控制项符合要求
一般项折算得分：100 分
优选项加分：2 分
要素得分：102 分</td></tr>
<tr><td rowspan="2">签字栏</td><td>建设单位代表签字</td><td>监理单位代表签字</td><td colspan="2">施工单位代表签字</td></tr>
<tr><td></td><td></td><td colspan="2"></td></tr>
</table>

绿色施工第一批次评价汇总表（三） 表 7-26

<table>
<tr><td rowspan="2">工程名称</td><td rowspan="2" colspan="2">××××大厦</td><td>编 号</td><td>0004</td></tr>
<tr><td>填表日期</td><td>2011.7.20</td></tr>
<tr><td>评价阶段</td><td colspan="4">装饰装修与机电安装工程</td></tr>
<tr><td>评价要素</td><td colspan="2">评价得分</td><td>权重系数</td><td>实得分</td></tr>
<tr><td>环境保护</td><td colspan="2">87.6</td><td>0.3</td><td>26.3</td></tr>
<tr><td>节材与材料资源利用</td><td colspan="2">97.5</td><td>0.2</td><td>19.5</td></tr>
<tr><td>节水与水资源利用</td><td colspan="2">87.7</td><td>0.2</td><td>17.5</td></tr>
<tr><td>节能与能源利用</td><td colspan="2">88.1</td><td>0.2</td><td>17.6</td></tr>
<tr><td>节地与施工用地保护</td><td colspan="2">102</td><td>0.1</td><td>10.2</td></tr>
<tr><td>合计</td><td colspan="2"></td><td>1</td><td>91.1</td></tr>
<tr><td>评价结论</td><td colspan="4">1、控制项：符合要求
2、评价得分：91.1 分
3、优选项：12 分
结论：优良</td></tr>
<tr><td rowspan="2">签字栏</td><td>建设单位</td><td colspan="2">监理单位</td><td>施工单位</td></tr>
<tr><td>单位盖章和代表签字处</td><td colspan="2">单位盖章和代表签字处</td><td>单位盖章和代表签字处</td></tr>
</table>

单位工程绿色施工评价汇总表　　表 7-27

<table>
<tr><td rowspan="2">工程名称</td><td rowspan="2">××××大厦</td><td>编　号</td><td>0004</td></tr>
<tr><td>填表日期</td><td>2011.7.20</td></tr>
<tr><td>评价阶段</td><td>阶段得分</td><td>权重系数</td><td>实得分</td></tr>
<tr><td>地基与基础</td><td>88.6</td><td>0.3</td><td>26.6</td></tr>
<tr><td>结构工程</td><td>89.6</td><td>0.5</td><td>44.8</td></tr>
<tr><td>装饰装修与机电安装</td><td>91.1</td><td>0.2</td><td>18.2</td></tr>
<tr><td>合计</td><td></td><td>1</td><td>89.6</td></tr>
<tr><td>评价
结论</td><td colspan="3">1、控制项全部满足要求
2、单位工程总得分 89.6 分，结构工程得分 89.6 分
3、优选项得分 11.3 分
4、地基基础阶段“节水与水资源利用”评价要素的优选项只 1 项加分
评价结论：合格</td></tr>
<tr><td rowspan="2">签字
盖章栏</td><td>建设单位（章）</td><td>监理单位（章）</td><td>施工单位（章）</td></tr>
<tr><td>单位盖章和代表签字处</td><td>单位盖章和代表签字处</td><td>单位盖章和代表签字处</td></tr>
</table>

7.8 评比及创优

开展工程项目绿色施工的评比及创优活动，有助于企业贯彻生态文明建设理念，有利于提升建筑业的总体水平，对施工行业推进绿色施工具有积极促进作用。在2013年，为加速绿色施工推进、确定绿色施工样板工程，中国建筑业协会先后推出了三批绿色施工示范工程，中华全国总工会会同中国建筑业协会联合开展了节能达标竞赛活动，分别从不同侧面对绿色施工推进起到了积极推动作用，以下就此做重点介绍。

7.8.1 绿色施工示范工程

为推进绿色施工实现有质量的快速发展，中国建筑业协会建立了绿色施工示范工程管理制度，先后于2010年确立了凤凰国际传媒中心、大连中心·裕景（公建）ST1塔楼工程等11项工程为建筑业首批绿色施工示范工程；于2011年确立了郴州市国际会展中心、北京爱慕内衣生产建设项目厂房工程、永嘉县三塘隧洞分洪应急工程（永嘉县排涝应急工程）Ⅱ标等46项工程为第二批绿色施工示范工程；于2012年确立了北京市政务服务中心、国家重型汽车工程技术研究中心科研楼、中西部商品交易中心Ⅱ标段等277项工程为第三批绿色施工示范工程。这些绿色施工示范工程的确立，为扩大绿色施工的影响、推动工程项目绿色施工的实施起到了重要的引领作用。这些示范工程项目在全国的实施，必将进一步激发施工领域推行绿色施工的热情，在全国范围内产生广泛影响，在更大范围促进绿色施工的推广。

7.8.2 绿色施工科技示范工程

绿色施工科技示范工程是指绿色施工过程中应用和创新先进适用技术，在节材、节能、节地、节水和减少环境污染等方面取得显著社会、环境与经济效益，具有辐射带动作用的建设工程施工项目。由住房和城乡建设部建筑节能与科技司负责统一指导和管理，并委托中国土木工程学会咨询工作委员会、中国城市科学研究会绿色与节能专业委员会、中国城市研究会绿色建筑研究中心组成“住建部绿色施工科技示范工程指导委员会”共同负责绿色施工科技示范工程的日常组织和指导管理工作。

绿色施工科技示范工程于2010年开始；2013年，通过项目申报、立项审批等程序，有71项工程通过评审，纳入住房和城乡建设部科技计划项目进行管理，按照进度进行中期检查和验收。验收不采取打分的方式，而是分控制指标和非控制指标进行验收。控制指标要全部完成，非控制项要完成七成以上方能通过验收；验收后由住房和城乡建设部颁发证书。

7.8.3 节能减排达标竞赛活动

为贯彻落实国务院《"十二五"节能减排综合性工作方案》，根据中华全国总工会办公厅《关于在节能减排重点行业职工中开展达标竞赛活动》的通知要求，中国海员建设工会、中国建筑业协会在全国建设（开发）单位和施工项目自2012年起开展了以"我为节能减排做贡献"为主题的节能减排达标竞赛活动，发布了《关于在全国建设单位开展节能减排达标竞赛活动的通知》，包括《建设（开发）单位节能减排达标竞赛实施细则》和《工程施工项目节能减排达标竞赛实施细则》等两个实施细则，规定了竞赛主题、目的、范围、内容、组织领导、活动方式、竞赛考核和评选表彰等内容。2012年度，授予中国杭州低碳科技馆工程项目等15个项目的施工单位"全国绿色施工及节能减排达标竞赛优胜工程金奖"，授予昆泰酒店工程项目等14个项目的施工单位"全国绿色施工及节能减排达标竞赛优胜工程银奖"，并通过中国海员建设工会与建筑业协会联合发起的"我为节能减排做贡献"的达标竞赛活动执委会的推荐；另有8家开发（建设单位）和工程项目获得全国五一劳动奖状和工人先锋号等荣誉称号。节能减排达标竞赛活动的开展，对建设和施工行业贯彻国家政策导向、坚持工程建设实施可持续发展战略，具有重要的推动作用。

第8章　绿色建造技术发展方向

工程项目绿色建造包括的范围类似于我国工程建设中的施工图绿色设计和绿色施工两个阶段工作内容的叠加。因此，施工图绿色设计与绿色施工是绿色建造的两个阶段，绿色建造是施工图绿色设计和绿色施工的简称；把施工图绿色设计技术与绿色施工技术紧密结合，即基于绿色建造的技术研究，必将提升工程项目建设的总体绿色水平。

绿色建造技术研究，包含施工图绿色设计技术和绿色施工技术两个方面。绿色建造不仅要遵循有关要求实现绿色施工，施工图设计也必须因地制宜，与施工现场紧密结合，贯彻和体现总体规划和初步设计意图，最终实现施工图绿色设计。只有这样，才能真正实现预期的绿色建造效果，才能在建筑全生命周期的“生成阶段”构建绿色建造实施责权利对等的工程承包体系。

明确绿色建造技术的发展方向，进行绿色建造技术研究和实践，是推进和实施施工图绿色设计和绿色施工的前提条件。借助“十二五”国家科技支撑计划项目“建筑工程绿色建造关键技术研究与示范”的实施，结合绿色建造的发展需要，进行了扩展研究，提出了绿色建造技术的十个发展主题，结合绿色施工技术研究提出了六个研究方向，并按阶段将绿色建造技术分为施工图绿色设计技术和绿色施工技术两大部分，每个部分均按“四节一环保”五个要素进行归类；对于一些相对简单但对推进绿色建造有较大促进作用的“四新”技术，也进行了收集整理，希望能够对施工图绿色设计和绿色施工技术的发展有所裨益。

8.1　绿色建造技术发展主题

（1）装配式建造技术

装配式建造技术是指在专用工厂预制好构件，然后在施工现场进行构件组装的建造方式。装配式建造技术是我国建筑工业化技术的重要组成部分，是建筑工程建造技术的发展主题之一。装配式建造技术有利于提高生产效率，减少施工人员，节约能源和资源，保证建筑质量；更符合“四节一环保”要求，与国家可持续发展的原则一致。装配式建造技术包含施工图设计与深化、精细制造、质量保持、现场安装及连接节点处理等技术。

（2）信息化建造技术

信息化建造技术是指利用计算机、网络和数据库等信息化手段，对工程项目施工图设计和施工过程的信息进行有序存储、处理、传输和反馈的建造方式。建筑工程建造过程是一个复杂的综合活动，涉及众多专业和参与者，因此，建造工程信息交换与共享是工程项目实施的重要内容。信息化建造有利于施工图设计和施工过程的有效衔接，有利于各方、各阶段的协同和配合，从而有利于提高施工效率，减小劳动强度。信息化建造技术应注重于施工图设计信息、施工过程信息的实时反馈、共享、分析和应用，开发面向绿色建造全过程的模拟技术、绿色建造全过程实时监测技术、绿色建造可视化控制技术以及工程项目质量、安全、工期与成本的协同管理技术，建立实时性强、可靠性好、效率高的信息化建造技术系统。

（3）地下资源保护及地下空间开发利用技术

地下空间的开发可以缓解城市快速发展带来的一系列问题（城市用地严重不足、建筑密度过大、绿化率过低、环境恶化等）。但地下空间的开发，不能以损坏地下环境为代价，应研发符合绿色建造理念的地下空间开发利用技术，并注重地下资源的保护和合理利用，尤其是地下水资源的保护，如地下工程施工不降水技术、基坑施工封闭降水技术等。

（4）楼宇设备及系统智能化控制技术

楼宇设备智能化控制是采用先进的计算机技术和网络通信技术结合而构成的自动控制方法，其目的在于使楼宇建造和运行中的各种设备系统高效运转，合理管理能源，自动节约资源。因此，楼宇设备及系统智能化控制技术是绿色建造技术发展的重要领域，应选择节能降耗性能好的楼宇设备，开发能源和资源节约效率高的智能控制技术，并广泛应用于建筑工程项目中。

（5）建筑材料与施工机械绿色性能评价及选用技术

选用绿色性能好的建筑材料与施工机械是推进绿色建造的基础，因此，建筑材料和施工机械绿色性能评价及选用技术是绿色建造实施的基础条件，其重点和难点在于采用统一、简单、可行的指标体系对施工现场各式各样的建筑材料和施工机械进行绿色性能评价，从而方便施工现场选取绿色性能相对优良的建筑材料和施工机械。建筑材料绿色性能评价可注重于废渣排放、废水排放、废气排放、尘埃排放、噪声排放、废渣利用、水资源利用、能源利用、材料资源利用、施工效率等指标；施工机械绿色性能评价可重点关注工作效率、油耗、电耗、尾气排放、噪声等指标。

（6）高强钢与预应力结构等新型结构开发应用技术

绿色建造的推进应鼓励高强钢的广泛使用，应高度关注和推广预应力结构和其他新型结构体系的应用。一般情况下，该类新型结构具有节约材料、减小结构截面尺寸、降低结构自重等优点，有助于绿色建造的推进和实施；但是可能同时存在生产工艺较为复杂、技术要求高等不足。因此，突破新型结构体系开发的重大难点，建立新型结构成套建造技术，是绿色建造发展的一大主题。

（7）多功能高性能混凝土技术

混凝土是建筑工程使用最多的材料之一，混凝土性能的改进与研发，对绿色建造的推进具有重要作用。多功能混凝土包括轻型高强混凝土、重晶石混凝土、透光混凝土、加气混凝土、植生混凝土、防水混凝土和耐火混凝土等。高性能混凝土要求包括强度高、强度增长受控、可泵性好、和易性好、热稳定性好、耐久性好、不离析等性能。多功能高性能混凝土是混凝土的发展方向，符合绿色建造的要求，应从混凝土性能和配比、搅拌和养护等方面加以研发并推广应用。

（8）新型模架开发应用技术

模架工程是混凝土施工的重要工具，其便捷程度和重复利用程度对施工效率和材料资源节约等有重要影响。新型模架包括自锁式、轮扣式、承插式支撑架或脚手架，钢模板、塑料模板、铝合金模板、轻型钢框模板及大型自动提升工作平台，水平滑移模架体系，钢木组合龙骨体系、薄壁型钢龙骨体系、木质龙骨体系、型钢龙骨体系等。开发新型模架及其应用技术，探索建立建筑模架产、供、销一体化、专业化服务体系、供应体系和评价体系，可为建筑模架工程的节材、高效、安全提供保障，为建筑工程绿色建造提供支持。

（9）现场废弃物减量化及回收再利用技术

我国建筑废弃物数量已占城市垃圾总量的1/3左右。建筑废弃物的无序堆放，不但侵占了宝贵的土地资源，耗费了大量费用，而且清运和堆放过程中的遗撒和粉尘、灰砂飞扬等问题又造成了严重的环境污染。因此，现场废弃物的减量化和回收再利用对于保护土地资源，减少环境污染具有重要作用；现场废弃物减量化及回收再利用技术是绿色建造技术发展的核心主题。现场废弃物处置应遵循减量化、再利用、资源化的原则。首先要研发并应用建筑垃圾减量化技术，从源头上减少建筑垃圾的产生。当无法避免其产生时，应立足于现场分类、回收和再生利用技术研究，最大限度地对建筑垃圾进行回收和循环利用。对于不能再利用的废弃物，应本着资源化处理的思路，分类排放，充分利用或进行集中无害化处理。

（10）人力资源保护及高效使用技术

建筑业是劳动密集型产业。应坚持"以人为本"的原则，以改善作业条件、降低劳动强度、高效利用人力资源为重要目标，对施工现场作业、工作和生活条件进行改造，进行管理技术研究，减少劳动力浪费，积极推行"四新"技术，进行工艺技术研究，改善施工现场繁重的体力劳动现状，提升现场机械化、装配化水平，强化劳动保护措施，把人力资源保护和高效使用的发展主题落实到实处。

8.2 绿色建造技术发展要点

绿色建造技术的研发，一是通过自主创新和引进消化再创新，瞄准机械化、工业化和信息化建造的发展方向，进行绿色建造技术创新研究，提高绿色施工水平；二是要加强技术集成，研究形成基于各类工程项目的成套技术成果，提高工作效率；三是绿色示范工程的实施与推广，形成一批对环境有重大改善作用、应用便捷、成本可控的地基基础、结构主体和装饰装修及机电安装工程的绿色建造技术，指导面上的绿色建造。

要发展适合绿色建造的资源高效利用与环境保护技术，对传统的施工图设计技术和施工技术进行绿色审视，鼓励绿色建造技术的发展，推动绿色建造技术的创新，应至少覆盖但不限于环境保护技术、节能与能源利用技术、节材与材料资源利用技术、节水与水资源利用技术、节地与施工用地保护技术及其他“四新”技术等五个方面。

（1）环境保护技术

围绕环境保护，绿色建造应把控制区域内社会公众生产生活免受影响作为前提，最大限度地减少施工扬尘、噪声、光污染、污水排放、固体废弃物排放和对原生态的破坏，减少对施工区域地下水的扰动和污染。因此，针对施工过程对环境的以上影响，应着重控制扬尘、噪声和光污染，加大对建筑垃圾的减量化处理和利用，减少和避免基坑降水施工的技术研究和技术集成，强化对生态环境的保护。

（2）节材与材料资源利用技术

房屋建筑工程建筑材料及设备造价占到2/3左右，所以，材料资源节约技术是绿色建造技术研究的重要方面。材料节约技术研究的重点是材料资源的高效利用，最大限度地减少建筑垃圾技术及回收利用技术，现浇混凝土技术、商品混凝土技术、钢筋加工配送技术和支撑模架技术等，都应成为保护资源、厉行节约管理和技术研究的重要方向。

（3）节能与能源利用技术

能源节约与利用技术是绿色建造技术中需要坚持贯彻的一个方面，节能与能源高效利用技术应着重于建造过程中的降低能耗技术、能源高效利用技术和可再生能源开发利用的研究。推进建筑节能，应从热源、管网和建筑被动节能进行系统考虑，优先选择利用可再生能源、提高现场临时建筑的隔热保温、提高能源利用效率、选择绿色性能优异的施工机械、提高机械设备的满载率、避免空载运行等。

（4）节水与水资源利用技术

我国是水资源最缺乏的国家之一，施工节水和水资源的充分利用是亟待解决的技术难题。据初步估算，混凝土的搅拌与养护用水为10多亿吨，自来水使用率接近90%，同时排放了大量的地下水资源，加剧了我国水资源紧缺的状况。因此，水资源节约技术是绿色建造技术中不可忽视的一个方面。水资源节约技术应着重于水资源高效利用、高性能混凝土、混凝土无水养护和基坑降水利用技术研究。

（5）节地与土地资源保护技术

节地和土地资源保护技术应着重施工现场临时用地的保护技术研究和现场临时用地高效利用技术研究两个方面。

（6）符合绿色理念的“四新”技术

除上述环境保护技术、节材与材料资源利用技术、节能与能源利用技术、节水与水资源利用技术及节地与土地资源保护技术外，对于符合绿色建造理念的新技术、新工艺、新材料、新设备，还应进行广泛研究、推广和应用，如建筑工业化技术、信息化施工技术（包括BIM技术）、人力资源保护和高效使用技术、施工环境监测与控制技术等。

8.3 绿色建造技术研究思路

绿色建造技术研究思路是：在传统工程建造过程关注质量、工期、安全、成本四要素的基础上，把环境保护、资源（能源、水资源、材料资源、土地资源和人力资源等）高效利用、减轻劳动强度、改善作业条件作为核心目标，对传统建造技术进行绿色化审视与改造，并进行绿色建造专项技术创新研究，构建全面、系统的绿色建造的技术体系，实现建造过程的“四节一环保”要求，为绿色建造的推进提供技术支持。

8.4 绿色建造技术研究模型

绿色建造是施工图绿色设计与绿色施工的总称，绿色建造技术研究模型实际上是施工图绿色设计技术和绿色施工技术的更复杂组合。推进绿色建造需要通过建立健全相关法规标准体系、施工图绿色设计技术与绿色施工技术识别和创新研究实现。图8-1给出了建筑工程绿色建造技术研究模型，用于指导绿色建造的技术研究。

8.4.1 绿色建造法规及管理技术研究

进行绿色建造法规及管理技术研究，需要建立推进绿色建造的宏观法规和管理体系，包括绿色建造法规标准、方针政策及体制机制研究等。绿色建造相关法规标准体系的建立，应基于绿色建造推进现状

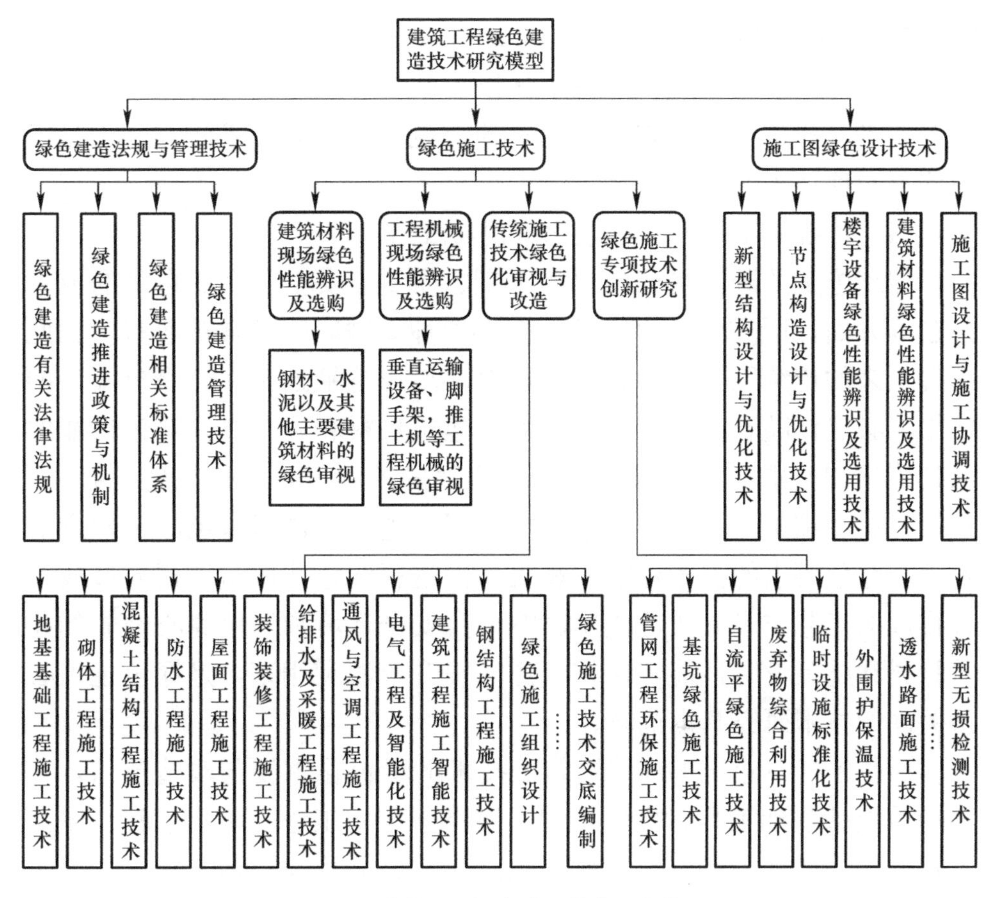

图 8-1 建筑工程绿色建造技术研究模型

和既有技术的研究成果，制定指导和保障绿色建造推进的法规标准；方针政策制定应把握产业发展趋势，从国家宏观层面引导绿色建造的研究和推进；构建绿色建造的体制机制是在法规标准和方针政策明确的基础上，研究创造适于绿色建造推进的管理制度、激励机制和社会环境，形成绿色建造快速推进的良好氛围。

8.4.2 施工图绿色设计技术研究

施工图绿色设计技术研究，应通过对绿色施工图设计影响因素的调查研究，探索和总结施工图设计阶段影响施工“四节一环保”的关键因素，结合实际进行新型结构、节能机具、一般结构的节点构造设计优化，施工与施工图设计协调，楼宇设备（空调、水泵、变配电设备和冷冻机组等）绿色性能辨识等技术研究，针对不同时区，建立适应不同区域、不同功能要求的绿色施工图设计和深化设计的新型技术体系，保障绿色建造的实现。

8.4.3 绿色施工技术研究

绿色施工技术研究，应着重从以下两个方面进行：一是传统施工工艺技术（建筑材料和施工机具）的绿色性能辨识技术研究，二是绿色施工专项技术的创新研究。

（1）传统施工技术的绿色化审视与改造

传统施工的既定目标主要是工期、质量、安全和企业自身的成本控制等方面，而环境保护的目标由于种种原因影响常常被忽视，因此承袭下来的传统工艺技术方法往往对环境影响缺乏关注。绿色施工的提出，必然伴随着对传统施工技术、建筑材料和施工机具绿色性能的系列辨识和改造要求。因此业界在实践的基础上，对传统施工技术、建筑材料和施工机具进行绿色性能审视，进一步依据绿色施工理念对不符合绿色要求的技术环节或相关性能进行绿色化改造，摒弃造成污染排放的工艺技术方法，改良影响人身安全环境和居民身心健康的建筑材料和施工设备性能，保护资源和提升资源利用率，是绿色施工必须关注的技术研究基本范畴。

绿色施工对建筑工程传统施工技术的绿色化审视与改造范畴，主要涵盖地基基础工程、砌体工程、混凝土结构工程、防水工程、屋面工程、装饰装修工程、给排水与采暖工程、通风与空调工程、电梯工程等及与此相关的许多分部分项工程；建筑材料的绿色化审视与改造可集中于对钢材、水泥、装饰材料（涂料、壁纸及相关连接材料）及其他主要建筑材料的绿色审视；施工机具的绿色化审视与改造则主要包括垂直运输设备、推土机和脚手架等主要施工机具的绿色性能审视与改造。

目前，已有许多地区针对绿色施工要求，对传统施工方法提出了许多卓有成效的技术改造方案，如：基坑封闭降水技术的提出，就是针对我国水资源短缺的情况，对基坑施工提出的有效技术改造方案。基坑封闭降水是在基底和基坑侧壁采取截水措施，对基坑以外地下水位不产生影响的降水方法。虽然这种方法采取的封闭措施增加了施工成本，但是对于保护地下水资源，减少宝贵的水资源浪费，避免基坑降水造成的地面沉陷的附加损失具有举足轻重的作用。又如：中建针对施工现场广泛使用竹胶板和九夹板的情况，提出了用塑料模板取而代之的多种技术改造方法，付诸实施后基本实现了模板废弃物的“零”排放。

(2) 绿色施工专项创新技术研究

绿色施工专项创新技术研究，针对建筑工程施工过程影响绿色施工的关键工艺和技术环节，采取创新性思维方式，在广泛调查研究的基础上，采取原始创新、集成创新和引进、消化、吸收、再创新的方法，以期取得具有突破性的创新技术成果。绿色施工专项创新技术研究应从保护环境、保护资源和高效利用资源，改善作业条件，最大限度地实现机械化、工业化和信息化施工出发，立足于管网工程环保型施工、基坑施工封闭降水、逆作法施工、自流平地面、现场废弃物综合利用、临时设施标准化、建筑外围护保温施工和无损检测等方面进行技术创新研究。

目前，国内已经涌现了不少类似的创新技术成果，如：TCC建筑保温模板体系（图8-2）就是将传统的模板技术与保温层施工统筹考虑，在需要保温的一侧用保温板代替模板，另一侧仍采用传统模板配合使用，形成了保温板与模板一体化体系。模板拆除后结构层和保温层形成整体。从而大大简化了施工工艺，保证了施工质量，降低了施工成本，是一个绿色施工专项创新技术研究的良好范例。

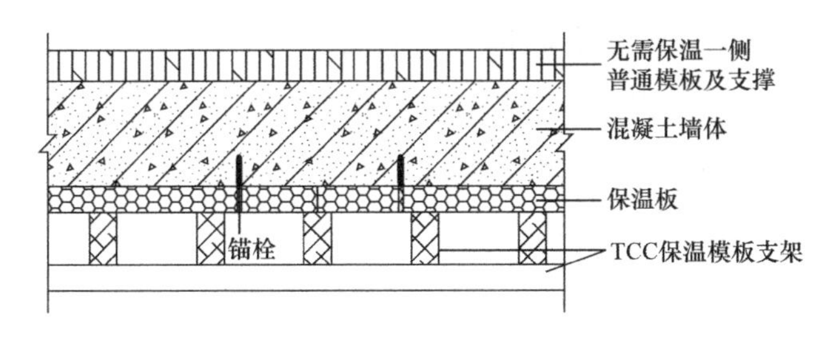

图8-2 TCC建筑保温模板体系构造

又如，建筑信息模型（BIM）技术是一种舶来品，用于施工行业需要改造、消化和吸收，国内建筑企业结合国内实际，以项目安全、质量、成本、进度和环境保护等目标控制为基础，积极进行开发研究，逐步形成了自己的建筑信息模型（BIM）技术的集成平台（图8-3），能够实现施工过程资源采购和管理，实现资源消耗、污染排放

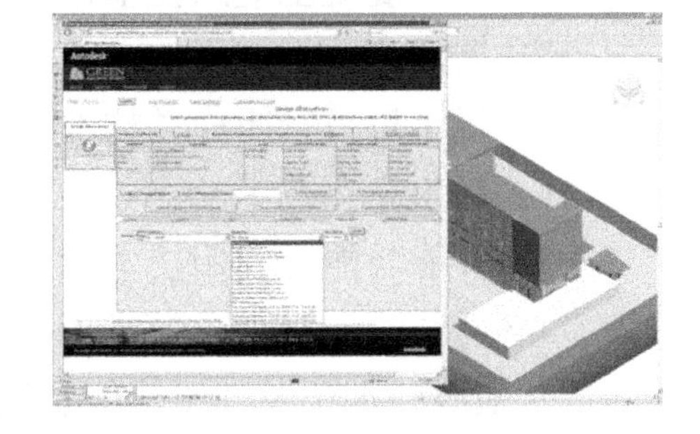

图8-3 嵌入BIM软件的Green Building Studio

的监控、施工技术方法的模拟和优化，能够对施工的资源流进行动态信息跟踪，实现定量的动态管理等功能，达到了高效低耗的目的。

8.5 绿色建造主要技术

建筑工程绿色建造具体技术的研究和应用，拟从建筑工程施工图绿色设计技术和建筑工程绿色施工技术两个方面介绍。

8.5.1 施工图绿色设计技术

施工图设计是对工程项目初步设计的延伸和细化。施工图绿色设计技术是指在施工图设计过程中，能够实现“四节一环保”目标的具体技术。

（1）环境保护技术

1）钢筋混凝土预制装配化设计技术；

2）建筑构配件整体安装设计技术；

3）预制钢筋混凝土外墙承重与保温一体化设计技术；

4）构件化 PVC 环保围墙设计技术；

5）无机轻质保温-装饰墙体设计技术；

6）基于低碳排放的“双优化”技术；

7）建筑自然通风组织与利用技术；

8）墙面绿化设计技术；

9）屋顶绿化设计技术；

10）钢结构现场免焊接设计技术；

11）基坑施工逆作和半逆作设计技术；

12）植生混凝土应用技术；

13）透水混凝土应用技术；

14）楼宇垃圾密闭输送技术；

15）污水净化技术。

（2）节能与能源利用技术

1）低耗能楼宇设施选择技术；

2）地源、水源及气源热能利用技术；

3）风能利用技术；

4）太阳能热水利用技术；

5）屋顶光伏发电技术；

6）玻璃幕墙光伏发电技术；

7）能源储存系统在削峰填谷和洁净能源（不稳定电源）中接入技术；

8）自然采光技术；

9）太阳光追射照明技术；

10）自然光折射照明技术；

11）建筑遮阳技术；

12）临电限电器应用技术；

13）LED 照明技术；

14）光、温、声控照明技术；

15）供热计量技术；

16）外墙保温设计技术；

17）铝合金窗断桥技术；

18）电梯势能利用技术。

（3）节材与材料资源利用技术

1）基于资源高效利用的工程设计优化技术；

2）综合管线布置中 BIM 应用与优化技术；

3）标准化设计技术；

4）结构构件预制设计技术；

5）工程耐久性设计技术；

6）工程结构安全度合理储备技术；

7）新型复合地基及桩基开发应用技术；

8）建筑材料绿色性能评价及选择技术；

9）清水混凝土技术；

10）高强混凝土应用技术；

11）高强钢筋应用技术；

12）钢结构长效防腐技术。

（4）节水与水资源利用技术

1）污水微循环利用技术；

2）中水利用技术；

3）供水系统防渗技术；

4）自动加压供水设计技术；

5）感应阀门应用技术。

（5）节地与土地资源保护技术

8.5.2 绿色施工技术

绿色施工技术是指在工程建设过程中，能够使施工过程实现“四节一环保”目标的具体施工技术。

（1）环境保护技术

1）施工机具绿色性能评价与选用技术；

2）建筑垃圾分类收集与再生利用技术；

3）改善作业条件、降低劳动强度创新施工技术；

4）地貌和植被复原技术；

5）地下水清洁回灌技术；

6）场地土壤污染综合防治技术；

7）绿化墙面和屋面施工技术；

8）现场噪声综合治理技术；

9）现场光污染防治技术；

10）现场喷洒降尘技术；

11）现场绿化降尘技术；

12）现场雨水就地渗透技术；

13）工业废渣利用技术；

14）隧道与矿山废弃石渣的再生利用技术；

15）废弃混凝土现场再生利用技术；

16）钢结构安装现场免焊接施工技术；

17）长效防腐钢结构无污染涂装技术；

18）植生混凝土施工技术；

19）透水混凝土施工技术；

20）自密实混凝土施工技术；

21）预拌砂浆技术；

22）自流平地面施工技术；

23）防水冷施工技术；

24）管道设备无害清洗技术；

25）非破损检测技术；

26）基坑逆作和半逆作施工技术；
27）基坑施工封闭降水技术。
（2）节能与能源利用
1）低耗能楼宇设施安装技术；
2）混凝土结构承重与保温一体化施工技术；
3）现浇混凝土外墙隔热保温施工技术；
4）预制混凝土外墙隔热保温施工技术；
5）PVC 环保围墙施工技术；
6）外墙喷涂法保温隔热施工技术；
7）外墙保温体系质量检测技术；
8）非承重烧结页岩保温砌体施工技术；
9）屋面发泡混凝土保温与找坡技术；
10）溜槽替代输送泵输送混凝土技术；
11）混凝土冬期养护环境改进技术；
12）现场热水供应节能技术；
13）现场非传统电源照明技术；
14）自然光折射照明施工技术；
15）现场低压（36V）照明技术；
16）现场临时变压器安装功率补偿技术；
17）玻璃幕墙光伏发电施工技术；
18）节电设备应用技术。
（3）节材与材料资源利用
1）信息化施工技术；
2）施工现场临时设施标准化技术；
3）混凝土结构预制装配施工技术；
4）建筑构配件整体安装施工技术；
5）环氧煤沥青防腐带开发与应用技术；
6）节材型电缆桥架开发与应用技术；
7）清水混凝土施工技术；
8）砌块砌体免抹灰技术；
9）高周转型模板技术；
10）自动提升模架技术；

11）大模板技术；

12）轻型模板开发应用技术；

13）钢框竹胶板（木夹板）技术；

14）新型支撑架和脚手架技术；

15）塑料马凳及保护层控制技术。

（4）节水与水资源利用

1）施工现场地下水利用技术；

2）现场雨水收集利用技术；

3）现场洗车用水重复利用技术；

4）基坑降水现场储存利用技术；

5）非自来水水源开发应用技术；

6）现场自动加压供水系统施工技术；

7）混凝土无水养护技术。

（5）节地与土地资源保护技术

1）耕植土保护利用技术；

2）地下资源保护技术；

3）现场材料合理存放技术；

4）施工现场临时设施合理布置技术；

5）现场装配式多层用房开发与应用技术；

6）施工场地土源就地利用技术；

7）场地硬化预制施工技术。

8.5.3 其他“四新”技术

“四新”技术包括新技术、新工艺、新材料、新设备。

（1）临时照明免布管免裸线技术；

（2）废水泥浆钢筋防锈蚀技术；

（3）水磨石泥浆环保排放技术；

（4）混凝土输送管气泵反洗技术；

（5）塔吊镝灯使用时钟控制技术；

（6）楼梯间照明改进技术；

（7）废弃水泥砂浆综合利用技术；

（8）废弃建筑配件改造利用技术；

（9）贝雷架支撑技术；

（10）施工竖井多滑轮组四机联动井架提升抬吊技术；
（11）可周转的圆柱木模板；
（12）桅杆式起重机应用技术；
（13）一种用于金属管件内壁除锈防锈的机具；
（14）新型环保水泥搅浆器。

第9章　绿色施工标准及相关政策

工程项目绿色施工活动必须依据标准规范进行。目前尽管直接涉及的工程项目绿色施工的国家、行业和协会标准不多，但与工程项目绿色施工紧密相关或一般相关的，或者对工程项目绿色施工起到直接支撑作用的标准、规范却也不少。本章对绿色施工相关导则与政策、绿色施工标准、绿色施工基础性管理标准、绿色施工支撑性标准、绿色施工的相关标准和绿色施工拟建标准等作简要介绍。

9.1　绿色施工相关导则与政策

9.1.1　绿色施工导则

住房和城乡建设部2007年发布的《绿色施工导则》是我国推进绿色施工的指导原则，旨在引导企业贯彻国家可持续发展战略，推动建筑业绿色施工实施。贯彻落实《绿色施工导则》，对于推进我国绿色施工的发展具有重要意义。

《绿色施工导则》确立了我国绿色施工的理念、原则和方法，共分六章，包括总则、绿色施工原则、绿色施工总体框架、绿色施工要点、发展绿色施工的“四新”技术、绿色施工应用示范工程。

该导则将绿色施工作为建筑全寿命周期中的一个重要阶段，明确了绿色施工对于实现绿色建筑的地位和作用。依照项目管理的原理，《绿色施工导则》对于绿色施工的管理提出了系统化的要求，要求推进绿色施工，应进行总体方案优化；在规划、设计阶段，应充分考虑绿色施工的总体要求，为绿色施工提供基础条件；在项目实施阶段，推进绿色施工，应对材料采购、现场组织、工程验收等各阶段进行控制，加强对整个施工过程的管理和监督。

《绿色施工导则》明确绿色施工总体框架是由施工管理、环境保护、节材与材料资源利用、节水与水资源利用、节能与能源利用、节地与施工用地保护等6个方面组成。依照PDCA循环原理，《绿色施工导则》对绿色施工组织管理、规划管理、实施管理、评价管理和人员安全与健康管理五个方面提出了原则性的要求。针对施工现场情况，《绿色施工导则》就“四节一环保”提出了一系列技术要点，多达99条。

我国绿色施工尚处于起步阶段，《绿色施工导则》要求各地应通过试点和示范工程，总结经验，引导绿色施工的健康发展。

9.1.2 绿色建筑技术导则

建设部与科技部联合发布的《绿色建筑技术导则》是我国政府管理部门针对绿色建筑颁布实施的第一个政策指导性文件，适用于建设单位、规划设计单位、施工与监理单位、建筑产品生产和有关管理部门指导绿色建筑建设，对于贯彻落实我国可持续发展战略具有重要意义。

《绿色建筑技术导则》共分九章，包括总则、适用范围、绿色建筑应遵循的原则、绿色建筑指标体系、绿色建筑规划设计技术要点、绿色建筑施工技术要点、绿色建筑的智能技术要点、绿色建筑运营管理技术要点、推进绿色建筑技术产业化。

《绿色建筑技术导则》确立了我国绿色建筑倡导的基本理念和方法，包括：可持续发展与循环经济的发展模式、新型工业化与朴实简约的设计思路、因地制宜及尊重历史文化、全寿命周期及综合效益（经济、社会、环境）相统一的原则等。《绿色建筑技术导则》在继承传统建筑一般要求的基础上，明确了绿色建筑应遵循的基本法则，包括：关注建筑的全寿命周期、保护自然环境、创建适用与健康的环境、加强资源节约与综合利用。

《绿色建筑技术导则》设立专门章节，明确绿色建筑施工技术要点，搭建了绿色建筑施工过程绿色技术的初步框架，反映了绿色施工技术是实现绿色建筑的重要的、不可或缺内容。在该章节中，绿色建筑施工技术要点包括场地环境、节能、节水、节材与材料资源4个方面，共22个子项条款。

9.1.3 建筑技术发展纲要及其相关技术政策

《中国建筑技术发展纲要》集中反映了我国建筑业、勘察设计咨询业在“十二五”期间的技术进步要求，确定了我国新时期建筑技术发展的主要任务和目标、具体的技术政策要求与需采取的主要措施，是住建部在新时期指导我国建筑科学技术进步和建筑业技术发展的指导性文件。

绿色发展成为《中国建筑技术发展纲要》的主线和重要内容，通篇贯穿了建筑业绿色发展的要求。其中专门针对绿色技术要求的有多处，从建筑节能到绿色建筑，从新型建材与制品到建筑设备技术研发，均对建筑技术的发展指出了明确的绿色发展方向；在建筑施工技术发展要求中，专门提出了研究、推广和应用绿色施工技术、实现“四节一环保”的要求。

《中国建筑技术发展纲要》除正文部分，还包含14个方面的技术政策。各技术政策同样渗透了绿色发展的要求，其中专门针对绿色发展要求的有：《建筑节能技术政策》、《绿色与可持续发展技术政策》等。

《绿色与可持续发展技术政策》以可持续发展理论为指导，规定了“十二五”期间发展绿色建筑技术的任务和目标、技术政策和主要措施。根据全生命周期原理，该政策确定了绿色建筑技术发展的8个具体目标，其中建筑施工技术单设一条，要求开展绿色施工技术的研究与工程应用，积极应用“四新”技术，逐步发展以工厂化生产、现场装配的建筑工业化体系，减少建筑施工对环境的影响，实现建筑施工垃圾的减量化。《建筑节能技术政策》在绿色建筑技术发展的框架基础上进一步明确了建筑节能技术发展的目标、政策和措施。

《建筑施工技术政策》则要求在保证工程质量安全的基础上，将绿色施工技术作为推进建筑施工技术进步的重点和突破口。该政策明确了建筑施工技术发展的目标、政策和措施。关于“十二五”期间建筑施工技术发展的具体目标有8个，其中“推进BT、BOT总承包模式和‘设计施工一体化’的总承包项目管理方式”为首要目标，该目标的确定有利于为实施绿色建造改进现有项目管理模式；第四个目标“建立和完善绿色施工技术标准体系，推进以节能减排为核心的绿色施工，实施绿色施工面达到50%”明确了绿色施工技术进步的总要求；从第五个目标到第八个目标，包括住宅产业化、建筑工业化、信息化管理和信息化施工、预拌砂浆使用率、提升模板周转次数等，则是十二五期间在绿色施工技术进步方面需要重点突破的具体目标。

9.1.4 中国城市污水再生利用技术政策

住建部和科技部联合发布的《中国城市污水再生利用技术政策》是依据《中华人民共和国水法》、《中华人民共和国水污染防治法》、《中华人民共和国城市规划法》和《城市节约用水管理规定》制定的。

城市污水再生利用是指水源保护、城市节约用水、水环境改善、景观与生态环境建设等结合，综合考虑地理位置、环境条件、经济社会发展水平、现有污水处理设施和水质特性等因素，城市污水经过净化处理，达到再生水水质标准和水量要求，并用于景观环境、城市杂用、工业和农业等用水的全过程。

该技术政策要求工程建设单位必须按照《中华人民共和国环境影响评价法》和《建设项目环境保护管理条例》的相关规定，向环境主管部门提供环境污染防治的方案，并提请排污申报。

城市污水再生利用的总体目标是充分利用城市污水资源，减少水污染，节约用水，促进水的循环利用，提高水的利用效率。国务院有关部门和地方政府应积极制定管理法规和鼓励性政策，切实有效地推动城市污水再生利用工程设施的建设与运营，并建立有效监控监管体系。

城市污水再生利用技术政策的实施，有利于推动城市污水再生利用技术进步，对指导各地开展污水再生利用规划、建设、运营管理、技术研究开发和推广应用，促进城市水资源可持续利用与保护，积极推进节水型城市建设具有重要意义。

对于建筑工程施工现场各个阶段产生的污水治理，该技术政策提出了再生利用的技术措施和指导方法，对于施工现场各阶段的污水利用和排放，发挥了“分类指导，强化利用，减少排放”的作用。

9.2 绿色施工标准

9.2.1 建筑工程绿色施工规范

由中国建筑股份有限公司与中国建筑技术集团有限公司主编的《建筑工程绿色施工规范》，是我国第一部指导建筑工程绿色施工的国家规范。

该规范基本按照分部分项工程划分，共计10章，即：1 总则、2

术语、3 基本规定、4 施工场地、5 地基与基础工程、6 主体结构工程、7 建筑装饰装修工程、8 建筑保温及防水工程、9 机电安装工程、10 拆除工程。

遵循系统性、科学性、前瞻性和可操作性的原则，以建筑工程绿色施工为对象，从管理、技术和工艺要求等方面提出了基本要求。结合我国情况，本规范对技术适宜性作出了原则规定。

《建筑工程绿色施工规范》的编制，注重施工过程的“人、机、料、法、环”分析，以绿色施工的“四节一环保”要求为基础，总结了我国建筑工程施工的经验，强调绿色施工中的新技术应用和科技创新，重视施工过程中的目标控制、监督和持续改进，以期实现对建筑工程绿色施工的规范化管理要求。

9.2.2　建筑工程绿色施工评价标准

由中国建筑股份有限公司、中国建筑第八工程局有限公司主编的《建筑工程绿色施工评价标准》GB/T 50640—2010 于 2010 年 11 月 3 日发布，并于 2011 年 10 月 1 日实施。

该标准是我国第一部有关对建筑工程进行绿色施工评价的国家标准。该标准依据 2007 年建设部颁布的《绿色施工导则》，在总结绿色施工实践的基础上，对绿色施工评价指标进一步甄别和量化，为建筑工程绿色施工评价提供了依据。

该标准基本章节构成主要为：1 总则、2 术语、3 基本规定、4 评价框架体系、5 环境保护评价指标、6 节材与材料资源利用评价指标、7 节水与水资源利用评价指标、8 节能与能源利用评价指标、9 节地与土地资源利用评价指标、10 评价方法、11 评价组织和程序。

该标准明确了绿色施工评价的方法，实施评价的基本思路是简便、实用、有效。评价档次分为不合格、合格和优良三个档次。单位工程绿色施工评价分三个评价阶段、五个评价要素（即“四节一环保”），按三类评价指标（即：控制项、一般项和优选项）评出相应格次，最后按每个批次评价分数的加权平均值，分别确定绿色施工阶段和单位工程的绿色格次。

该标准明确了建筑工程绿色施工的管理要求，提出了通过建筑工程绿色施工评价逐步促使绿色施工全过程实现规范化的思路。该标准重视建筑工程绿色施工的评价管理，规范了绿色施工评价行为，促进了绿色施工评价管理标准化、规范化，可促使通过科学管理和技术进步，最大限度地节约资源和减少对环境的负面影响，实现施工过程“四节一环保”。

该标准既适用于建筑工程绿色施工的合格性评价，也适用于建筑工程绿色施工的社会评优。

9.3 绿色施工的基础性管理标准

9.3.1 三大管理体系系列标准

ISO9000、ISO14000、OSHAS18000 三大标准族是指导组织构建科学化、系统化、标准化质量管理体系、环境管理体系、职业健康和安全管理体系的系列国际标准，也是指导绿色施工实施的重要基础性标准。

ISO9000 质量管理体系标准族、ISO14000 环境管理体系标准族由国际标准化组织（ISO）制定，OHSAS18000 职业健康和安全管理体系系列标准是由英国标准协会（BSI）、挪威船级社（DNV）等 13 个组织推出的标准，起到了准国际标准的作用。我国参照这些标准，制定了有关的国家或行业标准。

基于全面质量管理理论，以国际管理性标准为框架，融合其他管理要求，三大管理体系标准具有内在的有机联系和互补性，其遵循的理论基础、思想方法具有相似性，术语和标准的框架具有相容性。

三大管理体系系列标准均以戴明原理为基础，遵照 PDCA 循环原理，崇尚不断提升、持续改进的管理思想；三者都运用了系统论、控制论、信息论的原理和方法；三者均以满足顾客或社会、员工和其他相关方的要求为最高追求，以推动现代化企业持续取得最佳绩效；三者均突出体现了以人为本的思想，关爱人的生存、生产、生活的安全、健康，尊重和保护人类赖以生存和发展的自然环境。

ISO14001 和 OSHAS18000 标准，均围绕环境因素与危险源辨识为主线展开，而 ISO9001 标准则以产品形成的过程要求为主线展开。要求组织在策划质量管理体系时，要制定质量方针，识别自己的产品、顾客和顾客对产品的要求，同时建立质量目标，为产品的实现进行策划，质量目标策划输出的质量计划类似于 ISO14001 和 GB/T 28001 标准中的管理方案。在过程的策划中，产品实现的策划类似于ISO14001和OSHAS18000标准中对运行活动的规划。产品实现过程基本等同于ISO14001和OSHAS18000标准中的运行控制。运行控制的实质是对可能造成质量损失的过程进行控制。监视和测量的主要目的是发现和处理与产品要求不符合的地方，并采取纠正和预防措施，而管理评审则是实现体系持续改进的重要手段。

推行绿色施工应以贯彻三大管理体系为基础，坚持持续改进的原则，不断促进绿色施工取得实质性进展。

9.3.2 建设工程项目管理规范

2006年12月1日起实施的国家标准《建设工程项目管理规范》GB/T 50326—2006，是指导我国工程项目管理的重要规范，也是推进绿色施工所必须遵循的重要规范之一。

该规范共18章、69节、328条，主要内容包括：1项目范围管理、2项目管理规划、3项目管理组织、4项目经理责任制、5项目合同管理、6项目采购管理、7项目进度管理、8项目质量管理、9项目职业健康安全管理、10项目环境管理、11项目成本管理、12项目资源管理、13项目信息管理、14项目风险管理、15项目沟通管理、16项目收尾管理。

该规范明确了建设工程项目管理的模式，贯彻了项目实施过程中设计、采购、施工一体化管理的理念，为工程总承包企业和项目管理企业提供了实施依据，有利于培育和发展工程总承包公司和工程项目管理企业。

借鉴国际上两大项目管理知识体系（美国的PMP与欧洲的IPMP)，该规范结合我国建设工程项目管理实践，通过18章规范内容，对建设工程项目管理做出了较为科学的规定。

该规范把环境管理和职业健康安全管理分别单列一章，把现场管理作为环境管理中的一节，体现了以人为本的绿色施工和重视环境管理的思想内涵。

9.4 绿色施工支撑性标准

9.4.1 建筑节能工程施工质量验收规范

《建筑节能工程施工质量验收规范》GB/T 50411—2007是由建设

部和国家质量监督检验检疫总局于 2007 年 1 月 16 日联合发布，2007 年 10 月 1 日实施。

本规范是中国建筑科学研究院及有关单位为进一步做好建筑节能工作，加强建筑节能工程的施工质量管理，提高建筑工程节能技术水平，根据建设部（建标函［2005］84 号）《关于印发＜2005 年工程建设标准规范制定、修订计划（第一批）的通知＞》编制的。

本规范共分为 15 章及 3 个附录。内容包括：墙体、幕墙、门窗、屋面、地面、采暖、通风与空气调节、空调与采暖系统冷热源及管网、配电与照明、监测与控制、建筑节能工程现场实体检验、建筑节能分部工程质量验收。本规范特别强调：单位工程竣工验收应在建筑节能分部工程验收合格后进行。

建设工程必须节能，节能达不到要求的建筑工程不得验收交付使用。建筑节能效果只能通过数据检测确定，对建筑节能工程质量验收的检测资质、检测方法、验收程序及参与方等都提出明确要求的目的就是为强化建筑节能工程施工质量的验收要求。

本规范依据国家现行法律法规和相关标准，总结了近年来我国建筑工程中节能工程的设计、施工、验收和运行管理方面的实践经验和研究成果，借鉴了国际先进经验和做法，考虑了我国现阶段建筑节能工程的实际情况，突出了验收中的基本要求和重点，是一部涉及多个专业、多个分部分项工程节能要求的施工验收规范。

9.4.2 污水排入城镇下水道水质标准

《污水排入城镇下水道水质标准》CJ 343—2010 由住房和城乡建设部于 2010 年 7 月发布，2011 年 1 月实施。主要起草单位是北京市市政工程管理处。本标准是对《污水排入城市下水道水质标准》CJ 3082—1999 的修订。本标准适用于向城镇下水道排放污水的排水户。

本标准规定了排入城市下水道污水中 35 种有害物质的最高允许浓度。有害物质的测定方法依据本标准的规范性应用文件执行。对于水质标准，根据城镇下水道末端污水处理厂的处理程度，将 46 个控制项目分为 A、B、C 三个等级，即下水道末端污水处理厂采用再生处理应符合 A 等级的规定；采用二级处理时应符合 B 等级的规定；采用一级处理时符合 C 等级的规定；无污水处理设施时排放的污水水质不得低于 C 等级的要求，应根据污水的最终去向，执行国家现行污水排放标准。如三氯乙烯的最高允许值为A等级：1mg/L；B等级：1mg/L；C等级：0.6mg/L。水质超过本标准的污水，按有关规定和要求进行预处理；不得用稀释法降低其浓度，排入城市下水道。

本标准规定总汞、总镉、铬等九个项目以车间或车间处理设施的排水口抽检浓度为准，其他控制项目以排水户排水口的抽检浓度为准。排水户的排放口应设置排水专用检测；对重点排水户，应安装在线监测装置。

建设部2007年发布的《绿色施工导则》关于水污染控制条例，规定施工现场污水排放应达到《污水综合排放标准》GB 8978—2002的要求，但该标准已经废止。施工企业向城镇下水道排放污水标准可依据本规范执行。《绿色施工导则》规定施工现场针对不同的污水设置相应的处理设施，污水排放应委托有资质的单位进行废水水质检测。由《污水综合排放标准》GB 8978—2002可看出，施工现场排放的污水水质各控制项目不得低于C等级的标准。

9.4.3 工程施工废弃物再生利用技术规范

《工程施工废弃物再生利用技术规范》GB/T 50743—2012是由住房和城乡建设部和国家质量监督检验检疫总局于2012年5月8日联合发布，2012年12月1日实施。

本规范是根据住房和城乡建设部《关于印发〈2008年工程建设标准规范制订、修订计划（第一批）〉的通知》（建标［2008］102号）的要求，由江苏南通二建集团有限公司与同济大学会同有关单位编制完成的。

本规范以贯彻执行国家节约资源、保护环境的经济技术政策，促进工程施工废弃物的回收和再生利用为出发点，力求做到技术先进、安全适用、经济合理、质量保证。本规范明确了工程施工废弃物再生利用的基本技术要求，适用于建设工程施工过程中废弃物的管理、处理和再生利用。本规范主要技术内容共分9章29节，主要技术内容包括：总则、术语和符号、基本规定、废混凝土再生利用、废模板再生利用、再生骨料砂浆、废砖瓦再生利用、其他工程施工废弃物再生利用、工程施工废弃物管理和减量措施等，内容基本覆盖施工现场的一般废弃物再生利用和处理。

该规范要求施工废弃物不仅应根据废弃物类型、使用环境、暴露条件以及老化程度等进行分类回收，还应根据材性及类别划分为混凝土及其制品、模板、砂浆、瓷瓦砖石等进行分类存放，回收的废弃物应遵守与施工质量要求一致的工程质量控制原则，且便于就地进行废弃物再次利用。该规范还明确了建设单位、施工单位、监理单位、设计单位在工程施工中废弃物再生利用的环境保护职责。

该规范为我国的施工废弃物再生利用明确了方向，有效地规范了建筑垃圾的产生、收集、再生、利用的全过程，对我国建筑垃圾资源化和再生利用具有重要的推动作用，对绿色施工实施具有较强的支撑作用。

9.4.4 建筑施工场界环境噪声排放标准

《建筑施工场界环境噪声排放标准》GB 12523—2011 是由国家环境保护部和国家质量监督检验检疫总局于 2011 年 12 月 5 日联合发布，2012 年 7 月 1 日实施。主要起草单位是中国环境监测总站，由环境保护部负责解释。

该标准是为贯彻《中华人民共和国环境保护法》和《中华人民共和国环境噪声污染防治法》，防治建筑施工噪声污染，改善声环境质量而制定的，是对《建筑施工场界噪声限值》GB 12523—1990 和《建筑施工场界噪声测量方法》GB 12524—1990 的第一次修订，自正式实施之日，这两份标准同时废止。本标准由县级以上人民政府环境保护行政主管部门负责监督实施。

该标准规定了建筑施工场界环境噪声排放限值及测量方法，适用于周围有噪声敏感建筑物的建筑施工噪声排放的管理、评价及控制，市政、通信、交通、水利等其他类型的施工噪声排放也可参照本标准执行。但不适用于抢修、抢险施工过程中产生噪声的排放监管。

该标准规定建筑施工过程中施工场界环境噪声排放不得超过昼间 70dB（A）和夜间 55dB（A）的限值。夜间施工噪声的最大声级不得超过 70dB（A）。噪声取值为测量连续 20min 的等效声级，夜间同时测量最大声级。为确保测试精度，本标准对测点位置、仪器校准、测试天气、背景噪声修正、测试记录等都有明确规定。

该标准对建筑工程施工过程的噪声控制，有效缓解我国施工噪声扰民，继续深化并细化施工噪声测试和评价具有重要作用，是推进绿色施工的重要支撑性标准。

9.4.5 防治城市扬尘污染技术规范

《防治城市扬尘污染技术规范》HJ/T 393—2007是环境保护行业标准。本标准是由国家环境保护总局于2007年11月21日发布，2008年2月1日实施。本标准的制定是为了防治城市扬尘污染，改善环境质量。本标准为首次发布，主编单位是南开大学。

本标准规定了防治城市各类扬尘污染的基本原则和主要措施、道路积尘负荷的采样方法和限定标准。适用于城市规划区内各类施工工地，路面铺装，广场及停车场，各类露天堆场、货场及采矿采石场等场所的生活生产活动产生扬尘的污染防治。防治工程项目施工扬尘污染是本标准的重要内容之一。

对于施工工地产生的扬尘污染防治，本标准由第5章单独讲述。对于施工工地产生的扬尘污染防治，工程建设单位须按照《中华人民共和国环境影响评价法》和《建设项目环境保护管理条例》的相关规定，向环境主管部门提供环境污染防治方案（包括施工扬尘污染防治方案），并提请排污申报。新建、改建和扩建工程施工场所扬尘污染防治主要内容包括施工围挡、围栏及防溢座的设置，土方工程防尘措施，建筑材料的防尘管理措施，建筑垃圾的防尘管理措施等内容。本标准还规定了拆迁施工场地扬尘污染防治、修缮、装饰等施工场所扬尘污染防治等，内容涉及相当宽泛。

此外，针对施工扬尘污染防治，要求建立按施工典型阶段进行技术防控，如按土方与基础施工阶段、主体结构阶段、安装与装饰阶段，以及拆迁阶段等；建立施工现场扬尘浓度的实时监测和预警系统；建立施工现场扬尘排放控制的评价指标体系，这对进行系统的科学评价、落实扬尘控制责任具有重要意义。

9.5 绿色施工的相关标准

9.5.1 国内外主要绿色建筑评价及标准

绿色建筑的概念于20世纪由欧美国家提出，二十多年来出现了众多的绿色建筑评价标准及有关的软件工具。我国绿色建筑评价标准的编制，在一定程度上吸收了西方国家理论研究及实践的成果。

目前世界上著名的绿色建筑评价标准有数十种之多，基本上均采用生命周期方法针对建筑产品或建筑物进行评价。这些评价标准大部分基于全生命周期的数据，针对建筑工程本体，评价的侧重点是建筑产品。近年来美国LEED标准体系针对的评价范围不断扩展，日趋具体，已形成七大系列，包括《新商业建设和主要修复项目》LEED-NC、《现有建筑营运》LEED-EB、《住宅》LEED-H、《社区邻里开发》LEED-ND等。

现在也有不进行绿色建筑评价，而进行可持续建筑认证的做法。如，德国的可持续建筑认证体系，则包括环境、经济、社会、技术、流程、现场等可持续发展指标。还有许多标准侧重于环境要素，诸如全球变暖、室内空气质量以及能源和资源的消耗等方面的评价。

研究表明：没有一个标准能够满足所有的评价要求。即便是被认为较为完美的加拿大与多国合作制定的《绿色建筑挑战工具》GBTool，依然有不少局限，例如，它只是一个框架，使用者只能使用其他的工具模拟能源绩效、测算物化能源和排放、预测热舒适性和空气质量。

美国LEED、英国的《英国建筑研究院绿色建筑评估体系》BREEAM和澳大利亚的《澳大利亚建造环境评价系统》NABERS等，包含了较广的评价指标，评分表较为简明，评价内容包括现场选择、水资源的有效使用、建筑物或部件的再使用、室内环境质量控制、能源使用等，信息较容易获得。评价信息定量化更高。

LEED系列标准中，NC标准和CS标准较多涉及绿色施工的评价指标，这些指标反映了绿色施工对绿色建筑形成的重要作用和密切关系。

《绿色建筑评价标准》修订版，也增加了绿色施工评分的权重，主要是基于建成绿色建筑，对工程施工过程提出的绿色施工要求，集中体现在施工管理、环境保护、资源节约和过程管理，涉及多个条款。绿色施工的目的是实现施工现场的环境友好，节约资源，改善作业环境，减少各种污染排放，《绿色建筑评价标准》修订版涉及的仅是绿色施工的一部分内容。

9.5.2 建筑工程生命周期可持续性评价标准

清华大学主编的行业标准《建筑工程生命周期可持续性评价标准》JGJ/T 222—2011于2011年7月发布。该标准是我国第一部针对建筑工程全生命周期的可持续性进行定量评价的标准，为系统识别建筑活动的环境影响因素，对建筑工程生命周期的环境影响进行定量评价提供了标准依据。

该标准尊重现行其他相关标准的规定，要求进行建筑工程全生命周期可持续性评价时不得以牺牲工程的质量、安全性、耐久性等为代价，获取单纯的，浅层次的环境影响结果。

该标准依据确定的评价对象、采集和处理数据、全生命周期可持续性评价和编制评价报告等四个步骤，对建筑工程全生命周期的可持续性进行评价，最终给出建筑工程单位建筑面积的环境影响值等指标。建筑工程全生命周期包括材料和半成品生产、施工安装、运行维护和拆除等四个阶段。根据帕累托法则（80/20 法则），该标准把对环境影响贡献大的材料、建筑构配件和设备纳入评价范围，其排放物质均为现阶段环境负面影响已经明确要求统计的物质。

依照该标准，将清单数据汇总成最终环境影响值的折算系数，将污染排放物换算成环境影响类型代表当量物质的相应权重，并以此作为评价数据。该标准把人类健康与生态系统保护统一起来，把保护领域划分为环境和资源两大类，参考国际环境毒理学会（SETAC）和丹麦工业产品设计（EDIP）提出的分类方案，综合考虑目前国内的研究成果及数据的可获取性，明确了我国环境影响类型的分类方法和评价方法。

9.6 绿色施工拟建标准

施工现场要实施绿色施工，选用绿色性能好的建筑材料和施工机械是必不可少的，建筑材料和施工机械的绿色性能评价和选用方法是绿色施工实施的基础条件。因此，应在原有绿色施工标准体系的基础上，形成用以指导建筑材料和施工机械绿色性能评价和选用的相关标准。

9.6.1 施工现场建筑材料绿色性能评价标准

施工现场建筑材料绿色性能评价应遵循绿色施工的基本原则，立足于施工现场，从施工企业的角度出发，开发适应我国现状和特点的、操作性强的建筑材料绿色性能评价和分析方法，建立建筑材料全寿命期（即“生成、使用、报废阶段”）绿色性能的综合评价体系。施工现场建筑材料绿色性能评价标准的重点和难点在于采用统一、简单、可行的指标体系对施工现场各式各样的建筑材料进行绿色性能评价，可注重于废渣排放、废水排放、废气排放、尘埃排放、噪声排放、废渣利用、水资源利用、能源利用、材料资源利用、施工效率等指标，明确评价方法和评价程序。《施工现场建筑材料绿色性能评价标准》的建立，可指导施工单位制定合理的现场选材方案，降低能源和资源的消耗，实现生态环境保护和社会资源的有效利用，推广使用“节能”和“环保”的绿色建材，推动绿色建造和绿色施工的实施。

9.6.2 施工现场建筑机械绿色性能评价标准

与施工现场建筑材料绿色性能评价类似，施工现场建筑机械绿色性能评价标准也应遵循绿色施工的基本原则，立足于施工现场，从施工企业的角度出发，开发适应我国现状和特点的、操作性强的施工机械绿色性能评价分析方法和体系。施工现场建筑机械绿色性能评价可采用性能指标（主要功能、施工效率等）、节能指标（电耗、油耗等）、减排指标（尾气排放量、粉尘等）和降噪指标等，从地基基础工程、主体结构、装饰与安装工程三大施工阶段对施工机械绿色性能进行评价，并明确评价方法和评价程序。《施工现场建筑机械绿色性能评价标准》的建立，对提高建筑施工机械节能环保水平和推动建筑施工实现绿色建造具有重要作用。

第10章　绿色施工案例

10.1　绿色施工综合案例

10.1.1　工程概况

（1）工程情况

工程为四栋地下2层、地上32层的一类高层建筑，总面积达13.9万m^2，为钢筋混凝土剪力墙结构。工程于2009年5月开工，2011年6月竣工。

地下室为车库和设备用房，车容量为499辆。设有两个甲六级二等人员掩蔽体，地下室防水等级为II级。

（2）施工现场情况

施工现场布置根据科学合理的原则，充分利用了施工现场原有建筑、构筑物、道路、管线。

施工现场道路采用临时道路与永久道路相结合的方式，避免了交通堵塞。运输车辆均从韶山路进入施工现场，缩短运输距离。施工现场仓库、加工厂、作业棚、材料队场等布置靠近交通线路。

工程施工现场供、排水系统十分完善。施工作业区、办公区和生活区均100%配备节水器具。

排污方面，施工现场设有专门的汽车冲洗池、排水沟、隔油池、化粪池以及沉淀池、集水井等，专人定期负责清理并记录在册。

施工现场利用高度不低于2m的老围墙，均采用多层轻钢活动板房、钢骨架水泥活动板房等装配式结构。

施工平面布置如图10-1所示。

（3）合同约定情况

各个合同约定条款中，绿色施工的要求主要包括技术、质量以及资料等方面的要求。施工单位必须确保绿色施工评价达到“合格”

要求。

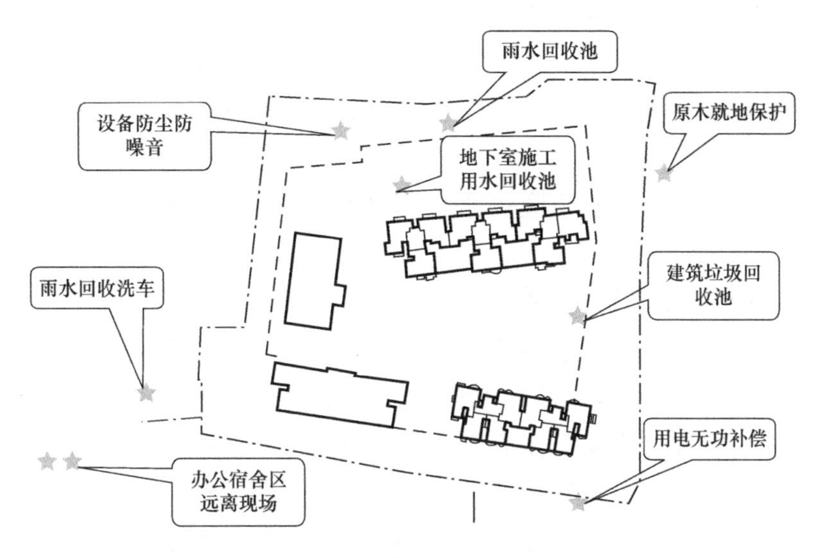

图 10-1 施工平面布置图

10.1.2 绿色施工策划

(1) 绿色施工环境影响要素分析及评价点数调整

绿色施工环境要素是指通过多变量统计技术，把一个项目中涉及绿色施工的环境要素分析出来，确定各个要素的影响、产生原因，识别和评估其影响，从而提出控制办法并付诸实施。通过绿色施工环境影响要素分析，可以更有针对性地进行绿色施工策划，并据此对绿色施工评价要素的评价点进行调整，促使绿色施工评价更加符合项目实际。

根据《建筑工程绿色施工评价标准》GB/T 50640—2010，在本工程中，绿色施工环境影响要素分析确定了在一般项、优选项两类指数中进行调整，增加了一般项的三个加分点，优选项的四个加分点。

一般项的三个加分点是：1）临时用电在总体降耗上，项目部充分考虑了三相负荷平衡，且不平衡控制在 20%以内，并且在三相供电电网中采用了人工补偿无功功率设备“电容屏”；2）在建筑的东向设置了 4 个垃圾回收池；3）对各类垃圾分类清运并在指定地点进行二次处理利用。

优选项的四个加分点是：1）混凝土配合比优化设计，采用了高耐久轻硅纤维阻裂增强材料等，增强了混凝土耐久性；2）超长无缝地下室采取混凝土裂缝防治技术，通过采取控制混凝土配合比、设抗裂钢筋网片等合理措施，提高了混凝土抗裂性；3）严格控制原材料质量、计量精度、添加剂参量和优化配合比等措施，提高了混凝土抗渗性；4）自然雨水循环利用，用于冲洗现场机具、设备、车辆用水、设立循环用水装置。

以上增加点均列入相应要素评价表中，并经建设和监理单位会签认同。

（2）绿色施工组织体系

为做好本工程的绿色施工管理，公司成立了以公司总工程师为组长的“绿色施工指导小组”，项目部成立以项目经理为组长的绿色施工管理小组，并确保各项工作有专人负责实施。项目经理为第一责任人，设立项目绿色施工专职负责人。以《绿色施工方案》为依据，明确绿色施工的目标责任，确保绿色施工的目标实现。以谁主管谁负责，分工与协调相结合，服务与监督相结合为原则，成立以技术中心为核心的绿色施工课题研究小组，以项目为平台，进行绿色施工标准化管理课题研究。绿色施工组织体系，如图 10-2 所示。

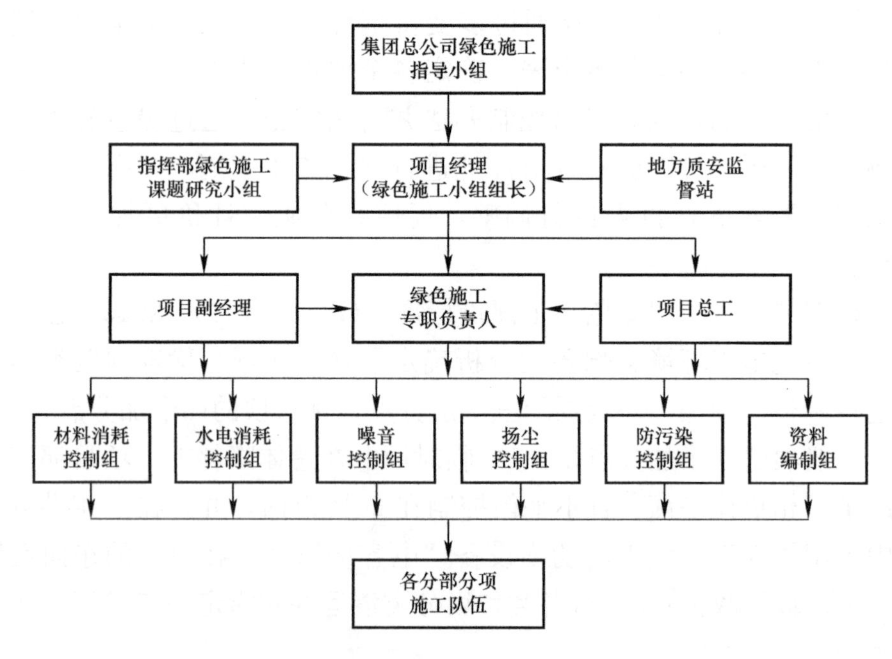

图 10-2　绿色施工组织体系

绿色施工小组成员职责：

1）项目经理

项目经理为绿色施工第一责任人，负责各分包单位之间的统筹与协调，建立项目责任制，确定目标和指标，全面落实绿色施工目标实现，负责资源调配和绿色施工的组织实施。

2）项目执行经理

组织协调绿色施工所需的人员、设备、场地等资源，制定绿色施工方案目标及规划，监督方案执行。

3）项目总工

① 负责组织按照绿色施工要求及既定施工目标，编制施工方案，确定各种绿色施工措施。

② 协助项目经理制定管理办法和各项规章制度，并监督实施。

③ 参加绿色施工绿色评价、检查和监测，并根据监测结果，确定是否需要采取更为严格的防控措施，确保现场资源保护、资源节约和污染排放始终控制在国家有关法规允许的范围内。

4）主管工长

负责绿色施工方案的落实，协助项目执行经理对人员、机械、设备进行组织协调；组织相关人员按绿色施工责任要求实施，并组织进行自检、互检和交接检查，组织进行自评价，落实改进措施。

5）工长

熟悉图纸和规范要求，组织施工生产，落实工程进度计划和绿色施工措施，负责向施工班组交底。

6）经营部经理

编制施工预算和指标测算，按月工作量报表统计，进行绿色施工预算与实耗量对比分析。

7）材料主管

对进场材料进行验收和数量核对，保障符合绿色性能要求；建立原材料进场和耗用台账，逐月和分阶段统计消耗数量，以掌握材料消耗情况。

8）现场监督主管

熟悉绿色施工规范标准和绿色施工策划文件，据此对现场绿色施工实施情况进行检查，发现与施工方案不符的情况，及时提出整改要求。

9）材料消耗控制组

按照绿色施工方案及项目部材料管理规定，对工程消耗材料、周转材料：

① 提出准确材料计划，明确所需材料具体要求；

② 及时组织材料进场，并确保进场材料质量；

③ 控制绿色施工过程中材料的使用，做到工完场清，避免浪费。

10）水电消耗控制组

根据绿色施工方案中水电消耗管理内容及项目部水电管理规定，做好：

① 根据方案要求，落实每块水表、电表安装情况，并定期检查；

② 每月 8 号按时抄水表、电表数，并做好分类记录；

③ 根据水电表记录做好统计分析工作；

④ 根据方案要求落实各项节水、节电措施。

11）噪声控制组

按照方案及平面图中给定的噪声控制点，安装好测量仪器并妥善保护，每天早、中、晚分别记录噪音读数，并将每日记录整理汇总分析。

12）扬尘控制组

① 按照方案要求，每天落实土方施工、主体、装修施工阶段防扬尘污染措施的执行；

② 做好不同施工阶段场区内目测扬尘高度记录并整理汇总分析。

13）防污染控制组

参与制定并落实防止光污染、水污染、土壤污染、固体废弃物污染的具体方案和措施。

（3）绿色施工管理制度

为做好本工程的绿色施工管理，制定了以下主要管理制度。

1）集团公司制定了一系列制度及规定，主要包括：组织机构管理制度、绿色施工项目管理制度、绿色施工教育培训制度、绿色施工奖励制度、机械保养制度、限额领料制度、建筑垃圾再生利用制度、材料管理制度、污水处理制度、职工用水规定、职工用电规定、卫生急救保健防疫制度等。通过以上管理制度及规定来控制和管理绿色施工过程，确保达到绿色施工目标要求。

2）在集团公司既有制度基础上，项目部依据工程项目实际，进一步细化了以“四节一环保”为核心的绿色施工制度、机械保养制度、限额领料制度、建筑垃圾再生利用制度、材料管理制度、污水处理制度等，确定了环境保护、节材与材料资源利用、节水与水资源利用、节能与能源利用、节地与施工用地保护所必须采取的措施等，保证了制度的可实施性。

3）项目部还制定了职工用水规定、职工用电规定，明确了每人每天的用水量，明确了每间宿舍每天的用电量和空调的使用时间，制定了卫生急救、保健防疫、安全事故及疾病疫情发生时应急措施。

4）项目部在集团公司指导下制定绿色施工教育培训制度，为定期组织职工进行绿色施工知识培训提供了依据。

5）项目部制定了绿色施工奖励制度，形成了绿色施工的奖励制度。

（4）绿色施工资源配置

要做好绿色施工，就必须配置足够的资源。本工程创建了非常好的资源供应环境，确保了工程有序地进行。

人员配备是绿色施工的关键环节。在安排该项目的工作人员时，首先考虑的是施工经验丰富的工作人员。同时选派具有丰富经验的绿色施工技术人员住场指导绿色工作的开展。

绿色施工资金保证是工程顺利进展的先决条件，设定绿色施工专用资金。为使本工程的绿色施工有一个良好的保障条件，建立了绿色施工专款专用制度。绿色施工专用资金以绿色施工方案为基础，由合约部牵头，测算出绿色施工资金数量，并明确规定了绿色施工措施费、绿色材料使用费、绿色施工宣传及培训费等所占比例。以保证绿色施工方案的有序实施和绿色施工措施的真正落实到位。

绿色施工过程中，材料和机械设备能否按时到位都对绿色施工的进程有重大的影响。项目规定所需材料应以本地材料为主，减少了运输产生的污染，并降低了运费。来自公司自主研发的新型混凝土添加剂，减少了水泥用量和二氧化碳的排放量。在机械设备的应用上，该项目主要是邀请经验丰富的操作人员指挥和操作，从而减少不必要的耗油耗气损失。同时，及时做好设备检查维护工作，以防操作中出现故障阻碍施工进程。

(5) 绿色施工总体部署

绿色施工总体部署是指对整个建设项目绿色施工全局做出的统筹规划和全面安排，主要解决建设项目绿色施工全局的重大问题。工程全局性的统筹规划工作主要包括：1）工期安排；2）遵循基本的原则和程序；3）编制施工准备计划；4）拟定绿色施工主要方案等。

1）工期安排

工程计划工期24个月，其中：地基基础工期为5个月，结构主体工期为10个月，装饰装修及机电安装工期为9个月。

2）遵循基本的原则和程序

工程绿色施工遵循基本的原则是：

① 通过优良的设计和管理，优化生产工艺，采用适用技术、材料和产品；

② 合理利用和优化资源配置，改变消费方式，减少对资源的占有和消耗；

③ 因地制宜，最大限度地利用本地材料与资源；

④ 最大限度地提高资源利用效率，积极促进资源的综合循环利用；

⑤ 尽可能使用可再生的、清洁的资源和能源。

绿色施工基本程序是：绿色施工实行动态管理。本工程按基础、主体、装饰三个阶段组织绿色施工。各个阶段采取“四节一环保”五要素对应的措施实现绿色施工，工程项目相关方每个月组织进行一次绿色施工批次评价，并且每个阶段至少组织公司专家进行绿色施工评价一次。

3）明确指标及目标的控制

为落实集团公司绿色施工的要求，首先明确了绿色施工各项指标，最终实现本工程绿色施工的总体目标要求。

① 环境保护：噪声排放达标符合《建筑施工场界环境噪声排放标准》GB 12523—2011规定；污水排放达标，生产及生活污水经沉淀后排放，达到《城镇污水处理厂污染物排放标准》GB 8978—2002规定；控制粉尘排放，施工现场道路硬化，达到现场目测无扬尘；达到ISO14001环保认证及《绿色施工管理规程》DB 11/513—2008的要求；达到“零污染”要求的目标。各项环境保护指标如表10-1

所示。

绿色施工环境保护指标 **表 10-1**

序　号	主要指标	目标值
1	建筑垃圾	产生量小于 1000t 再利用率和回收率达到 55%
2	噪声控制	昼间≤75dB 夜间≤55dB
3	水污染控制	pH 值达到 6～9
4	抑尘措施	结构施工扬尘高度≤0.5m，基础施工扬尘高度≤1.5m
5	光源控制	达到环保部门规定

② 节材与材料资源利用：合理安排材料进场计划，降低材料损耗率，积极推广应用“四新”计划，节材与材料资源利用指标如表 10-2 所示。

绿色施工节材与材料资源利用指标 **表 10-2**

序　号	主材名称	预算量（含定额损耗量）	定额允许损耗率及量	目标损耗率及量	目标减少损耗量
1	钢材	7176t	2.5%；180t	1.5%；108t	72t
2	商品混凝土	55200m^3	1.5%；828m^3	0.9%；497m^3	331m^3
3	木材	926m^3	5%；46.3m^3	3%；27.78m^3	18.52m^3
4	加气混凝土砌块	17100m^3	1.5%；255m^3	1%；171m^3	84m^3
5	围挡等周转材料	-	-	-	重复使用率大于 85%

③ 节水与水资源利用：生活用水节水器具配置比率达到 100%，万元产值用水量指标控制在 7.8t，各施工阶段万元产值用水量及节水设备配置率如表 10-3 所示。

各施工阶段万元产值用水量及节水设备配置率 **表 10-3**

<table>
<tr><th>序号</th><th>施工阶段</th><th colspan="2">万元产值目标耗水</th></tr>
<tr><td rowspan="3">1</td><td rowspan="3">桩基、基础阶段</td><td rowspan="3">7.5m³/万元产值</td><td>施工用水：6.8m³/万元产值</td></tr>
<tr><td>办公用水：0.1m³/万元产值</td></tr>
<tr><td>生活用水：0.6m³/万元产值</td></tr>
<tr><td rowspan="3">2</td><td rowspan="3">主体结构阶段</td><td rowspan="3">3.6m³/万元产值</td><td>施工用水：2.7m³/万元产值</td></tr>
<tr><td>办公用水：0.1m³/万元产值</td></tr>
<tr><td>生活用水：0.8m³/万元产值</td></tr>
<tr><td rowspan="3">3</td><td rowspan="3">二次结构施工及装饰装修阶段</td><td rowspan="3">6.8m³/万元产值</td><td>施工用水：5.8m³/万元产值</td></tr>
<tr><td>办公用水：0.1m³/万元产值</td></tr>
<tr><td>生活用水：0.9m³/万元产值</td></tr>
<tr><td>4</td><td>节水设备配置率</td><td colspan="2">大于 90%</td></tr>
</table>

注：三个阶段的施工产值比例分别为：1∶0.48∶0.907。

④ 节能与能源利用：严禁使用淘汰的施工设备、机具和产品；万元产值耗电量指标控制75kWh；公共区域内照明、节能照明灯具的比率大于80%；用电指标为0.03t标准煤/万元产值，相当于74.2kWh/万元产值，各施工阶段万元产值用电量及节电设备配置率如表10-4所示。

各施工阶段万元产值用电量及节电设备配置率　　　　表10-4

序号	施工阶段	万元产值目标耗电	
1	桩基、基础阶段	54kWh/万元，相当于0.0218t标准煤/万元	施工用电：49kWh/万元，相当于0.0198t标准煤/万元
			办公用电：1.5kWh/万元，相当于0.0006t标准煤/万元
			生活用电：3.5kWh/万元，相当于0.0014t标准煤/万元
2	主体结构阶段	73.5kWh/万元，相当于0.0297t标准煤/万元	施工用电：66kWh/万元，相当于0.0267t标准煤/万元
			办公用电：1.5kWh/万元，相当于0.0006t标准煤/万元
			生活用电：6kWh/万元，相当于0.0024t标准煤/万元
3	二次结构施工及装饰装修阶段	65kWh/万元，相当于0.0262t标准煤/万元	施工用电：55.5kWh/万元，相当于0.0224t标准煤/万元
			办公用电：1.5kWh/万元，相当于0.0006t标准煤/万元
			生活用电：8kWh/万元，相当于0.0032t标准煤/万元
4	节电设备配置率	大于90%	

注：三个阶段的施工产值比例分别为：1∶1.36∶1.204。

各施工阶段万元产值用电量及节电设备配置率如表10-4所列；用油指标为0.004t标准煤/万元产值，相当于3.19L/万元产值，各施工阶段万元产值用油量如表10-5所示。

各施工阶段万元产值用油量　　　　表10-5

序号	施工阶段	万元产值目标用油	
1	桩基、基础阶段	2.95L/万元，相当于0.0037t标准煤/万元	施工用油：2.76/万元，相当于0.0035t标准煤/万元
			生活用油：0.19L/万元，相当于0.0002t标准煤/万元

续表

序号	施工阶段	万元产值目标用油	
2	主体结构阶段	1.6L/万元，相当于0.002t标准煤/万元	施工用油：1.25L/万元，相当于0.0016t标准煤/万元
			生活用油：0.35L/万元，相当于0.0004t标准煤/万元
3	二次结构施工及装饰装修阶段	0.95L/万元，相当于0.001t标准煤/万元	施工用油：0.4L/万元，相当于0.0005t标准煤/万元
			生活用油：0.5L/万元，相当于0.00063t标准煤/万元

⑤ 节地与施工用地保护：禁止使用黏土砖；平面布置尽量减少临时用地面积，充分利用原有建筑物、道路等。节地与施工用地保护指标如表10-6所示。

节地与施工用地保护指标　　　　表10-6

序　号	项　目	目标值
1	办公、生活区面积	4400m^3
2	生产作业区面积	13000m^3
3	办公、生活区面积与生产作业区面积比率	0.338∶1
4	施工绿化面积与占地面积比率	1
5	原有建筑物、构筑物、道路和管线的利用情况	50%
6	场地道路布置情况	双车道宽度≤6m，单车道宽度≤3.5m，转弯半径≤15m

⑥ 绿色施工的总体目标是：

a. 绿色施工按评价标准达到“优良”等级；

b. 确保完成公司下达的绿色施工、节能降耗各项指标要求；

c. 创建长沙市绿色施工（节约型工地）工程；

d. 创建全国绿色施工示范工程。

4）绿色施工方案编制

① 公司组织经理部成员学习《绿色施工导则》、《建筑工程绿色施工评价标准》GB/T 50640—2010、《绿色施工管理规程》DB 11/513—2008的培训与学习，提高绿色施工的认知，加深对绿色施工条文的理解，以便形成绿色施工推进的骨干人员。

② 建立一个以公司主要负责人为龙头，项目经理为主要实施人的

绿色施工管理体系，做到目标、责任明确。

③ 集思广益，依据公司制定的绿色施工目标进行目标分解，以施工场地实际情况为基础，以节地、节能、节水、节材和环境保护为原则，精心编制绿色施工方案。

④ 制定绿色施工项目管理制度，建立健全绿色施工管理资料档案，实施定期绿色施工检查和评价，确保检查记录清晰明确。定期召开绿色施工例会，总结经验，通报情况，落实绿色施工措施。

（6）绿色施工措施

1）绿色施工管理措施

绿色施工管理主要包括组织管理、规划管理、实施管理、评价管理和人员安全与健康管理五个方面。我们制定了工程绿色施工管理制度和组织机构管理制度等，明确了绿色施工的责任人及目标。集团公司成立了绿色施工领导小组、绿色施工管理小组、绿色施工课题研究小组，以项目经理为第一责任人。在施工组织设计中设有独立的绿色施工实施方案，且三级审批齐全。

绿色施工过程中，利用横幅、工地宣传栏、黑板报、室内告示牌等对绿色施工作相应宣传，通过宣传营造绿色施工的氛围，定期对职工进行绿色施工培训，增强职工绿色施工意识。

评价管理中，根据《建筑工程绿色施工评价标准》GB/T 50640—2010 要求，分基础、主体、装饰三个阶段进行按时评价，绿色施工评价情况按照 PDCA 循环要求评估，提出改进措施，进行持续改进。公司专家评估小组分阶段对工程绿色施工进行综合评估。

在职工生活区设置浴室、厕所、医务室、娱乐室等，工人宿舍安装空调，改善职工生活条件，生活办公区与施工现场相对隔离。并合理布置施工场地，保证生活及办公区不受施工活动的有害影响。

2）环境保护

环境保护从扬尘控制、噪声与振动控制、光污染控制、水污染控制、土壤保护等方面制定措施。

采取严格的措施，防止或者减少粉尘、废气、废水、固体废物、噪声振动和施工照明对作业人员及周围居民的影响。如在土方作业阶段采取洒水覆盖；屋面防水用到的 SBS 改性沥青防水卷材妥善保管，合理使用，严禁在施工现场随意燃烧，控制有毒气体的排放；在施工现场设置沉淀池、隔油池、化粪池，对不同的污水进行处理后排放；建筑垃圾分类回收，通过粉碎机粉碎后回收利用；夜间22点后停止作业，对钢筋加工棚、木工加工棚设置隔音棚，减少机械噪声的污染；施工现场照明灯具采用定型灯罩等。

3）节材与材料资源利用

节材方面，注重事前、事中的过程控制。一是加强进场材料的入库管理，根据施工进度、库存情况合理安排材料的采购、进场时间和批次，减少库存。二是加强材料的过程控制，现场材料整齐堆放，根据现场材料就近卸载材料，避免和减少二次搬运。采取技术和管理措施提高模板、脚手架的周转次数。三是重视结构材料的利用，如全部使用商品混凝土，积极使用高强钢筋和高性能混凝土，对钢筋、模板优化方案，集中实行工厂化预制加工，提高材料的使用率等。四是材料本地化，距现场500km内的建筑材料用量占总用量的70%以上，减少运输材料损耗和能源消耗。五是建筑垃圾分类回收再利用，在现场修建了四个建筑垃圾回收池，将混凝土块、短小钢筋、页岩砖块以及其他可回收建筑垃圾进行分类回收，回收利用建筑垃圾为项目创效5万多元。

4）节水与水资源利用

节水方面，进一步提高用水效率，非传统水源充分利用，并对安全用水作出规定。一是合理规划施工现场及生活办公区临时用水布置。现场机具、设备、车辆冲洗用水设立循环水装置。现场办公区、生活区的生活用水采用节水器具。供水管网根据实际情况及用水量进行设计布置，布管时尽量避开施工主要道路或加工场区。在水管连接处用塑料膜缠紧防止漏水。二是充分利用非传统水源，施工现场建立基坑积水、泵车冲洗水收集池，利用雨水作为施工用水。通过循环水利用系统，调用雨水作为现场机具、设备、车辆冲洗，喷洒路面，绿化浇灌的用水。三是建立安全用水措施，实行用水计量管理，生活区和施工区分开计量，安排专人建立安全用水统计台账，每月进行分析，对比，总结。办公区、生活区、施工现场区设置明显的节约用水标识标牌，从思想上保证员工认识到节水的重要性。

5）节能与能源利用

节能方面，对机械设备与机具，生产、生活及办公临时设施，施工用电及施工照明采取相应的节能措施。一是项目部制定严格的施工能耗指标，提高施工能源利用率。优先使用国家、行业推荐的节能、高效、环保的施工设备和机具，如选用变频技术的节能施工设备等。规定合理的温、湿度标准和使用时间，提高空调的运行效率。二是建立机械设备管理制度，开展用电、用油计量，完善设备档案，及时做好保养工作，使机械设备保持低耗、高效的状态。选择功率与负载相匹配的施工机械设备，避免大功率施工机械设备低负荷长时间运行。合理安排工序，提高各种机械的使用率和满载率。三是重视生产、生活及临时设施建设，利用自然条件，合理设计生产、生活及办公临时设施的体形、朝向、间距和窗墙面积比，使其获得良好的日照、通风和采光。临时设施采用节能材料，墙体、屋面使用隔热性能好的材料。合理配置空调数量，规定使用时间，实行分段分时使用，节约用电。四是优选施工用电及照明器具，临时用电优先选用节能灯具，节能灯具配备率100%，临电线路合理设计、布置。五是分线路分开计量，及时收集、分析数据，生产、生活、办公单独设置用电线路，单独安装电表，每月专人定时读取数据并进行横向、纵向对比分析，出现异常及时找出原因，整改到位。

6）节地与施工用地保护

节地方面，分别对用地指标、临时用地保护、施工总平面布置做了规定。一是根据施工现场规模及现场条件等因素合理确定临时设施，如严格控制临时加工厂、现场作业棚及材料堆场的占地指标。二是严格保护临时用地，工程开工前就对深基坑施工方案进行优化，以使工程开工后，尽量减少土方开挖和回填量，最大限度地减少对土地的扰动。充分利用并保护施工用地范围内原有绿色植被。三是做到施工总平面布置科学合理，临时办公用房采用经济、美观、占地面积小、对周边地貌环境影响最小，且适合于施工平面布置动态调整的多层轻钢活动板房。临时宿舍利用现场废弃仓库建造，既节约用地又节约用材，同时提高了工人生活质量。生活、生产、办公区实现了分开布置，生活、办公区远离生产区，不受施工活动影响。施工现场围墙采用连续封闭的轻钢结构预制装配式活动围挡，减少建筑垃圾，保护土地。施工现场道路按照永久道路和临时道路相结合的原则布置。施工现场内形成环形道路，减少道路占用土地。四是施工平面布置动态管理，分基础、主体、装修三个阶段分别布置施工现场，将对场地破坏减小到最低，及时修复施工用地，保护土地资源。

（7）绿色施工评价

根据《建筑工程绿色施工评价标准》GB/T 50640—2010，依据工程工期为24个月的总体安排，应进行24个绿色施工批次评价，其中：地基基础施工阶段为5个评价批次；结构主体施工阶段为10个评价批次；装饰装修及机电安装施工阶段为9个评价批次。

绿色施工批次评价前，施工项目部应首先进行绿色施工情况的自检，在自检达到要求的基础上，邀请监理与建设单位派员共同进行绿色施工批次评价，并应在《绿色施工要素评价表》和《绿色施工批次评价表》中签署确认意见。

在施工过程中，从地基与基础工程、结构工程、装饰装修与机电安装工程等三个阶段形成《绿色施工地基基础评价表》、《绿色施工主体结构评价表》、《绿色施工装饰装修及机电安装施工阶段评价表》和最终的《单位工程绿色施工评价表》，并按要求签署意见，存档备查。

（8）绿色施工技术创新

拟在本项目开发采用如下新技术：

1）人工补偿无功功率设备"电容屏"技术

为减少临电消耗，项目部充分考虑三相负荷平衡，不平衡度控制在20％以内，拟在三相供电电网中开发采用人工补偿无功功率设备"电容屏"。功率因数由原来的0.67提升到现在的0.98，即电能的利用率可提高31％，该电容屏正常使用年限12年，购置单价为18000元/台。预计节约用电约22.9万度，节约了电费。

2）建筑垃圾回收利用技术

项目部根据现场情况准备在建筑物的东向设置了4个垃圾回收池，分别回收混凝土渣、黏土红砖渣、加气混凝土砌块渣以及不能利用的建筑垃圾；拟购置一台建筑垃圾回收粉碎机，安装在垃圾池的旁边，各类垃圾分类清运至指定地点进行二次处理利用。例如用于窗台、卫生间回填，屋面保温等。施工过程中，预计约产生混凝土渣150余m^3，经粉碎后可用于作业区内的道路基层三合料使用，可节省材料费用（150×95％×160元/m^3）22800元，砌体完工后，预计产生加气混凝土渣约 175m^3，经过回收粉碎后，用于能符合设计要求的窗台回填、卫生间回填、屋面保温层建筑材料使用，节约了材料费用。

3）高性能混凝土技术

混凝土通过配合比优化设计，采用混凝土轻硅纤维阻裂增强材料等措施，可增强混凝土的耐久性。可以使混凝土抗冻融能力、抗碳化能力、耐腐蚀能力同比提高 30%。可提高混凝土的耐久性，根据混凝土寿命预测办法，混凝土结构耐久性年限从 50 年提高到 100 年。超长无缝地下室采取混凝土裂缝防治技术，通过采取控制混凝土配合比、设抗裂钢筋网片等合理措施，提高了混凝土的抗裂性，控制发生结构开裂现象；通过严格控制原材料质量、计量精度、添加剂参量和优化配合比等措施，提高混凝土的抗渗性，可使整个地下室结构无渗漏现象发生，应用数量 3 万 m^3；整个地下室采用清水混凝土施工技术，应用量预计达 3 万 m^3。可以节省水泥，减少 CO_2 排放，在节能减排方面取得了良好的经济效益和社会效益。

4）自然雨水循环利用技术

项目部准备在现场修建三个循环水系统，主要收集自然雨水，循环利用；利用基坑降水储存使用；冲洗现场机具、设备、车辆用水，设立循环用水装置。

10.1.3 绿色施工过程控制

在施工过程中，狠抓各个环节，确保绿色施工工作到位。主要是从绿色施工技术交底及组织、自检互检及交接检制度落实、坚持 PDCA 循环管理、制定防止再发生措施、制定激励措施等方面一一落实到位，使得绿色施工工作效率达到预期目标。

（1）高度重视绿色施工技术交底及组织

绿色施工与传统施工对比，施工技术有明显的提高。绿色施工技术不仅要求施工质量达到标准要求，也要确保施工过程中做到绿色环保，减少对环境的污染。所以开展绿色施工示范工程项目时，重要的工作之一就是制定出详细的绿色施工示范工程实施方案。在实施方案中，对于能够采用绿色施工技术的部分都明确规定具体施工步骤。

首先，由项目部组织全体管理人员进行《绿色施工导则》、《全国建筑业绿色施工示范工程管理办法（试行）》、《全国建筑业绿色施工示范工程验收评价主要指标》等培训学习，确保参与该项目的全体管理人员对绿色施工有一定的了解及知识储备，在接下来的绿色施工过程中及时做好绿色施工的工作。其次，对本工程“绿色施工示范工程专项实施方案”的具体技术、有关内容、施工范围等进行交底。交底的主要是形式是通过组织召开会议及培训课程进行技术交底，各专业技术管理人员通过书面形式配以现场口头讲授的方式进行技术交底。最后，所有交底内容都需在交底期限内完成，并且所形成的交底文件由交底人、接收人签字，由项目总工程师审批。

（2）自检、互检和交接检制度落实

在绿色施工过程中，为了确保工程质量目标的顺利实现，对各道工序的施工质量始终坚持自检、互检、交接检制度。自检、互检、交接检制度的执行落实，决定了工程质量的好坏。在施工过程中，只有严格将自检、互检和交接检制度贯通于工程施工全过程之中，才能确保工程质量达标。通过层层检查，层层把关，确保工序质量符合项目部质量要求，各分部、分项、检验批工程都必须遵循此制度。

1）自检

自检是指对自己完成的工作进行检查，按照技术标准自己进行检查，并作出是否合格的判断。由各班组长组织，由班组操作工人对本人施工完成的工序进行有针对性的检查，保证将绿色施工存在的问题解决在其发生的初始状态。为确保自检的落实到位，做了以下规定：①每次自检记录表格都要有相关的详细记录。②设置自检工程质量抽查，督促员工加强自检行为，对于自检工作完成优秀的员工予以褒奖。

2）互检

互检是指由不同工种之间对同一工序的相互检验，按照技术标准进行检查，并作出是否合格的判断。当某工种工作完成后，在不同人员和工种之间进行互检，互检由班组长组织，在班组操作工人之间进行，甲班组完成的工作内容由乙班组检查，使班组间互相检查、互相督促、互相学习、共同提高。检查A施工工序与B工序衔接性，与绿色施工策划文件、设计图纸及国家规范的符合性，若有不符，应及时提出。为确保互检的落实到位，做了以下规定：①每次互检记录表格都要有相关的详细记录，并有组织者的签名或盖章。②设置专人监督互检工作。③对现场互检工作拍照记录。

3）交接检

交接检是指交接班次或转移到下工序的检验，按照技术标准进行检查，并作出是否合格的判断。交接检由项目部组织，检查内容包括原材料技术及绿色性能、工序操作质量和防护情况、建筑垃圾清理情况等。交接检符合要求，需隐蔽的必须办理隐蔽工程记录，由参加各方签名确认以后，方可转入下一工序施工。为确保交接检的落实到位，我们做了以下的规定：①对交接检查做好详细记录。②安排专人监督交接检工作。③及时组织评定小组对交接检进行质量评定，确保检查的准确性。

在实施过程中，严格执行质量的自检、互检、交接检工作，层层把关，确保只有上道工序验收合格了才能进行下道工序施工。在自检、互检及交接检过程中，对存在的非绿色施工缺陷及时整改。

（3）坚持 PDCA 循环管理

在整个绿色施工过程中，我们始终坚持把每个绿色施工批次评价间隔作为一个 PDCA 循环，实施绿色施工动态管理，从制定计划、执行计划、检查、总结处理四个方面着手。根据工程的实际情况确定了以下步骤：

1）积极消化绿色施工规范标准，做到计划先行

针对施工的各个环节，都有详细的计划安排，做到计划落实到细节，落到实处，确保工程进展有“计”可循。

2）落实资金，配备人员，分段推进

工程绿色施工资金专款专用，我们安排合约部牵头，依据绿色施工方案，测算绿色施工资金量，随绿色施工推进拨付；人员方面，项目经理部选派具有强烈责任心和良好专业技术知识的人员负责绿色施工管控和实施，保证了绿色工作的开展。

以绿色施工策划文件为依据，从环境保护、节能、节材、节水、节地等方面入手，采取多项绿色施工措施，施工过程实现了“四节一环保”。

3）强化过程监督检查，收集相关数据，及时总结提高

在绿色施工的具体过程中，我们坚持做到过程监督检查、及时收集有关“节能、节地、节水、节材”方面的数据，以数据为依据进行定量分析，使绿色施工过程始终保持良好状态。

一是搞好自检自查，做到事前、事中控制。二是对数据及时加以整理，做到心中有数。重视以数据看问题，按问题找原因，可直观便捷地查找绿色施工存在的不足之处。比如节能方面，我们对办公区、生活区的用电实行一室一表，按月结算。可以很方便地找到用电超标原因，避免了在用电方面只知其然，而不知其所以然的现象。

4）依据统计结果查找问题原因，持续改进

每月 30 号，以项目负责人牵头，责成技术部、治安部、工程部、合约部对每月开展的绿色施工有关方面的数据结果加以统计整理，分析绿色施工开展情况与预订绿色施工方案的偏离情况，对开展较为成功的经验加以肯定并努力使之规范化、标准化，为后续的高效开展提供指导，对开展过程中存在的问题加以分析，找出原因，提出解决方案。绿色施工持续改进的总体思路为：一是通过建立和实施绿色施工目标，营造一个激励改进氛围和环境；二是以过程检查情况明确改进的效果；三是通过数据分析和内部审核，不断寻求改进的机会，并作出适当改进的活动安排；四是通过纠正和预防措施及其他适用的措施实现改进；五是在治理评审中评价改进效果，确定新的改进目标和改进方法，在持续改进中求进步和发展。

在绿色施工过程中，通过全体员工的积极参与、不断总结，提出不少节约成本的方法。在管理上制定了节约的奖罚措施，多次对工人进行节水、节电、节材的思想灌输，使得工人以及管理人员思想意识上有了很大的提高。

（4）防止再发生措施

把绿色施工每个批次评价的时间间隔作为绿色施工的 PDCA 循环，以上次评价的终点作为本次评价的起点，把上个批次评价存在的问题作为本次循环的重点改进方向，制定切实改进措施，防止同类问题再发生。

1）对于已发生的事件，及时记录发生事由等，组织有关人员召开商讨会议，提出防范该类事件再发生的措施。

2）落实绿色施工的组织保证体系，建立健全生产责任制度和各项安全操作规范。

3）定期检查，对于已查处的安全隐患要做到定整改责任人，定整改措施，定整改完成时间，定整改完成人，定整改验收人。

4）施工机械设备定期保养和维修，严格控制施工机械设备的安全系数，确保检查合格方可使用。

5）设置应急救援小组，确保救援工作及时有效，避免伤害及损失扩大，尽可能降低损失。

（5）激励制度落实

在绿色施工过程中，为了鼓励员工激情昂扬地完成工作，建立有效的激励制度是十分必要的。主要建立的激励方法和措施如下：

1）目标激励：通过推行目标管理责任制，将绿色施工目标层层落实，每个员工既有目标又有压力，努力完成任务。对材料消耗控制组、水电消耗控制组、噪声控制组、扬尘控制组、防污染控制组、资料编制组都安排专人负责该组目标，使得员工有明确的工作目标，有利于目标的有效完成。

2）参与激励：建立员工参与管理，提出合理化建议的制度，提高员工主人翁意识。

3）荣誉激励：对员工劳动态度和绿色施工贡献予以荣誉奖励。如会议表彰，发给荣誉证书、上光荣榜；在公司内外媒体上宣传报道，家访慰问，外出培训进修，推荐获取社会荣誉，评选星级标兵等。

4）物质奖励：增加员工工资、奖金。如在员工宿舍都安装电表，每个宿舍每月用电量比规定量还要少的，予以相应的奖励。

5）尊重激励：尊重各级员工的价值取向和独立人格，尤其是尊重企业的普通员工，达到一种知恩图报的效果。

为确保绿色施工激励制度的落实，制定出来的激励制度都需要满足以下原则和策略：

1）激励因人而异。不同员工的需求不同，相同的激励政策起到的激励也会不相同。

2）奖罚分明适度。物质奖励和精神奖励相结合，奖励与惩罚相结合。奖励和惩罚不适度都影响到激励的效果，同时增加激励成本，

3）公平性。公平性是员工激励管理中一个很重要的原则，机会均等，并努力创造公平竞争环境。

4）激励要有足够的力度。对突出贡献者予以重奖，对造成巨大损失的予以重罚。

5）构造员工分配格局的合理落差，适当拉开分配差距。

除此之外，公司还应当制定并实施目标管理和考核办法，设立工作目标任务，并进行考核，依据考核结果进行奖惩。

公司对于员工激励的实施过程、结果进行检查、监督，对激励效果进行验证。收集各类激励反馈信息，对激励政策的充分性、适宜性、实施的有效性进行评价。每年末对年度员工激励情况进行总结，编制年度员工激励情况总结报告。

（6）绿色施工措施落实情况

1）绿色施工实施管理

① 在施工组织设计中设有独立的绿色施工规划和实施方案，三级审批手续齐全。

② 结合工程特点，利用横幅、工地宣传栏、黑板报、室内告示牌等对绿色施工作相应宣传，通过宣传营造绿色施工氛围。

③ 对施工现场原有树木采用砖砌 1m 高围挡进行保护，冬季对树木进行刷白防冻，刷白高度 1.5m。

④ 定期对职工进行绿色施工知识培训，增强职工绿色施工意识。

2）绿色施工人员安全与健康管理

① 在职工生活区设置了浴室、厕所、医务室、娱乐室等，工人宿舍安装了空调，努力改善工人生活条件，为员工做好后勤服务工作。

② 合理布置施工场地，保护生活及办公区不受施工活动的有害影响。施工现场建立了卫生急救、保健防疫制度，在安全事故和疾病疫情出现时提供及时救助。

3）环境保护

① 扬尘控制：

a. 进场施工前项目部对场地进行整体的规划和布置，场区道路、加工区、材料堆放区等及时进行地面硬化。在场区内所有主道路上安排专人清扫洒水，每天洒水上午 2 次、下午 3 次、晚上 1 次，以保持路面湿润。

b. 施工现场裸露土堆全部覆盖密目网避免扬尘。

c. 现场出入口设置了洗车槽，对驶出车辆进行冲洗，且采用封闭严密的运输车辆，降低对场外道路的污染。

d. 主体结构施工期间在浇筑混凝土前清理模板内灰尘及垃圾时，每栋楼配备一台吸尘器，清扫木屑。楼层清理时，不得从窗口向外抛扔垃圾，所有建筑垃圾用麻袋装好，再整袋运送下楼至指定地点。装饰装修阶段楼内建筑垃圾清运时用袋装运，没有从楼内直接将建筑垃圾抛撒到楼外的现象。

e. 有粉尘污染的设备和材料仓库全部设置防尘罩，将扬尘污染降到最低。

f. 主体结构施工阶段外架悬挂双层高密目安全网，搭接部位长度大于400mm，控制楼面扬尘。

g. 施工场地周边尽可能多种花草，美化环境的同时减少扬尘。

② 噪声与振动控制：

a. 施工过程中，合理安排作业时间，尽量减少夜间施工。

b. 加强对混凝土输送泵、砂浆搅拌机等的维修保养，确保始终处于正常状态，混凝土泵、砂浆搅拌机等设备搭设机棚（混凝土泵棚尺寸为4500mm×2000mm×3000mm，砂浆搅拌机棚尺寸为3000mm×2500mm×4500mm）。内衬隔声板（采用50mm厚塑料泡沫板），既可防尘又隔声。购置了环保型低噪声振捣器。

c. 在现场设置噪声监测点9个，实施动态监测，及时进行调整，安排专人进行监控和记录，如表10-7所示。

噪声监测 **表10-7**

序号	监测项目	监测内容
1	测试时间	结构、装修等主要施工阶段施工开始后3日内进行1次，施工正常进行后再进行1次，测量时间分为昼间及夜间两部分，夜间测量在22时以后进行，选在无雨、无雪及轻风时进行测试，当风级超过三级时，加防风罩，超过四级时停止测试
2	测试方法	测量应在噪声最大时进行，在同一测量点，连续测量5～7个数值，每次读数的间隔时间为5s，测量值为5～7个数的平均值
3	测量点	设在施工现场的边界线上，且距离噪声源最近地方
4	测试仪器	选用HS5920袖珍型噪声监测仪
5	监测记录	按附表要求由测试人填写记录
6	测试后处理	当测试结果高于规定指标时，采取更严格的降噪措施

③ 光污染控制：

a. 夜间电焊作业时项目部采用铁制遮光棚（尺寸为1000mm×1000mm×800mm）、罩挡光和屏蔽电焊产生的高次谐波。

b. 现场的照明采用20个20W组成的大功率LED投光灯，配置

TB1025 型微电脑定时开关，避免无人施工时造成的浪费。在光源照射方面设置定型灯罩，在保证施工现场及施工作业面有足够光照的条件下，有效控制光对周围居民生活干扰。

④ 水污染控制：

a. 沿施工道路和外墙外侧设置排水沟，排水沟尺寸 300mm×300mm，沟内排水坡度 3‰，沿沟长大约每隔 30m 设置沉淀池。

b. 基坑降水必须经沉淀后才能排向市政管网。

c. 厕所设置化粪池，食堂设置隔油池，专人定期进行清理。

d. 委托有资质的单位对工程排向市政管网的水进行水质检测，确保达到国家标准《城镇污水处理厂污染物排放标准》GB 8978—2002 的要求。

⑤ 土壤保护：

a. 现场布置采用绿化与硬化相结合的方式：交通道路和材料堆场等采用硬化措施，设置排水沟、集水井、沉淀池等排水系统；其他地方视条件尽可能多地种植花草树木，美化环境的同时避免土壤流失。

b. 沉淀池、隔油池、化粪池以及排水沟、集水井等专人定期负责清理并记录在册，确保不发生堵塞、渗漏、溢出等现象。

⑥ 垃圾控制：

a. 项目部在生活区和办公区定位设置可回收利用、不可回收利用垃圾桶，垃圾桶分为 400mm×400mm×1000mm 及 400mm×400mm×1200mm 两种（办公区各设置 2 个，生活区各设置 4 个），并有专人每天进行清运。

b. 施工现场分别建制垃圾池，尺寸为：10000mm×7000mm×1100mm（2 个），7000mm×4000mm×1100mm（2 个），共计 4 个。

c. 在宿舍建立一个生活垃圾地下周转站，垃圾站尺寸为 5400mm×3200mm×1500mm，每两天清运一次。

⑦ 地下设施、文物和资源保护：

a. 施工前应调查清楚地下各种设施，做好保护计划，保证施工场地周边的各类管道、管线、建筑物、构筑物的安全运行。

b. 施工过程中一旦发现文物，立即停止施工，保护现场并通报文物部门，并协助做好工作。

c. 避让、保护施工场区及周边的古树名木。

4）节材与材料资源利用

① 资源再生利用。项目部在建筑物的东向设置四个垃圾回收池，分别回收：混凝土渣、页岩砖渣、加气混凝土砌块渣以及不能利用的建筑垃圾，并购回一台建筑垃圾粉碎机，安装在垃圾池的旁边，各类垃圾分类清运至指定地点进行二次处理利用。

② 施工管理方面：

a. 采用附着升降外脚手架，减少周转材料的占用，节约材料。

b. 钢筋工程采用优化下料，采用机械或对焊连接减少搭接损耗，利用短小废料作为明沟盖板、防护栏杆支架等，提高材料利用率。

c. 材料选用原则本地化，80％以上材料来自距离施工现场 500km 范围内厂家。

d. 混凝土全部采用商品混凝土，合理安排施工工序，工程配套预制混凝土制品，全部采用剩余商品混凝土穿插制作。

e. 办公楼和员工宿舍全部采用双层活动板房，回收利用率高于70％。

f. 木材、模板：

采用科学合理的施工组织降低材料损耗。合理配置模板尺寸，充分利用边角料。加强木材损耗的管理。对结构使用的模板加强管理并采取技术措施，增加模板翻用次数，延长模板使用寿命。

g. 主要建筑材料：

（a）砌体施工前，先定位放线，将每段墙体进行排块，并根据排块的数据定做异型砖，减少整砖的砍量，以减少材料的损耗。

（b）合理布置堆放场地，减少贮放和搬运损耗；熟悉图纸对安装需预留的孔洞先留出空位，避免交叉作业所产生的凿除。

（c）管道安装施工时，规范操作工艺，使用合理的切割工具，减少加工过程中对原材料的损耗，做到一次成型，节省材料 5％左右。

（d）从主体结构到装修过程中根据现场情况在建筑物的东向设置四个垃圾回收池，分别回收混凝土渣、黏土红砖渣、加气混凝土砌块渣及不能利用的建筑垃圾；并购回一台建筑垃圾粉碎机安装在垃圾池的旁边，各类垃圾分类清运至指定地点进行二次处理利用。

砌体完工后，产生加气混凝土渣约 175m^3，经过回收粉碎后，作为在建建筑物能符合设计要求的窗台回填、卫生间回填、屋面保温层建筑材料使用，利用率达到 90%。

(e) 油漆、涂料施工完成后做好产品防护，避免二次污染和重复造成的浪费。瓷砖、大理石等在施工前先绘好排列图，减少对材料损耗。

h. 主体结构使用消耗材料的控制。主体结构施工中，重点控制钢筋、混凝土、铁钉、钢筋扎丝、砌块、砂浆等消耗材料的损耗。

(a) 钢筋消耗量的控制：

a) 钢筋下料前，绘制详细的下料清单。清单内除标明钢筋长度、支数外，还需要将同直径钢筋的下料长度在不同构件中比较，在保证质量、满足规范及图集要求的前提下，将某种构件钢筋下料后的边角料用到其他构件中，避免过多废料出现。

b) 根据钢筋计算下料的长度情况，合理选用 12m 长钢筋，减小钢筋配料的损耗；钢筋直径≥16mm 的采用连接机械连接，避免钢筋搭接而额外多用材料。

c) 将 ϕ6、ϕ8、ϕ10、ϕ12 钢筋边角料中长度大于 850mm 的筛选出来，单独存放，用于填充墙拉结筋、构造柱纵筋及箍筋、过梁钢筋，变废为宝，以减小损耗。

d) 加强质量控制。所有料单必须经审核后方能使用，避免错误下料；现场绑扎时严格按照设计要求，加强过程巡查，发现有误立即整改，避免返工废料。

(b) 混凝土消耗量的控制：

a) 加强混凝土施工前的管理。混凝土浇筑前，由专业工长、施工员、质量员、技术负责人、预算员、监理工程师共同确认混凝土强度等级、方量，有无特殊要求等。经核实无误后交其他专业会签确认所属工作均已完成后方能开始浇筑，避免返工浪费。

b) 加强混凝土供应的管理：根据计划方量控制混凝土供应量，先按照计划数的 80%供料，剩余 20%采用逐车控制，避免混凝土超供浪费。

(c) 砌块消耗量的控制。砌块进场前预先划定专用存放场地，避免材料二次搬运造成损耗；材料卸车及施工时轻拿轻放，尽量避免断砖；材料堆放高度不要超过 2m，以防倾倒。

(d) 扎丝、铁钉等小型材料的控制。小型材料采用按定额固定单价的方法发包给劳务分包，充分发挥工人积极性，降低消耗量。

i. 周转材料。本工程使用的周转材料主要有模板、木方、钢管扣件、彩钢板围挡、轻钢结构临时房屋等。

(a) 模板、木方消耗周转的控制：

a) 基础模板采用旧多层板，主体结构采用新多层板，降低造价。剪力墙模板采用工具式大型模板，边角采用铝合金进行镶边处理。

b) 施工前对模板工程的方案进行优化。配制模板时，统筹合理规划，将不符合模数切割下来的边角料在尺寸合适的情况下，用在梁底、两侧或楼板接缝处，做到废物利用。

c) 木方进场分成 2.5m、3.0m、3.5m、4.5m 等不同规格进场，可避免由于木方长度过长导致切割浪费出现。加强对工人的节材教育，采用教育与经济处罚相结合的方法控制随意切割木料。

(b) 钢管、扣件、工字钢、彩钢板围挡、轻钢结构临时房屋等材料的控制：

a) 加快施工速度，提高周转效率。在所有参建人员中树立加快进度的思想；在保证质量、安全的前提下，提高单位时间内的周转次数。

b) 临时设施的管理：现场办公和生活用房采用周转式钢结构活动房，组装、拆除简便易行且可重复利用。施工现场采用装配式可重复围挡封闭，既达到封闭效果，又拆装灵活。

c) 新材料的使用。项目部使用了新型混凝土添加剂——一种高耐久不泌水混凝土轻硅纤维阻裂增强剂。在混凝土施工过程中优化了混凝土配合比，用优质矿渣超量替代混凝土中的水泥。以施工现场常用的 C30 配合比为例，配合比每立方混凝土比以前节约水泥用量，并且混凝土在质量上没有任何问题，达到工程规定要求。在混凝土中有效利用聚羧酸系新材料、混凝土轻硅纤维阻裂增强材料和优质矿渣等活性掺合料等，提高混凝土的耐久性。该掺合料使现场施工混凝土减水率达 36%以上，混凝土 2h 坍落度基本不损失，而且几乎不受温度变化的影响；混凝土 90d 抗压强度提高 40%～50%；抗泌水、抗离析性能好，无大气泡、色差小、混凝土外观质量好，不含氯离子，对钢筋无腐蚀性；抗冻融能力和抗碳化能力比萘系减水剂有较大幅度提高。而且在该工程地下室的超长剪力墙中（地下室外围长 432.6m），成功控制了裂缝的产生，减少了二氧化碳排放。

5）节水与水资源利用

① 雨水回收利用：

a. 施工现场在地下室修建雨水收集池，建立了水资源再利用收集处理系统，冲洗现场机具、设备、车辆用水均使用循环用水；喷洒路面、绿化浇灌尽量少用自来水。

b. 另外在现场出入口处设置洗车槽，洗车槽旁设置了循环水系统，包括 1.5m×1.5m×1m 沉淀池、3m×1.5m×1m 集水井等，与现场的排水沟、洗车槽相连通，收集雨水及洗车回收水。

c. 利用宿舍区原有厂房 4m×2m×1m 的废弃消防蓄水池，接原厂房屋面排水系统，收集的雨水作为宿舍区清洁用水等。

d. 现场 4 号楼的北向设置一个 3m×6m×1m 的大型蓄水池，接地下室集水坑，平时通过地下室排水沟收集楼面混凝土养护回收用水，经沉淀后用于建筑物内清扫、降尘。

② 施工现场办公区、生活区的生活用水采用节水器具。厕所采用节水水箱，一改过去的槽式冲水形式，避免了细水长流现象。现场办公区、生活区节水器具配置率达到 100%。施工现场对生活用水与工程用水采取分别计量，限量控制。

③ 经过测算分析，工程施工节水率达 18.7%。

④ 提高用水效率，减少自来水消耗：

a. 合理规划施工现场及生活办公区的临时用水布置。供水管网根据实际情况及用水量设计布置，布管时尽量避开施工主要道路或加工场区。在水管连接处用塑料膜缠紧防止漏水。

b. 提高非自来水应用：施工现场喷洒路面时使用从基坑内抽出的积水。二次结构及装饰装修阶段砂浆搅拌机上设置水泵继电器，自动控制注水时间。养护用水做到人走水关，避免出现长流水现象。施工现场建立基坑积水、泵车冲洗水收集池，将这些水循环利用。

c. 加强养护用水管理。对柱构件，在拆模后向表面喷水，再用塑料薄膜覆盖包紧达到养护目的。对墙构件，采用涂刷养护液的方法养护，可不再单独喷水养护。对楼板混凝土，在混凝土浇筑完成后覆盖塑料薄膜进行初期保湿养护；在楼层放线完成后，浇一遍水并抓紧进行楼板模板施工，减少楼板在露天环境下的时间。

d. 采用商品混凝土。集中式工厂化生产可避免施工现场大量用水造成的过大损耗。

e. 施工现场办公区、生活区的生活用水由物业公司专人看管；淋浴室内采用脚踏板式开关，防止长流水，同时对参建人员进行节约用水教育，在使用完后自觉关闭水源。施工用水及生活用水参考定额如表 10-8 及表 10-9 所示。

施工用水参考定额 **表 10-8**

用水对象	单　位	耗水量
混凝土养护	L/m^3	200
冲洗模板	L/m^3	5
砌体工程全部用水	L/m^3	200
抹灰工程全部用水	L/m^3	30
浇砖	L/千块	200
楼地面	L/m^2	190
搅拌砂浆	L/m^3	300
下水管道工程	L/m	1130
上水管道工程	L/m	98

生活用水参考定额 **表 10-9**

用水对象	单位	耗水量
生活用水（洗漱、引用）	L/人日	30
食堂	L/人次	15
浴室	L/人次	50

⑤ 用水安全

在现场循环再利用废水的过程中，严禁人员饮用，并不得将这些水用于砂浆搅拌等作业中，以避免对人体健康、工程质量造成影响。还要加强管理，避免水池破裂等原因对周围环境产生不良影响。

6）节能与能源利用

① 宿舍区做到一房一表，用电监控。在各班组进场前与之签订用电合同，用电量根据每间宿舍的用电器具功率以及使用时间进行核算定量（平时不超过 0.6 度/d・宿舍和 20 度/月・宿舍），超出部分由该

房间人员进行补贴，节约部分进行奖励。

② 办公区、宿舍区、施工现场用电分开计量。分办公区、宿舍区、施工现场三个区域，每个区域再分多个小区域分别安装电表，按月单独计量，及时掌握用电情况，对不正常用电峰值进行分析比对，及时找出原因，作出相应处理措施。

③ 采用节能型设备：

a. 施工现场项目部采用了国内先进的 LED 大功率投光灯代替传统镝灯，正常使用年限 10 年，购置单价为 348 元/套；发光强度约为同功率白炽灯的 16 倍，为同功率节能灯的 6 倍，为高压钠灯 2～3 倍。因此在保证同样亮度条件下，每盏 LED 灯相对传统镝灯年节约用电 6075 度，为项目部节省了费用。

b. 办公区域和员工宿舍内灯具 100%采用节能灯具。以 11W 节能灯代替 60W 白炽灯，每天照明 4h 计算，1 支节能灯 1 年可节电约 71.5 度，相应地减排了二氧化碳。

c. 工人宿舍统一安装节能空调。根据调查一台二级能耗的节能空调比一台五级能耗空调每小时节约用电 0.24 度，按长沙七、八、九月高温季节每月每台使用 180h 的保守估计，可节电 129.6 度，减排了二氧化碳。

d. 合理布置供电设施和施工用电设备，优化线路路径，降低线路损耗。项目临时用电在总体降耗上充分考虑三相负荷平衡，平衡度控制在小于 20%，同时在三相供电电网中采用人工补偿无功率设备“电容屏”，使电网功率因数提升，即电能的利用率也随之提高。

上述措施，减少了供电损失，提高了电的有效率，最终达到降低用电使用成本，节约电费的目的。

7）节地与施工用地保护

① 施工现场的临时设施建设禁止使用黏土砖。

② 土方开挖施工采取先进的技术措施，减少土方的开挖量，最大限度地减少对土地的扰动。

③ 施工总平面布置：

(a) 科学、合理布置施工总平面，充分利用原有建筑物、构筑物、道路、管线为施工服务。

(b) 施工现场仓库、加工厂、作业棚、材料堆场等的布置靠近已有交通线路，缩短运输距离。

(c) 临时办公和生活用房应采用经济、美观、占地面积小、对周边地貌环境影响最小，且适合于施工平面布置动态调整的多层轻钢活动板房、钢骨架水泥活动板房等标准化装配式结构。生活区与生产区应分开布置，并设置标准的分隔设施。

(d) 施工现场围墙可采用连续封闭的轻钢结构预制装配式活动围挡，减少建筑垃圾，保护土地。

(e) 施工现场道路按照永久道路和临时道路相结合的原则布置。施工现场内形成环形道路，减少道路占用土地。

(f) 临时设施布置应注意远近结合，努力减少和避免大量临时建筑拆迁和场地搬迁。

④ 施工现场临时道路布置与原有及永久道路兼顾考虑，并充分利用拟建道路为施工服务。

10.1.4 绿色施工评价

(1) 评价取样

评价取样是指对于绿色施工过程中，需要对现场总体形象、局部状态、材料材性和具体措施落实情况等进行取样检验，记录相关数据针对这些数据进行评价。

绿色施工批次评价前，均能做到在图纸上标明评价行走线路、重点部位、重要环节，实际评价时按既定方案对线路上绿色施工的实施情况进行综合评价，依次确定本批次绿色施工的档次。

(2) 绿色施工评价

单位工程绿色施工评价应在批次评价和阶段评价的基础上进行，由施工单位书面申请，在工程竣工验收前进行评价。

除按以上原则进行批次评价外，还非常重视针对各个施工阶段特点确定评价的重点内容：

地基与基础工程阶段，检查了地下水保护情况，保护措施到位。

污物排放设有专门的隔离区，在经过一定处理后排放，减少了对环境的污染。自评认为，处理方法到位，隔离区设置合理，自评结果为优良。

施工现场做到了施工作业区和生活办公区分开布置，且生活办公区设有空调。自评认为，严格遵照《建筑工程绿色施工评价标准》

GB/T 50640—2010 规定处理，自评结果为优良。

施工过程中，施工现场定期有专人洒水，多次进行自评，自评结果为优良。

现场对于易产生扬尘的施工面进行了覆盖。

现场设置了挡光区，夜间进行焊接作业时在挡光区进行，自评结果为优良。

施工选用了绿色、环保的材料，并且充分利用了板材、块材等脚料及撒落混凝土及砂浆等，自评结果为优良。

施工现场设置了循环用水装置，并在办公区、生活区采用节水器具，节水器具配置率达到100%，自评结果为优良。

办公区、生活区和施工现场，采用节能照明灯具的配置率达到了80%以上，自评结果为优良。

施工现场合理设计场内通道，临时道路与原有道路合理布置，充分为施工服务。临时办公和生活用房采用多层轻钢活动板房。

每月月底，以项目负责人牵头，责成技术、治安、工程部、合约部对每月开展的绿色施工有关方面的数据结果加以统计整理，分析绿色施工开展情况与绿色施工方案的偏离情况，对开展较为成功的经验加以肯定并努力使之规范化、标准化，为后续的高效开展提供指导。对开展过程中存在的问题，加以总结，分析问题，找出原因，提出解决方案进行改进。

项目部严格按照绿色施工评价的策划要求进行组织，单位工程按基础、主体结构、装饰三个阶段进行评价，评价次数为 24 次（具体批次评价分数省略），单位工程绿色施工达到“优良”。

（3）总公司评价

总公司成立专家评估小组对地基与基础工程、主体结构工程、装饰装修与机电安装工程三个阶段进行评价，并能做到分阶段分要素对工程绿色施工情况进行综合性评估。

评估之后，将评估结果在集团内进行横向比较，出具详细评估报告。项目部根据报告，制定改进措施并编制实施方案，报总公司审批后实施。

（4）绿色施工示范工程验收

该工程已经通过全国建筑业绿色施工示范工程验收专家组的验收，

单位工程绿色施工评价达到了“优良”。

（5）评价资料及积累

绿色施工评价的主要内容包括：相关技术文件、图纸、资料、照片视频等。

1）宣传栏的照片

宣传栏如图 10-3 所示。

图 10-3　宣传栏

2）统计量登记情况

① 每月定期收集用水量数据，及时进行数据分析，同时进行计量考核。

② 详细记录用电情况、机械维修保养情况。在评价节约用电时，对比记录用电量和计划用电量，可清楚知道节能情况。

对比该项目中机械维修保养记录和以前项目中同种机械维修保养记录情况，可知该项目中节能情况。

③ 绿色施工管理相关制定如图 10-4 所示。

绿色施工管理规程

[illegible]

职工用水规定

[illegible]

用水管理表

规定每人每天用水量	夏季(4~9月份)	冬季(10~3月份)
	0.06吨	0.04吨
规定每人每月用水量	1.8吨	1.2吨
规定严禁用水	电热器烧开水、做饭	
应杜绝现象	“滴、漏、跑、冒”及长流水现象	

[illegible]

职工用电规定

[illegible]

用电管理表

规定每间宿舍每天用电量	0.6度	
规定每间宿舍每月用电量	20度	
规定空调开启温度及时间	上午 12:00-14:00	27℃
	下午 19:30-23:00	27℃
规定电器使用限定功率	500W以内(含500W) 空调开启时间限6小时(6-9月份)	
规定严禁使用电器	热得快、电炉、[illegible]	

[illegible]

图 10-4　绿色施工管理规程

④ 绿色施工进行评价时，除了施工过程中所拍摄的照片和记录等资料外，还应包括相关方验收及确认的资料等。

⑤ 通过绿色施工过程中所采取的各种措施，最终获得的效果分析如表 10-10 所示。

绿色施工措施效果分析表　　表 10-10

类　别	主要措施	实行效果
环境保护	现场地面硬化；专人洒水降尘；裸露土覆盖；设置洗车槽；楼面垃圾吸尘器清理，袋装下运；设备、仓库建造防尘罩；设备搭设隔声棚；噪声监测；电焊采用遮光棚；光源设置定向罩；厕所设置化粪池；食堂设置隔油池；现场排水系统齐全；排出水水质检测；垃圾分类回收再利用等	粉尘、噪声、污水排放均保持受控，并满足规定要求；垃圾做到分类回收，建筑垃圾回收利用率高于 30%
节材与材料资源利用	建筑垃圾回收再利用；采用新型外脚手架；钢筋优化下料；材料选用本地化；混凝土采用商品混凝土；临时设施采用可再利用材料；新材料利用等	节约钢材 61t；建筑垃圾回收创收 5.6 万元；主要材料损耗均有降低
节水与水资源利用	雨水回收利用；使用节水器具；分开计量等	每万元产值水资源消耗指标下降 30%，节水 1.247 万 m^3
节能与能源利用	限额限量；分开计量；使用节能设备；优化线路等	每万元产值用电消耗指标下降 12.6%值，节电 31.3 万度
节地与施工用地保护	原地保护树木；宿舍利用废弃仓库搭建；施工道路与规划道路重合等	原地保护树木 10 株；宿舍少占用地 2000m^2

a. 环境保护实施效果评价。建筑垃圾回收利用率达到了 94.6%，噪声控制在目标值内，对水污染的控制也达到了预期目标，施工现场没有出现尘土飞扬的场面，对光源也进行有效控制，无居民投诉现象，且其他各项指标均满足要求。

b. 节材与材料资源利用情况如表 10-11 所列。

材料资源损耗量　　表 10-11

序号	主材名称	实际损耗值	实际损耗值/总建筑面积比值
1	钢材	88t	0.0006
2	商品混凝土	150m^3	0.0011

续表

序号	主材名称	实际损耗值	实际损耗值/总建筑面积比值
3	木材	25m³	0.0002
4	模板	平均周转次数为7次	—
5	围挡等周转设备（料）	重复使用率大于80%	—
6	其他主要建筑材料	1%	—
7	就地取材≤500km以内的占总量的90%		
8	建筑垃圾回收利用率为94.6%		

c. 节水与水资源利用。施工阶段及各区域实际耗水量如表10-12所示。

施工阶段及各区域耗水量　　表10-12

序　号	施工阶段及区域	实际耗水量	实际耗水量/总建筑面积比值
1	办公、生活区	26200m³	0.189
2	生产作业区	125373m³	0.908
3	整个施工区	151573m³	1.098
4	节水设备（设施）配制率	100%	—
5	非市政自来水利用量占总用水量	21%	—

注：1. 桩基与基础、主体结构、二次结构与装饰施工三个阶段的用水比例为1∶0.46∶0.9。
2. 整个施工阶段办公生活区用水、生产作业区用水比例为1∶4.32。

d. 节能与能源利用。施工阶段及各区域实际耗电量如表10-13所示。

施工阶段及各区域耗电量　　表10-13

序　号	施工阶段及区域	实际耗电量	实际耗电量/总建筑面积比值
1	办公、生活区	425625kWh	3.0842
2	生产作业区	2295975kWh	16.638
3	整个施工区	2721600kWh	20.696
4	节电设备（设施）配制率	100%	—

注：1. 桩基与基础、主体结构、二次结构与装饰施工的用电比例为1∶1.32∶1.2。
2. 整个施工阶段办公生活用电：生产作业区用电比例为1∶5.39。
3. 办公、生活、作业区照明采用LED节能灯具达到100%。

e. 节地与土地资源利用。施工场地土地资源利用情况如表10-14所列。

土地资源利用情况　　　　表 10-14

序　号	项　目	实际值
1	办公、生活区面积	2800m^2
2	生产作业区面积	12350m^2
3	办公、生活区面积与生产作业区面积比率	1∶4.41
4	施工绿化面积与占地面积比率	5%
5	原有建筑物、构筑物、道路和管线的利用情况	60%
6	场地道路布置情况	

f. 绿色施工的经济效益与社会效益。绿色施工的经济效益与社会效益如表 10-15 所示。

绿色施工的经济效益与社会效益　　　　表 10-15

<table>
<tr><th>序　号</th><th>项　目</th><th colspan="2">实际值</th></tr>
<tr><td rowspan="2">1</td><td rowspan="2">实施绿色施工的增加成本</td><td rowspan="2">87.68 万元</td><td>一次性损耗成本为 38.42 万元</td></tr>
<tr><td>可多次使用成本为 49.26 万元（按折旧计算）</td></tr>
<tr><td rowspan="5">2</td><td rowspan="5">实施绿色施工节约的成本</td><td rowspan="5">181.98 万元</td><td>环境保护措施节约成本为 45 元</td></tr>
<tr><td>节材措施节约成本为 67.6 万元</td></tr>
<tr><td>节水措施节约成本为 14.95 万元</td></tr>
<tr><td>节能措施节约成本为 42.43 万元</td></tr>
<tr><td>节地措施节约成本为 12 元</td></tr>
<tr><td>3</td><td>以上二者相抵，取得效益</td><td colspan="2">94.3 万元，占总产值比重为 0.23%</td></tr>
<tr><td>4</td><td>绿色施工的社会效益</td><td colspan="2">环保零投诉，绿色施工周边居民满意度调查达到 95%；通过开展绿色施工，提高了开发商和项目的声誉，超出同地段房价；据统计，商品房同比销售增加，获得业主赞誉</td></tr>
</table>

（6）单位工程绿色施工评价报告撰写

1）结合工程特点，做好绿色施工策划

一个良好的策划是一件事的良好开端，绿色施工策划要因地制宜，与施工现场及工程特点紧密地结合起来，将节能、节材、环境保护贯彻到施工现场的每一个角落，落实到施工过程中的每一个细节。避免走一步算一步，杜绝以抢进度为理由来掩盖过程缺陷。

2）立足于项目实际，抓细节出成效

绿色施工的组织不需要盲目地堆砌新技术新材料新设备，应该扎扎实实抓住每一个细节管理。

在开始规划的时候，项目部提出了很多设想，如员工澡堂装设太阳能热水器；施工现场设置流动环保厕所等。但在实际实施过程中，那些新技术一次性投入成本高，在本项目使用效果却并不一定理想：①湖南地区夏季长，日照强，太阳能热水器能很好地提供热水，但同时夏季气温高，热水的需求量很低；冬季热水需求量大，但日照时间少，太阳能热水器又无法满足热水供应需求。②工程楼层高，但单层建筑面积并不大，且为多栋建筑同时施工，如果采用流动环保厕所，数量少了无法满足需求，数量满足要求了，则单个厕所使用率不是很高，高投入势必增加绿色施工成本，加大项目部负担。

经过仔细分析比对，项目部在实施过程中果断取消了上述措施。相反，针对每一个宿舍、每一个设备、每一盏灯制定了具体的控制措施：将所有的灯换成节能灯；对能耗大的设备单独安装电表进行读数控制；每月公示能耗读数；专题会议分析超能原因及整改措施以及针对性制定奖惩制度并落实到位等，这些看似没多少技术含量的工作，却给项目带来了实实在在的收益，其节能减排效果明显。

3）创新学习宣传方式，全员参与实施

绿色施工是一个贯穿整个施工过程的系统工程，单方面的节约可能造成其他方面更大的浪费，必须各相关工序联动考虑，所有参与人员共同努力才能真正达到节能减排效果。

绿色施工实施之初，管理人员、操作工人大部分都不能理解，实施效果不理想。后来，通过项目部采取反复宣传教育、制定奖惩措施、公示已采取的措施效果等手段，让进入施工现场的每一个人都深入了解并接受了绿色施工。

宿舍限额用电制度，是反对声音最强实施后效果却最好的措施之一：项目部给每个宿舍安装单独电表进行用电额度控制，提出0.6度/d·间的限制额度，刚开始推行遭到几乎所有员工的反对。但项目部坚持“超用处罚，省用奖励”，让员工实实在在感受省电带来的好处，同时也让绿色施工的理念深入到每一个员工心中，宣传教育的作用更胜于节电效果。

而现场使用的LED大功率投光灯，就是电工经过反复比对和市场考察后主动提出的建议，项目部接受并经实践后证实其节能效果显著。

4）重视数据收集，总结分析再落实

是不是真正绿色了，绿色的效果是多少？这些必须靠数据说话。而数据不分析，不比对，那有数据等于没数据。

这个项目实施过程中，我们收集整理了一些数据：办公区、生产区、宿舍区用水分别计量；大耗电设备、生活区用电等分别计量；回收再利用的建筑垃圾计量等，这些数据确实为绿色施工的实施提供了考核依据，通过分析整理也能很好地为下阶段绿色施工的管理提供引导。数据收集对开展绿色施工相当重要，这个项目收集的数据在以下方面还远远不够：

① 分类不够细：用水用电的计量是按功能分片设置，从实际情况看，如果能细分到每一个大耗电（耗水）设备，都单独设置计量装置，那么收集的数据将更全面，也更方便管理和控制。

② 分类不够全面：建筑垃圾将以现场再利用进行了严格分类，也收集了较全面的数据，但针对不能现场再利用的外运垃圾就没有分类收集数据，因此没能对全工程建筑垃圾按工种进行限量控制。

③ 过程中横向数据分析不够及时：实施中，对同时进行绿色施工管理的项目数据进行了收集，但项目与项目之间的横向比较分析不够及时，比对结果没能快速反馈回项目部，使大部分时间项目的绿色施工仍处于各自为政的状态，集团优势没有发挥。

5）全面积累经验，做到持续系统发展

绿色施工应该是一个持续发展的系统工程，也是PDCA循环发展过程。在绿色施工的组织过程中，并不是单独依靠项目部。公司作为指导部门，带着“绿色施工标准化研究”的课题全程参与，并将工程的全套经验总结（包括成功的和失败的）带到下一个项目，使下一个绿色施工的项目起点更高。事实上，这一点是绿色施工持续发展的关键。施工行业受特定因素的影响，人员流动性很大，而绿色施工现阶段难以推广的主要原因之一，就是一次性投入比较大。

绿色施工的组织，要上升到公司层面，而不是以单个的项目为主体。通过总结可以重复再利用绿色施工措施，从而达到降低绿色施工成本，提高绿色施工效率的作用。而这项工作也必须由公司层面来进行才能得以贯彻落实。

通过开展绿色施工为工程项目创造了直接经济效益，减少了CO_2排放，在节能减排方面取得了良好的经济效益和社会效益，而且做到了环保零投诉，绿色施工周边居民满意度调查达到95%；通过开展绿色施工，提高了开发商和工程项目的声誉。据统计，商品房同比销售增加，获得业主赞誉。绿色施工过程中既产生经济效益，又有社会效益、环境效益，最终形成项目的综合效益。

10.2 基础工程绿色施工案例

10.2.1 工程概况

项目位于大型城市中心，占地面积 4.5 万 m^2，由 4 层地下室、9 层裙楼和一栋高 220m 的酒店塔楼、两栋高 195m 的办公塔楼和两栋高 185m 的住宅楼组成，总建筑面积近 73 万 m^2，工程造价 60 多亿元。项目集五星级酒店、酒店式公寓、甲级写字楼、大型商业及高档住宅于一体，建成后将成为当地乃至西部地区规模最大、业态最全、档次最高的城市高端综合体。

本工程为型钢混凝土框架核心筒结构、钢管混凝土框架核心筒结构、框剪-框架结构，基坑深度达 24m。2012 年 10 月开工，将于 2016 年 9 月竣工，总工期 48 个月，其中，地基基础工程施工工期为 9 个月。

10.2.2 绿色施工策划

（1）绿色施工组织体系

为做好工程项目的绿色施工管理，建立了绿色施工组织机构。由集团总部统一部署，成立了以总工程师为组长的绿色施工指导小组，项目部成立以项目经理为组长的绿色施工管理小组，并明确各成员职责。地基基础阶段绿色施工组织机构见图 10-5。

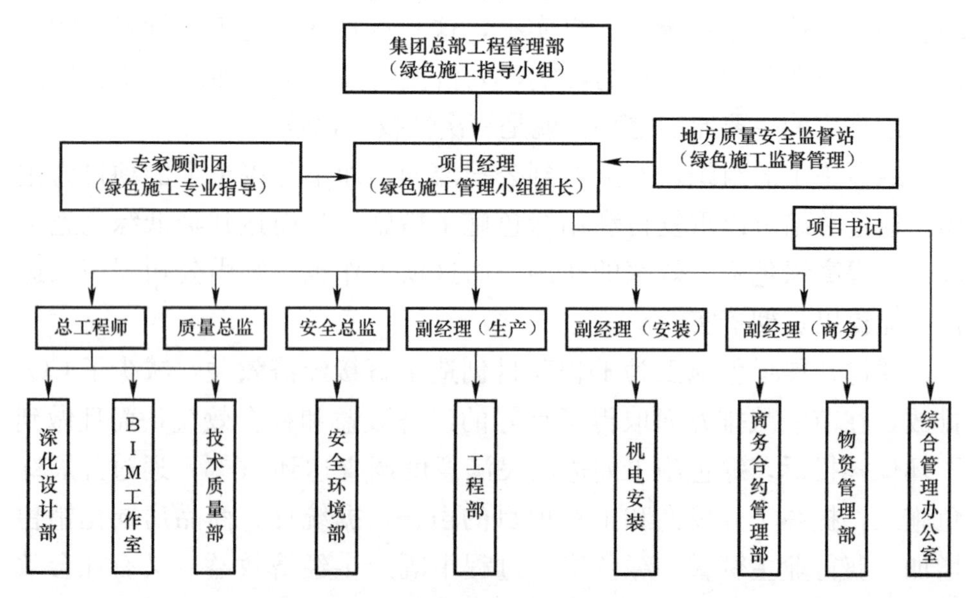

图 10-5 地基基础阶段绿色施工组织机构

(2）绿色施工影响因素分析

本工程地处城市金融区核心地带，地理位置优越。基坑开发深度达23m，总开挖量达92万m^3。土方施工工期为2个月，对环境的影响主要为扬尘污染、噪声污染、泥浆污染、水体污染等；基础施工对环境的污染主要增加了光污染，另外还可能存在一定的建材、水和能源等资源浪费。土方阶段绿色施工的主要措施为：土体覆盖、利用降水作为喷淋防止扬尘、合理安排开挖时间防止噪声等。本阶段绿色施工无特殊要求，可直接依据《建筑工程绿色施工评价标准》GB/T 50640—2010进行评价。

(3）建立绿色施工管理制度

根据绿色施工要求，项目部制定了相应的绿色施工管理制度，明确岗位责任，制定奖惩措施，落实到施工生产中去。具体责任分配见表10-16。

绿色施工岗位职责一览表 **表10-16**

序号	岗位/部门	绿色施工管理职责
1	项目经理	为绿色施工第一责任人，负责绿色施工的组织实施及目标实现，并指定绿色施工管理人员和监督人员。贯彻执行绿色施工法律法规和各项规章制度，对项目施工全过程的绿色施工负全面领导责任
2	技术负责人	对绿色施工负技术总责，严格审核技术方案、技术交底等，贯彻落实国家环境管理方针、政策，严格执行技术规程、规范、标准文件
3	安全总监	贯彻和宣传有关的绿色施工法律法规，组织落实各项绿色施工规章制度，并监督检查
4	土建负责人、机电负责人	负责实施绿色施工措施，参加绿色施工检查，提出相应的整改措施，督促落实
5	总承包管理负责人	参加绿色施工检查，对检查出的不符合因素，提出相应整改措施。负责材料设备等绿色施工措施落实
6	行政负责人	负责后勤管理、疫情防治管理、保卫管理等工作

此外，还制定了以下绿色施工管理制度：

1）绿色施工场地管理制度；

2）机械保养制度；

3）限额领料制度；

4）建筑垃圾再生利用制度；

5）材料高效利用及管理制度；

6）污水利用及排放制度。

（4）绿色施工资源配置

为保证绿色施工的顺利实施，工程项目施工除配置一般管理人员、劳务施工人员、施工机具和工程机械设备外，还专门针对绿色施工要求配备了相关机具。具体配置如表10-17所示。

绿色施工机具购置配置表 **表10-17**

序号	设备名称	数量	产地	用于施工部位	备注
1	水泵	20个	浙江	降水利用	良好
2	喷头	50个	成都	扬尘防治	良好
3	模板	50m^3	山东	道路预制	良好
4	LED灯	200	徐州	路灯、办公照明	良好
5	钢筋数控加工机械	2	天津	结构	良好
6	限电器	20	北京	临建	良好

注：其他设备采用土建投入机械进行绿色施工，无须另购。

（5）绿色施工总体部署

本项目绿色施工的目标为：

1）创建中国建筑业协会绿色施工示范工程；

2）杜绝发生安全生产死亡责任事故；

3）杜绝发生重大质量事故；

4）杜绝发生群体传染病、食物中毒等责任事故；

5）杜绝施工中因“四节一环保”问题被政府管理部门处罚的事件；

6）杜绝违反国家有关“四节一环保”的法律法规造成严重社会影响的事件；

7）杜绝施工扰民造成严重社会影响的事件；

8）《建筑工程绿色施工评价标准》GB/T 50640—2010中，控制项全部符合要求；

9）《建筑工程绿色施工评价标准》GB/T 50640—2010中，单位工程得分大于80分，结构工程得分大于80分；

10）每个评价要素中至少应有两个优选项得分，每个批次优选项总分≥10，单位工程绿色施工评价达到“优良”。具体指标如表10-18～表10-22所示。

环境保护指标　　表 10-18

序　号	目标名称	目标值
1	建筑垃圾	总产量小于 12000t，再利用率达到 50%
2	噪声控制	昼间≤70dB，夜间≤55dB
3	污水排放	6≤pH≤9，符合地方规定
4	扬尘控制	结构施工扬尘≤0.5m，基础扬尘≤1.5m
5	光污染	达到国家环保部门规定，达到周边居民无投诉

节材与材料资源利用指标　　表 10-19

序　号	主材名称	预算含量（含定额损耗）	定额允许损耗率	目标损耗率及量
1	钢材	80000	2.5%	1.5%
2	商品混凝土	380000	1.5%	0.9%
3	木材	9000m^3	5%	3%
4	围挡等周转材料	—	—	15%以下

节水与水资源利用指标　　表 10-20

<table>
<tr><th>序　号</th><th>施工阶段及区域</th><th colspan="2">万元产值目标耗水（m^3）</th></tr>
<tr><td>1</td><td>整个施工阶段</td><td colspan="2">6m^3/万元产值；非传统用水占用水总量 30%</td></tr>
<tr><td rowspan="3">2</td><td rowspan="3">基础阶段</td><td rowspan="3">7.7m^3/万元产值</td><td>施工用水：7m^3/万元产值</td></tr>
<tr><td>办公用水：0.1m^3/万元产值</td></tr>
<tr><td>生活用水：0.6m^3/万元产值</td></tr>
<tr><td>3</td><td>节水设备配置率</td><td colspan="2">大于 90%</td></tr>
</table>

节能与能源利用指标　　表 10-21

<table>
<tr><th>序　号</th><th>施工阶段及区域</th><th colspan="2">万元产值目标耗电（kWh）</th></tr>
<tr><td>1</td><td>整个施工阶段</td><td colspan="2">74.2kWh/万元</td></tr>
<tr><td rowspan="3">2</td><td rowspan="3">基础阶段</td><td rowspan="3">69kWh/万元</td><td>施工用电：64.06kWh/万元</td></tr>
<tr><td>办公用电：2.47kWh/万元</td></tr>
<tr><td>生活用电：2.47kWh/万元</td></tr>
<tr><td>3</td><td>节电设备配置率</td><td colspan="2">大于 85%</td></tr>
</table>

节地与土地资源保护指标　　表 10-22

<table>
<tr><td>1</td><td>办公、生活区面积与生产作业区面积比率≤30%</td></tr>
<tr><td>2</td><td>施工绿化面积与占地面积比率≥30%</td></tr>
</table>

根据绿色施工的目标要求，本阶段主要针对基础施工和基坑支护进行部署。对降水方式进行优化，达到“四节一环保”的要求。通过分析，支护采用排桩+锚索，结合管井降水方式，减少对土地资源的破坏；同时对地下水进行合理利用，做到节水的要求，观察地下水位，

防止过量抽水造成地下水资源破坏，并节约电能。

（6）绿色施工主要方案

根据绿色施工要求，主要制定以下专项方案：

1）基坑支护与降水、土方开挖方案；

2）塔吊基础施工方案；

3）地下室防水施工方案；

4）临建布置施工方案；

5）地下室结构施工方案；

6）地下室模板施工方案；

7）高支模施工方案；

8）基坑排水施工方案；

9）抗浮锚杆施工方案；

10）马道搭设施工方案；

11）地下室脚手架施工方案；

12）临时水电专项方案。

（7）绿色施工措施

1）环境保护措施

利用基坑降水资源作为水源，形成自动加压喷淋降尘系统，如图10-6所示。

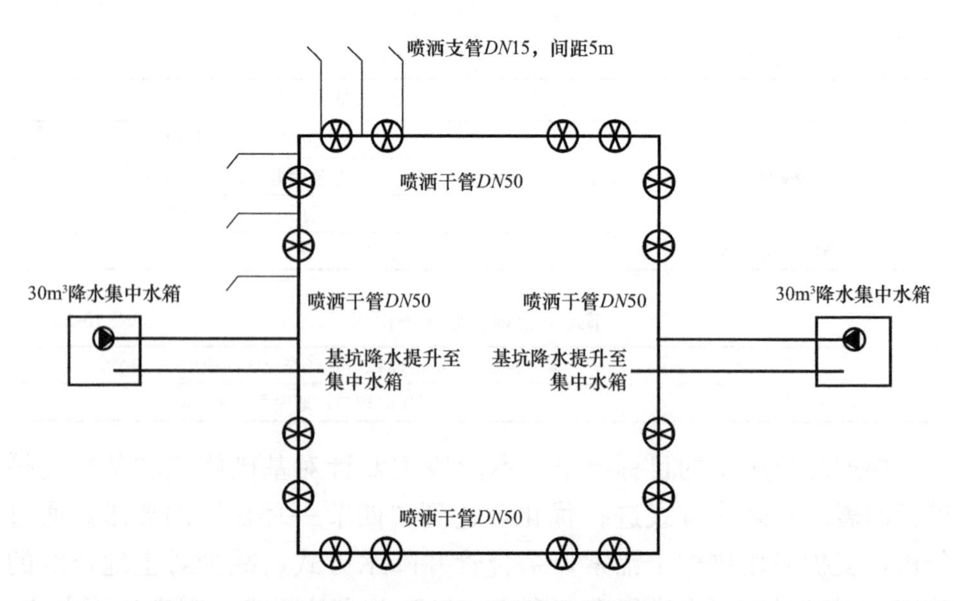

图10-6　自动加压喷淋降尘系统

施工现场传统给水工艺通常是整个施工现场的生活、施工、消防给水管网全部使用自来水，由于施工现场用水量大，将消耗大量水资源。

而采用基坑降水资源，解决现场道路喷淋、施工及消防用水，将节约大量水资源。该系统室外喷洒环网给水系统采用了独立的降水给水管道系统，由地下降水提升至沉淀池，经二次加压将水供给环网。

该系统喷洒道路的干管为 $DN50$ 的焊接钢管，支管为 $DN15$ 的镀锌钢管，每 3m 间距设置 1 个喷洒支管，基坑四周共计 160 根喷洒支管；在东西两边降水集中水箱中设置 2 台潜污泵，分双供水（电）系统控制，对管道的压力和水量进行合理有效地利用控制。

2）节材与材料资源利用措施

通过采用接木机、钢筋数控加工机械、建筑垃圾回收利用系统等对施工材料进行最大限度地周转利用。

① 木方、模板接长设备及再生覆塑模板措施。施工现场木方、模板材料是施工生产的主材。为了节约材料，实现节材要求，项目引进接木机等设备，对木方、模板进行接长。同时采用再生覆塑模板，可将废旧模板回收利用，然后进行重新加工，表面覆盖塑料层，可实现模板的再生利用。接木机是将短木料接长的一种专用成套机器，由梳齿机和对接机组成，空压机辅助。随着技术的不断进步，接木机分普通的手动接木机、半自动接木机、全自动接木机以及数控接木机。合理使用木材、加强废旧木材的回收利用，其生态效益比植树造林更加明显。

接木机的使用可以提高木材的利用率，减少资源的浪费，达到短材长用，劣材优用的目的。接木机是采用专用梳齿机和对接机，配上专用胶水可以使废旧木料、短木重新利用。对接后的木材使用效果良好。试验证明，其接口强度大于木材本身，胶膜强度坚韧、不脆裂，绿色环保无腐蚀，完全可替代新木使用。接木机应用和再生覆塑模板如图 10-7 所示。

② 余料、建筑垃圾回收利用技术。传统施工中，混凝土、砂浆等建筑余料由于收集困难，利用率较低，故多被作为建筑垃圾进行处理；同时施工过程中产生的建筑垃圾多采用人工装袋、装箱利用垂直运输机械进行运输，造成建筑材料的浪费、人工的浪费、垂直施工机械耗

用、电能的浪费，不符合绿色施工的要求。

（a）接木机应用实景效果

（b）再生覆塑模板效果

图 10-7　接木机应用和再生覆塑模板

本项目采用混凝土余料及工程废料收集系统（图 10-8 及图 10-9）解决以上难题。该系统是一种对混凝土余料及工程废料收集的新型实用系统，利用土建风道作为管道附着点；主要由薄壁钢管、45°斜三通、消能弯、固液态分离网组成，每次浇筑混凝土以后对泵车及泵管进行冲洗时，直接把布料机的皮管接到薄壁钢管里面，冲洗的废水及废渣通过薄壁钢管直接引流到地下四层，经过固液态分离网把固态和液态分开，液态通过砖砌排水沟引入到地下四层集水坑，废水经排污管道排到室外。楼层清理及二次结构产生的工程废料可以直接通过 45°斜三通引到地下四层，经过分离网把工程废料收到集中点，对废料进行集中处理并达到要求后进行地下室回填。

图 10-8　现场应用效果

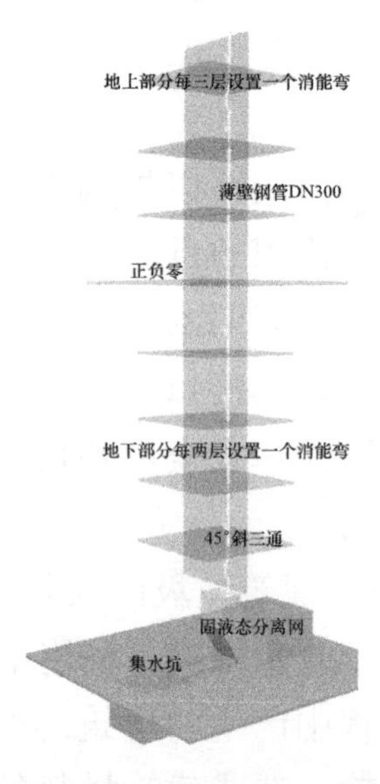

图 10-9　混凝土余料及工程废料收集系统设计

③ 余料、建筑垃圾回收预制过梁、砖技术。如何提高回收余料以及建筑垃圾的利用率是材料回收后的另一个难题。经过研究策划，决定采用碎石机将建筑垃圾进行粉碎，然后采用制砖机进行小型砌块的生产，将建筑垃圾进行回收利用，破碎机和制砖机如图 10-10 所示。通过试验分析，制作的砌块强度可以满足施工要求。实现了节材技术应用，符合绿色施工要求。

（*a*）

（*b*）

图 10-10　建渣破碎机与制砖机

④ 定型化、工具化、标准化措施。传统钢管扣件式临边防护（图 10-11）采用钢管扣件支架搭设，固定形式多采用抱箍、斜撑、预埋等方式，劳动强度大、成型效果差且容易移动，安全性差；由于各种条件下防护尺寸不统一，需切割大量钢管，造成材料浪费，不符合绿色施工要求。

（*a*）可周转扣件式临边防护搭设

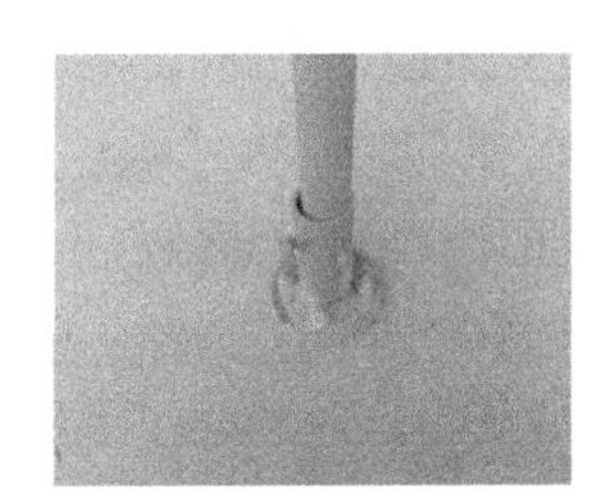

（*b*）连接件节点

图 10-11　传统钢管扣件式临边防护

采用定型化可周转钢管扣件式临边防护技术可减少钢管的损耗，实现钢管扣件式临边防护的标准化、定型化，且操作简单，降低了劳动强度，提高了美观度，增强了安全性能。

本技术中的连接件采用螺栓固定，使用专业工具施工速度快，拆卸方便，一次投入可周转几十次，符合绿色施工要求。

⑤ 施工临时水电安装应用正式管道技术。传统临时施工用水和消防用水需要敷设大量临时管道，并且由于管线裸露，施工环境复杂，极易造成管线损坏，影响正常施工，耗费大量人工维护保养费用。同时，施工结束后即拆除，造成大量建筑垃圾，不符合绿色施工要求。

采用临时施工用水和消火栓利用正式管道技术，管道设置在管井中，在剪力墙里预埋临时施工用水和临时消火栓钢套管，消火栓挂墙安置，如图 10-12 所示。与传统临时施工用水和临时消防做法相比，不仅节约了临时水电安装材料的投入而且减少对后期施工的影响，同时加快了管道安装的施工进度。

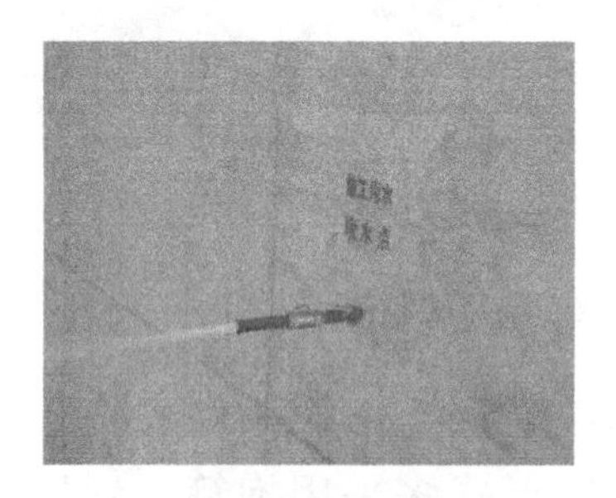

（*a*）临时施工用水取水点效果

（*b*）临时消火栓安装效果

图 10-12　临时施工取水点及消火栓安装效果图

3）节水与水资源利用措施

① 热水供应。项目部通过计算与比较，确定采用太阳能与电加热结合的热水供应方式。

② 洗车槽循环水再利用。设置循环水池，将洗车用水、基坑降水及雨水等循环再利用。洗车槽循环水再利用技术应满足现场施工用水要求。

循环水池三级沉淀，运用高差排水，控制好标高，与市政污水管网接驳，避免现场积水。因三级沉淀池排水管标高高于市政污水管网，经过循环沉淀多余的水自然排到市政管网，既不堵塞市政管网，又节约了水资源，真正做到绿色施工。

③ 地下水重复利用技术。建筑施工中对地下水的一般处理方法为：根据建筑需要进行降水施工，抽取地下水、地表水等，从而降低地下水位，并将抽取水排入市政管网。为了可持续发展，在建筑施工中可以充分使用地下水，减少抽取量，并合理利用抽取的地下水，进

而产生良好的经济和社会效益。

对于施工中抽取的地下水的利用，主要有两个利用方向：一个是在本建筑施工中利用，如现场打桩施工用水、混凝土润泵及洗泵用水、混凝土养护用水、现场临时消防用水、厕所冲洗用水、场地除尘及车辆冲洗用水等；另一个是在建筑施工场地外利用，如建筑周边的绿化用水、市政用水及其他用水等。

④ 现场雨水收集利用技术。雨水收集利用是指利用施工现场的自然条件，依据地形有计划地将雨水通过现场的雨水沟排放进指定的蓄水池，根据水处理的原理进行沉淀排砂，使其达到国家中水水质标准，用于建设工程中的各类施工用水，缓解缺水地区施工超计划用水的问题。

沉淀池、蓄水池是用普通粉煤灰砖砌筑的 5000mm×2500mm×2000mm（可根据地区降水量调整大小尺寸）的地下水池；要求内外粉刷防水砂浆，顶部加盖混凝土预制盖板。沉淀池要定期清理底部的沉淀物，池顶安装高压水泵通过管道将水送至使用楼层。

雨水收集沉淀水质应符合《城市污水再生利用　城市杂用水水质》GB/T 18920—2002 等国家现行相关标准和应用技术规程的规定。

4）节能与能源利用措施

① 工人生活区 36V 低压照明。36V 低压照明是为了保障工人的生命财产安全，有效地减小生活区发生火灾的概率，采用两级变压将 380V 高压电依次降低为 220V、36V 后供给工人生活区照明。

同时，为满足工人降温及手机充电需求，工人生活区另接通一条 220V 供电线路，采用镀锌套管保护，连接风扇与手机充电箱。为防止漏电事故的发生，每栋工人板房设置 2 个同步接地点。

36V 低压照明应符合《供配电系统设计规范》GB 50052—2009、《低压配电设计规范》GB 50054—2001、《特低电压（ELV）限值》GB/T 3805—2008 的规定。

② 限电器在临时用电中的应用。限电器的使用将极大地降低临时宿舍用电安全的风险，它是由超负荷检测电路、延时检测电路、报警发声电路及桥式整流稳压电路组成的。限电器使用应符合《施工现场临时用电安全技术规范》JGJ 46—2005 等国家现行相关标准及相应技术规范。

③ 建筑施工现场节电技术。选用的产品：银鹰 YY 节电器，是目前世界上最先进的第五代节电产品。它采用并联线路，通过抑制电路中产生的瞬流和消除谐波，有效节省电费达 8%～30%，并能消除谐波尖峰，清洁用电，延长电器使用寿命。

④ LED 节能灯具应用技术。传统地下室临时照明多采用荧光灯、白炽灯等架设临时照明管线形成临时照明系统。由于目前工程地下室面积较大，地下室照明时间较长，将耗费大量电能；同时投入大量管线，需投入大量维护保养成本，且管线裸露易造成触电等安全隐患。

本工程地下室施工用临时照明采用 LED 节能灯，相对普通照明灯具具有耗电小、使用寿命长等优点。而且本工程地下室临时照明线路的敷设利用了正式工程管道以及声光控制技术，这样大大降低了成本，而且更加安全、美观。

⑤ 施工楼梯间临时照明声光控技术。传统楼梯间临时照明布置的临时照明管线，由于管线裸露，施工现场极易造成管线损坏、触电等安全隐患，并且施工结束后需要投入人工进行拆除，造成大量管线建筑垃圾，不符合绿色施工要求。

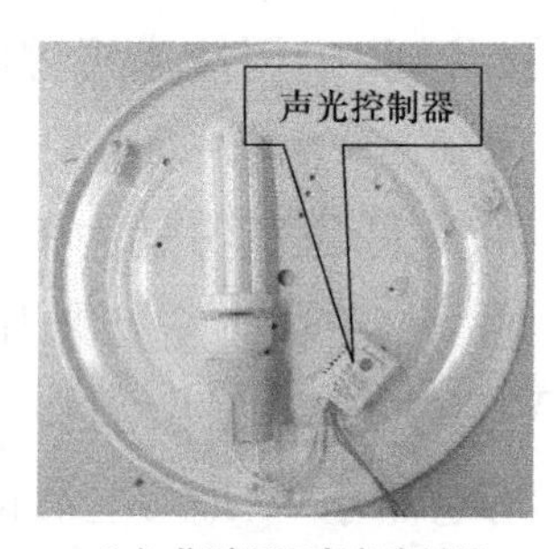

(a) 临时照明声光控制器

(b) 现场实施效果

图 10-13 楼梯间临时照明

本工程楼梯间临时照明（图 10-13）利用声光控制以及工程正式预埋管道穿线，用正式管线作为临时照明应用，减少了临时照明施工成本；同时由于采用正式管线，全部为暗敷，避免了传统临时照明管线明装造成的触电安全隐患。经过对比分析，利用正式预埋管道穿线的照明回路，无外漏线管、电线，完全达到了安全、美观、节约成本的效果。

5）节地与土地资源保护措施

为合理安排施工现场平面布置，充分保护性地利用红线内土地，本项目主要采用了装配式混凝土场地、道路技术，如图 10-14 所示。

图 10-14　装配式混凝土场地、道路

目前，国内施工现场需根据文明施工要求进行施工场地硬化，多采用 150mm 或 200mm 混凝土材料，以达到防治扬尘的要求。但由于施工现场的硬化多为临时材料堆场、临时道路，施工结束后需进行拆除，势必浪费大量人工、建材，产生大量建筑垃圾，对环境造成危害，同时也不符合绿色施工的要求。

装配式施工场地、临时道路硬化施工技术由混凝土预制板块、辅助砂层、嵌缝水泥砂浆组成，其特征是：采用预制好的钢筋混凝土单元板块进行铺设而成，单元板块内部配置钢筋网架，钢筋网架的边框由上边钢筋和下边钢筋绑扎而成，板体短边的上边钢筋与下边钢筋之间设置封闭箍筋，板体两个短边侧面各预埋有 2 个对称的吊孔，吊孔内埋设吊钩，吊孔填充块的材料可采用废旧聚苯乙烯泡沫块，4 个吊孔填充块均位于上边钢筋的周围。可选择场地一次制作成型，或者制作完成后吊装至指定位置。施工结束后选择完好的构件进行回收，根据公司相关规定进行其他项目调拨，或回收至指定仓库备用。周转铺设：运输至施工现场。预制板铺设前，将场地平整，铺一层 50mm 砂，铺设时板与板之间预留 50mm 的间隙，该间隙用细砂填至板面 50mm 的位置，然后用砂浆收面与预制板面齐平。可根据现场项目部的需求铺设，同时能与混凝土相结合使用，与混凝土接触的位置用 40mm 聚苯分隔，确保以后容易拆除。

（8）绿色施工评价安排

根据《建筑工程绿色施工评价标准》GB/T 50640—2010 要求，每月开展一次绿色施工评价，并对评分结果予以公示，持续推进绿色施工。根据地基与基础工程阶段的工期安排，本阶段施工总工期 9 个月，拟进行 9 个批次的绿色施工评价，本阶段绿色施工至少应达到“合格”标准。

(9) 绿色施工技术创新

1) 混凝土养护节水技术

混凝土养护使用薄膜覆盖养护替代传统洒水养护。薄膜覆盖养护，用薄膜把混凝土表面敞露的部分全部严密地覆盖起来，保证混凝土在不失水的情况下得到充足养护。

楼板混凝土最后一遍收面时，边收面边覆盖薄膜，通过张力作用，薄膜较好地粘结在板面上；竖向构件拆除模板后，将薄膜缠绕覆盖在柱墙上，收口部位用胶带粘住。冬期施工时，为防止薄膜内水冻结，加盖毛毡。

薄膜必须不透气、不透水，毛毡具有良好的保温效果。

经济效果分析：使用薄膜养护，可以周转使用，还节约用水，如表 10-23 所示。

混凝土养护使用薄膜养护经济效果分析表　　表 10-23

项　目	节水用水定额（L）	混凝土量（m^3）	节约用水（m^3）
混凝土自然养护	180	31000	5580

2) 钢筋数控加工技术

传统钢筋加工均采用人工料单计算，将下料单下发钢筋加工班组后，班组采用传统设备进行切断、弯曲加工。由于工人技术水平参差不齐，传统机械设备加工效率低下等原因，对施工进度影响较大，为保证施工进度，需投入多台传统钢筋加工机械，又会产生施工现场占地面积较大，使施工场地狭小的施工现场难以实现。

采用钢筋数控弯箍机与数控弯曲中心机械可大大提升加工效率，单日可加工钢材 100t，钢筋成型尺寸精确，节约材料，可实现料单智能输入，减少了劳动力的投入，占地面积少，特别适合施工场地狭小工程，见图 10-15。

10.2.3 绿色施工实施

(1) 组织落实

项目绿色施工第一责任人严格按计划组织实施。

(2) 岗位责任制

明确岗位职责，严格按职责分工，各负其责，实行奖优惩劣。

(3) 绿色施工技术交底及组织

根据工程特点，编制施工方案时，加入绿色施工技术措施，并编制绿色施工专项施工方案，主要针对施工内容有针对性地开展绿色施工技术措施，并组织绿色施工技术措施交底，以达到“四节一环保”的要求。

（a）钢筋数控弯箍机

（b）钢筋数控弯曲中心

图 10-15　钢筋数控加工

（4）要素及批次评价情况

根据基础施工阶段，对绿色施工每月进行一次评价，评价邀请建设、监理单位代表参加，现场进行打分并签署评价意见。针对每个批次绿色施工的评价情况，进行详细分析研究，对绿色施工进行持续改进。

（5）持续改进与激励

项目在各部门、各分包单位、各工区开展检查考核评比。

检查：每月一次或每周一次。由项目经理或生产经理组织，项目各部门负责人、分包单位现场负责人参加，可以交叉检查、评分。检查评分表项目根据情况自行制定，可参照企业标准《绿色施工评价标准》ZJQ 08—SGJB 005—2008 对项目绿色施工检查进行评分，并且重点检查以下内容：

1）项目施工组织设计应包含绿色施工内容，并编制绿色施工专项方案，各项绿色施工内容应严格按照方案执行，严禁私自变更方案，否则进行罚款处理。

2）各项绿色施工设备、设施由责任单位、责任人统一管理，对破坏设备、设施者加倍赔偿。

3）绿色施工评价严格按照每月一次进行。

4）绿色施工设备、材料台账。

5）“四节一环保”实施情况记录。

6）四节台账记录及分析。

7）各分包（含劳务分包）水电记录。

8）各分包合同中是否对水电消耗量提出约定，是否有利于节能减排的合同条款。

在项目醒目部位或建筑物绿色施工通道口，挂设“项目绿色施工检查评比公示牌”，尺寸1.5m×0.8m，内容自定。

分包单位、责任工程师、责任绿色施工员实行同奖励、同处罚，比例一般为70%、20%、10%。对排名第一的奖励200～2000元。对最后一名的罚款200～2000元。连续三个月获得第一名的单位或个人，项目应加大奖励力度。连续三个月获得最后一名的单位或个人，项目应加大处罚力度。奖罚尺度授权项目经理确定。

10.2.4 实施效果

（1）阶段绿色施工评价情况

经过基础阶段绿色施工评价，我们对其进行了批次评价，控制项全部达到要求，优选项均为2分以上，一般项加权平均得分为92分，达到“优良”标准。

（2）新技术创新与应用情况

1）通过采取一系列的“四节一环保”技术措施，达到了预定的绿色施工目标要求；

2）混凝土养护采用薄膜的保水效果显著，可周转使用，提高了混凝土早期强度，缩短了养护周期，而且节约了水资源。

3）雨水收集系统打破了传统施工完全依赖自来水的状况，既改变了传统施工现场污水横流、泥砂满地、粉尘飞扬的场面，改善了施工现场的作业条件和环境，也克服了施工现场雨水排放接入市政管网的困难。雨水收集利用可操作性强，成本低，受益高，解决了绿色施工与水污染的问题。

4）现场道路采用装配式混凝土道路技术，解决了后期破除造成的噪声、建筑垃圾等问题，而且可周转使用，节约材料。

总之，通过绿色施工的策划实施，经检查，地基基础工程绿色施工效果良好。

（3）效益

1）现场临时照明采用LED灯，效益分析如表10-24所示。

采用 LED 灯照明的效益分析　　　表 10-24

项　目	成本（元）	每月用电量（度）	1 年用电量（度）	回收时间（月）
LED 施工灯	12750	617	7404	2.6 个月
普通灯具	3150	4320	51840	

LED 灯成本：118×100 个+950（1kVA 变压器）=12750 元
普通灯具成本：2.5(1+1.5)×100 个+2900 元（10kVA 变压器）=3150 元
LED 每月用电：60W×100 个×24h×30 天÷1000÷7=617 度，即每月电费 617 元
普通灯具每月用电：60W×100 个×24h×30 天÷1000=4320 度，即每月电费 4320 元
成本回收：(12750−3150)÷(4320−617)=2.6（月）

注：LED 施工灯 6W 用电量为 60W 普通灯的 1/7。

2）废旧木材的回收利用，其生态效益比植树造林更加明显，经济效益分析如下（表 10-25）：节约了大量木材投入费用，减少了建筑垃圾的产生，且安全、实用，经济效益明显。同时由于项目体量大，施工周期长，故经济效益潜力巨大，符合绿色施工的要求。

木方、模板接长设备及再生覆塑模板创新措施经济效益分析　　表 10-25

项　目	单　位	月消耗量	费用单价	月节约费用
垃圾处理费用	m^3	50	200 元/t	10000 元
木材	m^3	40	1600 元/t	64000 元
月节约成本	74000 元			

3）社会效益

通过在本项目开展绿色施工，水电、材料等资源方面的节约产生了一定经济效益，同时“四节一环保”的社会效益显著，吸引了四川省乃至全国各地区的建设主管部门和施工企业前来观摩学习，成功举办了四川省建筑业绿色施工观摩会，提高了企业的知名度，扩大了社会影响力。目前已经获得中国建筑业第三批全国绿色施工示范工程授牌，同时已经申报住房和城乡建设部的绿色施工科技示范工程，答辩已经通过，获得了立项。

10.2.5　评价及持续改进

项目部通过绿色施工策划、实施，在节能、节水、节材、节地及环境保护等方面取得了明显的环境效益和一定的经济社会效益，提升了企业品牌。

项目在地基与基础施工阶段，主要问题在批次评价的时间间隔上控制不好，扬尘控制和地下水利用方面存在差距。在主体结构施工、

装饰装修及机电安装中，将采取切实措施，强化计划安排，尽快封闭裸土，确定专人采取洒水降尘等方案，加强噪声控制等，确保本工程在绿色施工方面达到“优良”标准，争取在节能减排、绿色施工方面做出更多成绩。

10.3 主体结构工程绿色施工案例

10.3.1 工程概况

本工程位于超大城市某中心区，主要包括地上办公及附属配套设施、地下车库、人防、机电用房。总建筑面积 92517m²，其中地上 56169m²，地下 36348m²。主楼地下 3 层，地上 17 层，建筑高度 76.05m；武警楼地上 2 层，地下 1 层，建筑高度 12.45m；门卫房地上 1 层，建筑高度 4.5m。2012 年 6 月 1 日开工，2014 年 11 月 7 日竣工，其中主体结构工程总工期为 7 个月。

10.3.2 绿色施工策划

（1）绿色施工组织体系

本工程的绿色施工管理体系涉及项目各参建单位，包括总承包商、各分包商、供应商、生产厂家。为加强对绿色施工的组织协调，保证各项指标完成，在现场成立了由各参建单位组成的领导小组。绿色施工组织体系如图 10-16 所示。

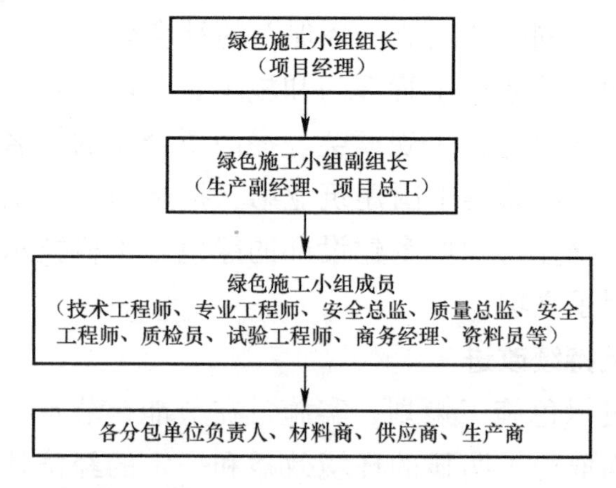

图 10-16　绿色施工组织体系

（2）绿色施工影响因素分析

本项目是该区域第一个正式开工的项目，地块均为裸土地表，杂草丛生，春秋季节周边的尘土很容易被带到现场；其次该区域的市政管网未完善，目前雨水排到项目以外南侧未开工的地块，因此要经常与领导协商项目周边环境的治理情况。该地区水质差，无法达到饮用水标准。

本工程为框架-剪力墙结构，地下 3 层，地上 17 层，主体结构施工期间首层大堂的高支模施工、3～5 层的大跨度钢结构转换梁施工以及屋顶预应力空心楼板施工是本工程的重点和难点。现场全部采用商品混凝土，钢结构、空心箱体、预应力筋均为场外加工，可有效降低现场噪声及环境污染，但会增加运输过程中的尾气排放。

总体而言，本工程无特殊要求，结构工程不复杂，所处环境无特别制约，因而绿色施工评价无需对《建筑工程绿色施工评价标准》GB/T 50640—2010 规定的评价点作调整。

（3）绿色施工管理制度

为了更好地实现绿色施工管理目标，项目部有针对性地制定了绿色施工管理制度，明确岗位责任，主要包括教育培训制度、检查评估制度、资源消耗统计制度。

1）教育培训制度

① 项目部负责绿色施工的管理人员积极参加分公司组织的关于绿色施工内容的培训。

② 培训期间要认真做好学习笔记，回到项目后要将整理好的笔记内容向项目部其他管理人员进行宣传教育。

③ 密切关注公司平台、政府部门等网站更新关于绿色施工新要求的各项通知，并告知资料员及时下载、打印相关信息资料。

2）检查评估制度

① 项目部按照北京市绿色施工工地标准进行自查；

② 将自查整改结果及时上报分公司生产部门；

③ 每两个月接受分公司领导检查绿色施工执行情况；

④ 按照绿色施工计划逐层进行目标分解，细化到各部门实施。

3）资源消耗统计制度

① 每个月物资部与工程部负责对现场的材料进行盘点，并作出相关数据的统计工作；

② 由技术部结合统计好的数据进行总结，形成资源消耗统计

记录；

③ 对于即将超出规定损耗值时，需要对劳务单位及现场管理人员进行预警；

④ 对于已经超出规定损耗值时，需要制定措施。

4）岗位职责分工

绿色施工岗位职责分工如表 10-26 所示。

绿色施工岗位职责分工一览表　　表 10-26

序　号	岗　位	岗位职责
1	项目经理	绿色施工第一责任人，主持领导小组例会，负责制定各项目标，审批实施专项方案，建立管理组织机构，组织现场检查和整改，协调各分包施工管理工作
2	项目总工	协调各项工作的开展，总体策划，编制施工组织设计
3	技术工程师	绿色施工各项技术应用指导，监督现场实施情况。编制绿色施工实施方案，各项工作策划，绿色施工“四新”技术应用的策划
4	专业工程师	负责现场绿色文明施工的实施
5	安全总监	总体负责绿色文明施工现场安全设施的实施
6	质量总监	负责绿色施工质量管理
7	安全工程师	负责落实现场绿色安全文明工作的落实
8	资料员	负责绿色施工各项资料的收集整理、影像资料的留置工作
9	试验工程师	负责各项试验的开展
10	商务经理	负责项目绿色施工经济效益的预估及对比计算

（4）绿色施工资源配置

项目部在前期策划阶段，便以获得绿色施工工地为目标，在生活区重点部位张贴宣传标语，提高项目部全体人员节能、节水意识，多次开展绿色施工培训教育，在现场配备了多种节能环保的工具、设备等，如表 10-27 所示。

绿色施工资源配置　　表 10-27

序　号	材料名称	规格型号	单　位	数　量
1	噪声监测器	台湾 AZ	个	1
2	洗车设备	MobyDickDvo5.76m×2.2m×2.41m	套	1
3	节水器具	/	个	20
4	节能灯	11W/22W	个	100
5	太阳能照明	/	个	2
6	分类垃圾箱	/	个	10
7	土壤固化剂	/	kg	200

续表

序　号	材料名称	规格型号	单　位	数　量
8	高压微雾系统	Bs-hpmf	套	1
9	标准化吸烟室	3m×3m	个	1
10	植草砖	300×300	m^2	498
11	菜/草种子	/	kg	100
12	太阳能热水器	君创	台	2

材料节约的指标及措施主要包括以下几个方面：

1）根据施工进度、库存情况等合理安排材料的采购、进场时间和批次，减少库存。

2）材料运输工具适宜，装卸方法得当，防止遗撒和损坏。

3）现场材料堆放有序，储存环境适宜，措施得当，保管制度健全，责任落实到人。

4）预留、预埋应与结构施工同步。

5）采用管线综合平衡技术，优化管线路径，避免预留、预埋遗漏。

6）尽量就地取材，施工现场 500km 以内生产的建筑材料用量占建筑材料总用量 70％以上。

7）推广使用高强度钢材和高性能混凝土，减少资源消耗。

8）使用预拌混凝土。

9）大型结构件采用工厂制作，采用合理的安装方案，减少措施费和材料用量。

10）大型结构件、大型设备、砌体材料等应一次就位卸货，避免或减少二次搬运。

11）门窗、屋面、外墙等围护结构选用耐候性、耐久性、密封性、隔声性、保温隔热性、防水性等性能良好的材料，选择合理的节点构造和施工工艺，应符合国家标准《建筑节能工程施工质量验收规范》GB 50411—2007 的规定。

12）施工前对贴面类块材进行总体排版策划，最大限度地减少产生废料的数量。

13）各类油漆及胶粘剂随用随开启，不用时及时封闭。

14）木制品及木装饰用料、玻璃等各类板材应在工厂采购或定制。

15）采用定型钢模、钢框竹胶板代替木模板。

16）高层建筑采用分段悬挑外脚手架。

17）临时用房、临时围挡材料的可重复使用率达到70%。

18）选用耐用、维护与拆卸方便的周转材料，采用工具式模板、钢制大模板，提高模板、脚手架周转次数。

19）推广使用预拌砂浆。

20）现场临时道路和地面硬化采用可周转使用的块材铺设。

（5）绿色施工总体部署

1）环境保护目标

环境保护指标完成情况及采取的措施见表10-28。

环境保护指标完成情况及采取的措施　　表10-28

序号	主要指标	目标值	实际完成值	采取的措施
1	建筑垃圾	产生量小于90000t，再利用率和回收率达到30%	产生量小于85000t，再利用率和回收率达到33%	运送建筑垃圾不污损场外道路；回收有毒有害废弃物，并交有资质的单位处理，施工现场严禁焚烧各类废弃物。建筑垃圾应按有关规定分类收集存放，不可再利用的及时清运。生活垃圾设置封闭式垃圾容器，并应及时清运
2	噪声控制	昼间≤70dB，夜间≤55dB	昼间≤65dB，夜间≤50dB	搭设防噪棚，安排安全部张二永对现场周围噪声进行监测
3	水污染控制	pH值达到9	pH值达到7	禁止向排水明沟内排放或倾倒油类及其他有毒污染物；基坑积水、雨水、养护水、排水沟的水经沉淀后排入市政管网；生活污水采用化粪池处理后排入市政管网；油污水采用隔油分离池处理后排入市政管网；对施工作业产生的污水，专人冲洗后排入排水沟，经沉淀、隔油分离处理后，经检验符合排放标准后，排入市政管网
4	扬尘措施	结构施工扬尘高度≤0.5m，基础施工扬尘高度≤1.5m	结构施工扬尘高度≤0.4m，基础施工扬尘高度≤1.2m	工人清理建筑垃圾时，首先必须将较大部分装袋，然后洒水防止扬尘；对粉灰状的施工垃圾，采用吸尘器先吸后用水清洗干净。并将垃圾堆放区设置在避风处；运垃圾的专用车每次装完后，用苫布盖好，五级风以上不允许进行土方施工；在西侧场区入口道路两侧处及办公区围墙处设置高压微雾抑尘系统，微小的雾化颗粒能长时间飘浮在空气中，和周围的空气融合，以此达到降温、加湿、除尘等多重功效，在堆土土体表面喷洒结壳型抑尘剂
5	光源控制	达到环保部门规定	达到环保部门规定	合理安排施工作业时间，尽量避免在夜间施工，在保证满足施工要求下，调整灯光的照射方向，减少对周围居民的影响

2）节材与材料资源利用目标

节材与材料资源利用目标完成情况及采取的措施见表10-29。

节材与材料资源利用指标完成情况及采取的措施　　表10-29

序号	主材名称	预算损耗值	实际损耗值	实际损耗值/总建筑面积比值	采取的措施
1	钢材	249t	197t	0.763	认真审核劳务队的钢筋料单，技术部加强审图工作，及时与设计单位沟通图纸问题，并第一时间通知后台加工区
2	商品混凝土	4069m^3	3255m^3	0.8	参考施工图纸认真计算所需混凝土方量，对泵送设备进行检查、调试，混凝土工长对浇筑区域剩余方量进行计算，加强模板支撑体系验收工作
3	模板	平均周转次数为2次	平均周转次数为3次	1.5	模板拆除后对其表面进行清理，并统一堆放在木工加工场，严禁私自裁切整块模板
4	就地取材≤500km以内的占总量70%				

3）节水与水资源利用目标

节水与水资源利用目标完成情况及采取的措施见表10-30。

节水与水资源利用目标完成情况及采取的措施　　表10-30

序号	施工阶段及区域	目标耗水量	实际耗水量	实际耗水量-总建筑面积比值	采取的措施
1	办公、生活区	7776m^3	7213m^3	7.8%	采取有效的水质检测与卫生保障措施，防止对人体健康、工程质量以及周围环境产生不良影响。安装节水龙头，卫生洁具采用自动感应冲水系统，张贴节水宣传标语
2	生产作业区	5401m^3	5121m^3	5.54%	定期检查施工用水的管材是否有漏水现象，安排值班人员对现场的水管进行巡视，严禁现场长流水现象
3	节水设备（设施）配置率	50%	60%		主要在生活区内安装自动感应装置

4）节能与能源利用目标

节能与能源利用目标完成情况及采取的措施见表10-31。

节能与能源利用目标完成情况及采取的措施 **表 10-31**

序号	施工阶段及区域	目标耗电量	实际耗电量	实际耗电量/总建筑面积比值	采取的措施
1	办公、生活区	161kWh	150kWh		现场临时办公室设施在施工前要进行合理规划，并绘制详细的现场平面布置图。根据临时设施的布局充分结合日照和风向等自然条件，采用自然采光和通风，节省能源。现场管理人员办公及宿舍均配置空调，在夏季、冬季根据环境温度情况进行使用，严禁在没有人员的情况下不关空调、灯等。职工宿舍采用空调进行采暖，并单独设置源线，定时自动供应，统一控制开关
2	生产作业区	559.8kWh	521kWh		选择功率与负载相匹配的施工机械设备，避免大功率施工设备长时间低负载运行。合理布置施工临时供电线路，在开工后编制专项的临时用电方案，对工程的临时用电进行合理计算，对临时用电线路路径进行优化，做到距离短、线损小
3	节电设备（设施）配置率	50%	60%		在生活区配备太阳能热水器，用于淋浴室的淋雨加热，可有效地节约电能。安全教育厅安装太阳能照明，办公室、地下室照明全部采用节能灯

5）节地与土地资源利用目标

节地与土地资源利用目标完成情况及采取的措施见表 10-32。

节地与土地资源利用目标完成情况及采取的措施 **表 10-32**

序号	项　目	目标值	实际值	采取的措施
1	办公、生活区面积	4000m^2	3600m^2	管理人员集中办公，合理安排工人进场时间
2	生产作业区面积	18000m^2	17500m^2	只预留环形消防通道，其他区域均硬化作为材料堆放或加工场地
3	办公、生活区面积与生产作业区面积比率	22.22%	20.57%	工地开工前，项目管理人员在现场进行多次勘察测量，根据“915”项目的现场条件对临时设施占地面积进行了规划，按用地指标所需的最低面积进行设计。平面布置合理、紧凑，在满足环境、职业健康与安全及文明施工要求的前提下，最大限度地减少临时设施占地面积

续表

序号	项　目	目标值	实际值	采取的措施
4	施工绿化面积与占地面积比率	30%	33%	对未硬化的区域种植蔬菜或撒草籽，停车场透水砖内撒草籽，办公区内设置花坛
5	场地道路布置情况	双车道宽度≤10m，单车道宽度≤6m，转弯半径≤3m	双车道宽度≤9m，单车道宽度≤5m，转弯半径≤8m	

（6）绿色施工主要方案

1）楼层垃圾消纳通道；

2）临时用电穿正式线；

3）高压微雾抑尘系统；

4）裸土表面喷洒结壳性抑尘剂。

（7）绿色施工措施

1）环境保护

① 对施工场地道路、加工区、材料堆放区及必要的场区进行地面硬化，安排专人每天进行清扫及洒水降尘，西门至场区两侧、办公区两侧采用高压微雾抑尘系统，保持地面清洁及湿润。

② 工地西门设置机械洗车池，对出入车辆进行冲洗，避免携带尘土。

③ 现场东侧预留的回填土使用结壳型抑尘剂对土体进行固化，防止扬尘污染。

④ 在模板施工及楼层清理时，项目部将使用吸尘器清理尘土和垃圾，收集的垃圾使用袋子装好统一运至垃圾点。

2）节能与能源利用

① 严禁使用国家、行业、北京市政府明令淘汰的施工设备、机具和产品。

② 选择功率与负载相匹配的施工机械设备，避免大功率施工设备长时间低负载运行。

③ 做好现场施工机械设备维修保养工作，使其保持低耗、高效状态，完善施工设备管理档案。

④ 合理布置施工临时供电线路，在开工后编制专项的临时用电方案，对工程的临时用电进行合理计算，对临时用电线路路径进行优化，

做到距离短、线损小。

⑤ 现场临时办公室设施在施工前要进行合理规划，并绘制详细的现场平面布置图。根据临时设施的布局充分结合日照和风向等自然条件，采用自然采光和通风，节省能源。

⑥ 施工现场办公和生活的临时设施均采用夹心岩棉彩钢板，其保温隔热性能良好，以降低能耗，节约能源。

⑦ 现场管理人员办公及宿舍均配置空调，在夏季、冬季根据环境温度情况进行使用，严禁在没有人员的情况下不关空调、灯等。职工宿舍采用空调进行采暖，并单独设置源线，定时自动供应，统一控制开关。

⑧ 在生活区配备太阳能热水器，用于淋浴室的淋雨加热，可有效地节约电能。

⑨ 工人生活区用电集中管理，设置手机加油站，避免私接电线、消耗电能。

3）节材与材料资源利用

① 开工后严格按照施工进度计划提出材料计划，合理安排材料的采购、进场时间和批次，减少库存。

② 所有施工材料运输工具适宜，装卸方法得当，轻拿轻放，防止遗撒和损坏。

③ 现场设置地磅称重系统，对进场钢筋进行检查，保证材料质量。现场材料堆放有序，储存环境适宜，措施得当；保管制度健全，责任落实到位。

④ 幕墙埋件等预留、预埋要与结构施工同步，应埋设准确，避免返工浪费材料。

⑤ 主要材料损耗率比定额损耗率降低 30%。

⑥ 机电安装采用管线综合平衡技术，优化管线路径，避免预留、预埋遗漏。

⑦ 工程所用的钢材、木材及砂石、水泥尽量就地取材，施工现场 500km 以内生产的建筑材料用量占建筑材料总用量 70%以上。

⑧ 本工程钢筋采用 HRB400E 高强度钢材，主楼结构采用高性能混凝土，通过设计手段降低用钢量，减少资源消耗。

⑨ 工程全部使用商品混凝土。

⑩ 合理布局场地，根据每个月的施工计划、施工内容对施工场地进行合理安排，并画出场地平面布置图。各种大型结构件、大型设备、砌体材料等应一次就位卸货，避免或减少二次搬运。

⑪ 门窗、屋面、外墙等围护结构选用耐候性、耐久性、密封性、隔声性、保温隔热性、防水性等性能良好的材料，选择合理的节点构造和施工工艺，应符合《建筑节能工程施工质量验收规范》GB 50411—2007 的规定。

⑫ 施工前，对贴面类块材进行总体排版策划，最大限度地减少废料的数量。

⑬ 各类油漆及胶粘剂随用随开启，不用及时封闭。

⑭ 木制品及木装饰用料、玻璃等各类板材应在工厂采购或定制。

⑮ 采用非木质的新材料或人造板材代替木质板材。

⑯ 进入标准层后采用定型大钢模代替木模板。

⑰ 现场所有临时用房均采用防火等级 A1 级岩棉彩钢板，可重复使用 3 次以上。

⑱ 使用预拌砂浆，减少浪费。

⑲ 现场全部采用标准化、工具式设施，周转率高。

4）节水与水资源利用

① 施工现场供水管网根据工程的用水量进行设计布置，管径合理、管路简捷。

② 现场生活用水采用计量管理。为防止资源浪费，在生活区洗漱间、食堂等设置明显的“节约用水”标示牌。

③ 高压微雾系统进行降尘。该系统用水量少，降尘效果好，最大限度地节约现场喷洒用水。

④ 办公区及工人生活区均配备直饮水设备，为项目各参建单位提供可靠的直饮水源，配备节水器具，不仅节约现场用水，更成为现场施工人员健康的保障。

⑤ 现场西门设置洗车池，洗车用水引自附近集水坑，洗车后的污水排入沉淀池沉淀后进入集水坑继续使用，集水坑连接场内排水沟，由排水沟收集雨水进入集水坑，作为洗车池的循环用水，节约水资源。

5）节地与施工用地保护

① 工地开工前，项目管理人员在现场进行多次勘察测量，根据项

目的现场条件对临时设施占地面积进行了规划，按用地指标所需的最低面积进行设计。平面布置合理、紧凑，在满足环境、职业健康与安全及文明施工要求的前提下，最大限度地减少临时设施占地面积。

② 施工现场木工作业棚、材料周转堆场等均在工地的主入口道路东侧，以便于运输。钢筋加工场设置在建筑北侧，同时在基坑内支护桩冠梁顶安装 4 台塔吊，能够覆盖整个加工场地。

③ 本工程禁止使用黏土砖，以保护土地。采用大孔轻集料砌块进行砌体施工。

④ 施工现场道路按照永久道路和临时道路相结合的原则布置，在工地西侧及北侧利用了现有市政道路。

⑤ 工地办公区采用混凝土进行硬化，现场除必须硬化的区域外，对其他局部未硬化的区域及现场回填后的土地进行合理布局，拟在空闲土地种植绿色植物，进行绿化。计划对预留的回填土堆及周边裸土区域喷洒抑尘剂进行固化处理。停车场采用透水砖，可涵养地下水。

⑥ 对深基坑施工方案进行多次优化。采用护坡桩支护，以减少土方开挖工程量，同时减小放坡对周边自然生态环境的影响。开挖后部分的土方放置于工地东南侧，用密网覆盖，供肥槽回填使用，减少土的流失。

(8) 绿色施工评价安排

主体结构工程绿色施工至少应达到“合格”标准以上。项目部按评价标准和考核指标的要求先进行自查，然后再邀请建设单位和监理单位进行绿色施工批次评价，并按规定准备相应资料。

过程评价由绿色施工小组组长或副组长组织，每个月至少组织 1 次评价，共组织 7 次评价。要求每次评价完成后应保存好评价记录和证明资料，建立评价档案，并形成改进意见，制定和完善绿色施工措施，付诸下阶段实施。

(9) 绿色施工技术创新

每层设置垃圾通道，利用管井，把可拆卸的管道逐层安装，每层设置 1 个可开启的入口，在首层位置焊接一个较大的钢板容器，设置 1 个可开启的出口，垃圾的清理减少垂直运输工具的时间，便于周转使用。

在主体结构施工阶段，所有现场楼内的临时用电照明，全部接正式线，灯具全部采用节能灯，可减少安拆临时线的材料费用和人工费用，在保障正常照明的前提下，减少电量的消耗，节省了能源和费用。

施工道路两侧安装高压微雾抑尘系统，利用高压泵将水从管口中压出，形成水雾，从而起到降尘的功效。

对场区内没有进行硬化的裸土区域表面喷洒结壳性抑尘剂，可在裸土表面形成一层坚硬的壳，有效抑制了土体在大风天气的扬尘。

10.3.3 绿色施工实施

(1) 组织落实

按照项目部绿色施工策划方案，项目部成立以项目经理为组长的绿色施工小组，主要实施部门为工程部，按照方案中进度计划要求组织实施。

(2) 岗位责任制落实

首先按照策划要求，把岗位责任落实到位，并组织考核，把绿色施工实施效果与工作绩效相结合，促使施工项目部人员切实履行施工责任，做好相应责任。

(3) 绿色施工技术交底及组织

项目部每个月对现场管理人员和分包单位进行绿色施工技术交底，主要针对现场常出现的材料浪费、能源浪费以及建筑垃圾污染、噪声、废水排放等问题。交底时间与绿色施工评价时间尽量对应，方便绿色施工评价情况与绿色施工交底内容结合，促进持续改进。

(4) 要素及批次评价与改进

1) 主体结构施工阶段绿色施工评价主要针对环境保护情况、节材与材料资源利用情况、节水与水资源利用情况、节能与能源利用情况及节地与施工用地保护等“四节一环保”情况进行过程检查和评价。

2) 先后进行了 7 个批次的评价，结果见表 10-33。

(5) 持续改进与激励

项目部把每个批次评价的一个月间隔时间作为一个 PDCA 循环的完整周期。此批次评价的结束即为下一个批次评价的开始，此批次评价存在的问题即为下一个批次评价的整改方向，按照 PDCA 循环对各个环节的要求，认真做好策划、实施、检查和处理工作。每月按照绿色施工批次评价的要素得分情况，对分数较低的要素实施情况进行分析，查找问题和原因，制定改进措施，确保绿色施工目标的实现，进而持续改进。

主体结构工程绿色施工阶段评价表 表 10-33

工程名称	××工程办公大厦	编　号	038
		填表日期	2012.12.5
评价阶段	主体结构施工阶段		
评价批次	批次得分	优选项得分	
1	91.6	13.0	
2	85.5	12.0	
3	83.0	10.0	
4	87.0	10.0	
5	89.5	10.0	
6	87.5	11.0	
7	91.4	10.5	
小计	阶段评价得分＝Σ批次评价得分/评价批次数 ＝615.5/7＝88.0分； 优选项得分均大于10.0分； 故：本阶段绿色施工为“优良”		
签字栏	建设单位	监理单位	施工单位
	单位盖章和个人签名	单位盖章和个人签名	单位盖章和个人签名

此外，项目部利用板报、墙报、标语等多种形式，对实行绿色施工的意义、内容及国家相关政策开展经常性的宣传活动，营造绿色施工氛围；利用职工夜校、协调会、班前交底会等形式，对管理和施工人员开展绿色施工知识培训教育，以提高全员绿色施工意识。在员工工作绩效考核时，把绿色施工岗位责任履行情况作为重要内容进行考核，与奖金挂钩，取得了很好效果。

10.3.4 实施效果

(1) 总体效果

1) 标准化、工具式设施的建立

现场临时建筑、临边防护、加工棚等全部采用标准化、工具式设施，不仅使现场安全文明施工得到有效保障，同时通过周转使用，最大限度地降低了项目成本。

2) 结壳型固化剂的使用

预留回填土采用结壳型固化剂处理，在土体表面形成硬壳，在大风天气不会造成尘土飞扬，有效地保护了环境及土壤。

3) 高压微雾抑尘系统

该系统用水量少，最大限度地节约了现场用水；系统末端自动喷出数以亿计的小水珠与空气中的粉尘结合，降尘效果好；智能化可定时自动进行开关。

4）绿色种植

由于场地较大，为避免资源及土壤浪费，在未硬化区域进行绿色种植。为项目部食堂提供新鲜蔬菜的同时，最大限度地节约土壤资源、美化环境。

（2）经济效益和社会效益

1）经济效益分析

绿色施工经济效益分析见表10-34。

绿色施工经济效益分析　　表10-34

序号	传统工艺	新工艺	经济效益
1	木胶板作为模板（3层周转一次，正常周转2～3次）	定型钢模板作为模板（每层周转一次）	结合周转次数，项目部需购置木模板130000m^2，木模板60元/m^2，需800万元，竖向结构模板总量为57000m^2，需342万元，项目对竖向结构（墙、柱、楼梯）采用以钢代木的形式，购置定型钢模板，总价120万元，共节省222万元
2	非正式线	改用正式电线	非正式线（穿线3.8元/m；布管1元/m；二次折旧0.3元/m；电缆的折旧费1元/m）；改用正式电线（穿线3.8元/m）；每米节约成本：3.8＋1＋0.3－1＋3.8＝27.9（元）
3	普通照明	节能型照明	施工用电单价：0.98元/度，每月用电量约95000度，共计93100元。施工现场作业面、办公区、生活区的生活用电采用节能灯具，节能达20%，约18620度（共计18247.6元）
4	施工现场地面采用浇筑混凝土硬化	种植蔬菜或播撒草籽	如果场地硬化，硬化200mm厚的混凝土，每平方米0.2m^3，成本约500×0.2＝100元；如果现场进行蔬菜种植（粮食作物），每平方米成本费用5元（含种植土），而每平方米蔬菜（粮食作物）收益约为6元，所以每平方米比混凝土硬化节省106元
5	停车场地面采用浇筑混凝土硬化	停车场铺设植草砖	停车场面积：1700m^2； 透水砖价钱：35元/m^2； 草籽计价：草籽单价（含人工费）120元/kg，每千克可种植200m^2，相当于0.6元/m^2； C15混凝土地面硬化价钱：350元/m^3，按硬化100mm厚计算，即35元/m^2； 人工费：150元·人/d； 因混凝土地面的不透水性，还需考虑排水系统； 雨水篦子（400mm×600mm）价钱：80元/块； 排水沟综合计价：300元/m； 项目结束后爆破拆除费用：800元/台班； 清理渣土费用：300元/车； 经过对比计算，采用透水砖的地面费用比混凝土硬化地面费用低
6	其他采用绿色施工措施费增支成本等		具体计算从略
7	①＋②＋③＋④＋⑤－⑥	二者相抵	仍为正值，虽然项目实施成本增加，赢利减少，但赢得了广泛的社会认同和赞许

2）社会效益

① 项目已获得第三批全国建筑业绿色施工示范工程；

② 北京市绿色施工安全文明样板工地。

10.4 装饰装修与机电安装工程绿色施工案例

10.4.1 工程概况

工程坐落于江湾机场的旧址，是一个以中、高档住宅为主的知识型、生态型大型花园式国际社区。基地面积约 79035m²；建筑面积（一期）约 162782m²，包括地下车库、小高层或高层住宅及会所。合同精装修内容为住宅精装修及零星机电安装工程，建筑面积约 100000m²。以“生态、人文、信息、低碳、资源”五大指标为评判体系的国际化社区标准，决定了该住宅的稀缺性和价值空间。

10.4.2 绿色施工影响因素分析

随着人们对环境和健康的要求越来越高，传统的装饰装修与机电安装工程施工工艺和方法已不能满足节约资源的社会需求。寻求装饰装修绿色施工工艺，选择与使用绿色装饰装修材料和绿色性能优良的水电配套产品已迫在眉睫。装饰装修工程实施绿色施工将成为我国可持续发展的必然选择。

经分析，该工程装饰装修与机电安装项目，现行的绿色施工规范和绿色施工评价标准均已涵盖，施工过程中不存在特殊的绿色施工影响因素。但是由于该工程为中高档住宅装饰装修工程，将面对数以百计的小业主，必须高度关注如下两个方面的管控：

（1）材料绿色性能的管控

为防止建筑材料中有毒、有害物质污染环境，危害人体健康，需要在材料选择和采购中高度关注机电产品绿色性能的辨识，确保使用符合绿色要求的产品。

（2）固体废弃物排放管控

装饰装修与机电安装工程施工阶段，往往是固体废弃物排放最集中的阶段。因此，加强施工图的深化设计，强化施工策划，做到图纸排版合理可行，进场线材和面材模数合理，绿色性能优良，数量准确，余料再用，避免返工，是本工程绿色施工的重要举措。

装饰装修与机电安装工程必须在保证质量和安全的前提下，确保室内空气质量满足有关标准的要求，确保所使用的所有材料满足防火要求，因此装饰材料采购要重视有毒、有害物质的控制。另外，机电安装的预留预埋必须与装饰装修密切合作，防止造成返工，减少固体废弃物排放。

10.4.3 绿色施工策划

（1）绿色施工组织机构

项目部建立了以项目经理为组长、项目副经理和项目总工程师为副组长、各工长和专业工程师为成员的绿色施工工作小组，其岗位职责如表10-35所示。

施工推进工作工作小组及岗位职责一览表　　表10-35

成　员	职　务	主要职责
组长	项目经理	绿色施工指挥协调，资源配置等
副组长	项目副经理	组织绿色施工评价实施和评价，落实绿色施工策划及有关文件
副组长	项目总工	组织进行绿色施工方案及保证措施编制，参与绿色施工评价
组员	工长	绿色施工实施、协调和检查
	安全经理	绿色施工和安全文明施工监管
	合约经理	绿色施工成本核算，核定绿色施工专项资金
	材料经理	识别和选购符合绿色性能的材料，建筑垃圾再利用监管
	班组长	具体应用实施“四节一保”，绿色施工

（2）绿色施工管理制度

为确保绿色施工的实施质量和进度，项目部制定了绿色施工管理制度，明确岗位职责。相关制度主要包括教育培训制度、检查评估制度、资源消耗统计制度等。具体措施如下：

1）建立绿色施工分工管理制度，分工明确，责任到人，层层落实，使绿色施工各项工作落到实处。

2）组建业务水平高、管理能力强的分区管理部，把绿色施工管理应用情况作为考评项目各区段业绩的主要内容。

3）制定示范工程管理制度，控制进场材料质量，按规定进行试验和检查。

4）工程的质量目标为确保“白玉兰奖”。根据总体目标和部署，专门制定工程质量保证计划并层层分解，落实到人，在施工组织设计中制定有针对性的技术保证措施，并制定专门的分部工程绿色施工专项方案和实施方案，组织专人进行落实、检查和指导，保证过程受控，创精品工程。

5）做好绿色施工技术培训。根据工程绿色元素设计要求和具体特点，对技术性较强的项目制定工艺标准，然后按照所制定的工艺标准进行职工培训，并严格执行技术交底。模型先行、三检制相结合，确保实施效果和工作质量。

6）建立技术保证、监督、检查、信息反馈系统，调动测量、质量、安全、施工技术等各部门有关人员严格要求、积极工作，将动态信息迅速传递到项目决策层，针对问题及时调整方案，确保新技术、新工艺、新材料的顺利实施。

7）加强劳务作业层施工队伍的管理，增强绿色施工意识，加大落实力度。

8）严谨、细致地确保每项工作优质高效完成。

9）熟悉图纸、有关标准及技术资料，做好绿色施工技术培训工作。

（3）绿色施工资源配置

为实施绿色施工，项目购置设备隔声罩、设备消声器、水回收系统、电动瓷砖切割机、手拉瓷砖切割机、吸尘打磨机等专用器具。

（4）绿色施工总体部署

1）绿色施工总体安排

该工程装饰档次总体不高，但面对的业主千差万别，需要细化管理。故对装饰装修绿色施工安排如下：

① 项目层面配备20人组成项目管理部，负责项目绿色施工的全面管理和总体调度，强化整个工程项目的沟通，对工程项目绿色施工的实施总负责。

② 组织若干个装饰装修与机电安装配套的工作团队，实行定岗定位，明确绿色施工责任要求，明确质量安全目标，限定时间完成既定任务。

③ 工程施工过程中必须做到：a. 装饰装修工程与机电工程配合施工，确保不出现交叉污染；b. 优化工艺流程，制定成品保护措施，防止后续工程施工损坏已完工程，造成浪费；c. 所有灯具、开关和水阀安装宜在装饰装修工程基本完工后进行；d. 水暖电气管线预埋预留应在装饰装修工程开工前提供预留预埋图纸，以便统筹考虑，防止成品

被二次破坏。

④ 根据前期制定的绿色施工实施措施及技术要求，制作本项目分部分项工程的绿色工程样板间，在过程中发现优点及不足，最后由绿色施工工作小组以会议的形式确定，减少返工。

2）环境保护指标

环境保护指标完成情况及措施见表 10-36。

环境保护指标完成情况及措施　　表 10-36

序号	主要指标	目标值	实际完成值	采取的措施
1	建筑垃圾	产生量小于 2t，再利用率和回收率达到 20%	产生量小于 2t，再利用率和回收率达到 20%	控制材料的损耗及回收利用
2	噪声控制	昼间≤85dB， 夜间≤65dB	昼间≤85dB， 夜间≤65dB	设备设隔声罩、消声器

3）节材与材料资源利用指标

节材与材料资源利用指标完成情况及措施见表 10-37。

节材与材料资源利用指标完成情况及措施　　表 10-37

序号	主材名称	预算损耗值	实际损耗值	实际损耗值/总建筑面积比值	采取的措施
1	木材	$20m^3$	$15m^3$	0.15%	木材工厂化加工
2	回收利用率为 20% （回收利用率＝施工废弃物实际回收利用量（t）/施工废弃物总量（t）×100%）				

4）节水与水资源利用指标

节水与水资源利用指标完成情况及措施见表 10-38。

节水与水资源利用指标完成情况及措施　　表 10-38

序号	施工阶段及区域	目标耗水量	实际耗水量	实际耗水量-总建筑面积比值	采取的措施
1	办公、生活区	$1000m^3$	$700m^3$	0.7%	采用施工用水回收再利用循环系统

5）节能与能源利用指标（用电指标）

节能与能源利用指标完成情况及措施见表 10-39。

节能与能源利用指标完成情况及措施　　表 10-39

序号	施工阶段及区域	目标耗电量	实际耗电量	实际耗电量/总建筑面积比值	采取的措施
1	办公、生活区	400kWh	350kWh	0.35%	采用节能用电器
2	节电设备（设施）配置率	50%			

(5) 绿色施工主要方案

1) 建筑垃圾减量化的绿色施工方案；

2) 建筑材料边角料再利用施工方案；

3) 涂饰工程绿色施工方案；

4) 防线性石膏板裂缝施工方案；

5) 电气安装施工方案；

6) 给排水安装施工方案；

(6) 绿色施工措施

1) 节材与材料资源利用措施

① 面材、块材镶贴，做到预先总体排版。

② 短木材接长再利用。木条接长采用机械接长，不仅操作简单，而且节约成本，保证质量。

③ 石膏板套割、饰面砖切割、龙骨切割等材料合理再利用，尽量做到施工现场零垃圾。

2) 节能与能源利用措施

① 工程施工使用的自行选购材料的采购和运输，应遵照因地制宜、就地取材的原则。

② 施工中合理安排施工工序，采用能耗少的施工工艺。

③ 施工临时设施结合日照和风向等自然条件，合理采用自然采光、通风和外窗遮阳设施。使用热功性能达标的复合墙体（注意防火问题）和屋面板，顶棚宜采用吊顶。

3) 其他措施

① 生活区应达到 $2m^2$/人，夏季室内设空调，集中提供热水。

② 现场危险设备地段、有毒物品存放地设置醒目安全标志，施工采取有效防毒、防污、防尘、防潮、通风等措施；现场配电箱、材料堆放等处设置“四节一环保”标识，起警示作用。

(7) 绿色施工评价安排

该阶段施工工期为 2012 年 12 月 1 日～2013 年 9 月 30 日，计划每月对绿色施工情况进行评价，计划评价 11 次。

在自检的基础上，邀请建设与监理单位派员，进行绿色施工批次评价。

(8) 绿色施工技术创新

1) 防止玻化砖镶嵌空鼓及脱落技术

① 基层处理:

a. 检查墙体抹灰的方正程度、平整度，对垂直度、平整度偏差5mm以上的重新抹灰，使墙体贴砖材料薄厚均匀，减少因材料不均匀硬化产生的应力。

b. 基层抹灰面处理完毕，在粘贴玻化砖前用界面剂滚涂抹灰面，加强粘结强度。

② 玻化砖粘贴面处理:

a. 玻化砖粘贴面采用石材干挂胶/云石胶，将 ϕ8 钢筋、铜丝/碎玻化砖块（50mm×50mm）与玻化砖粘结后放置 24～72h，待石材干挂胶/云石胶粘结牢固后再开始玻化砖湿作业。

b. 玻化砖粘贴面粘结 ϕ8 钢筋、铜丝/碎玻化砖块（50mm×50mm），24～72h 后进行拉毛处理，将水泥界面剂混合成薄浆后用泥刷或滚筒将拌合物覆盖于玻化砖基面粘结面，涂刷均匀，无遗漏，使基面呈毛化状态，而后将黄砂干撒在面层上，24h 干透后即可用强度等级 42.5 的复合硅酸盐水泥粘贴施工。水泥可掺入适量细砂，无泥质的适量细砂 1∶0.2 即可。粘贴砂浆必须搅拌均匀并且控制粘贴厚度在5～8mm 以内，墙体抹灰基面用 801 胶涂刷一遍。

c. 养护：铺贴完砖 24h 后，洒水养护，时间不应少于 7d。

2) 防线性开裂石膏板复合墙体

针对石膏板吊顶及隔墙大面积施工中石膏板拼接较集中处易出现裂缝的问题，采用现场加工制作异形石膏板（L 形、十字形、T 字形）进行拼接安装，减少石膏板接缝，防止石膏板因收缩、膨胀而产生裂缝。方案如下:

① 现场加工吊顶、隔墙施工所需的石膏板形状如：L 形、十字形、T 字形。

② 将制作好“L、十字、T 字”形石膏板按照轻钢龙骨石膏板吊顶、隔墙施工工艺操作程序安装。

③“L、十字、T 字”形石膏板与龙骨用镀锌自攻螺丝拧紧，自攻螺丝中距不得大于 200mm。

④ 石膏板接缝应留适当缝，要分三道工序进行嵌缝膏填缝，要求

填补密实平整。待嵌缝膏干燥后，粘贴专用贴缝带，纸带下同嵌缝膏间不得有气泡，最后用嵌缝膏将拼缝处理覆盖、刮平、凝固后用砂纸轻轻打磨，使其同板面平整一致。

10.4.4　绿色施工实施

（1）绿色施工首次会议

按照策划方案，成立绿色施工工作小组，召开专门会议，进行绿色施工教育，落实岗位责任，明确分工，全面启动绿色施工。

（2）岗位责任制

1）组长为绿色施工管理第一责任人，负责制定管理目标，审批实施方案，建立管理组织机构，主持领导小组例会，配合项目其他相关工作。

2）副组长协助开展工作，受组长委托主持领导小组例会或各类专题会，协调分包及相关管理工作。

3）小组成员负责绿色施工方案的实施，组织对工人进行绿色施工方面的培训，在技术、安全交底中明确绿色施工要求，在施工过程中严格按方案进行，并按要求保留相关记录。

（3）绿色施工技术交底及组织

各部门统一协调工作，对施工班组新进场人员进行培训。组织劳务分包商、专业分包商每月召开一次会议，汇报工作进展情况，对工作不足开展讨论，制定下月工作重点。

（4）要素及批次评价

1）按照《建筑工程绿色施工评价标准》GB/T 50640—2010 的规定，设专人收集及管理绿色施工过程的各种资料。

2）绿色施工批次评价前，均进行自检。在达到“合格”要求的基础上，再邀请建设监理和建设单位，会同进行绿色施工批次评价。

3）绿色施工批次评价前，首先核对是否达到《建筑工程绿色施工评价标准》GB/T 50640—2010 基本规定的要求。

4）绿色施工批次评价围绕如下五个要素进行评价：

① 环境保护措施。噪声排放达标，符合《建筑施工场界环境噪声排放标准》GB 12523—2011 规定；污水排放达标，生产及生活污水经沉淀后排放，达到《城镇污水处理厂污染物排放标准》GB 8978—2002 标准规定；控制粉尘排放，施工现场道路硬化，达到现场目测无扬尘；

达到ISO14001环保认证的要求；达到“零污染”要求的目标。

② 节水。提前进行用水量计算，并实行用水计量管理，严格控制施工阶段用水量；生活用水节水器具配置比率达到60%，万元产值用水量指标控制在7.8t；供水管线布局和管径合理，线路简捷，杜绝跑、冒、滴、漏现象；利用收集水进行机具、设备、车辆冲洗用水，路面喷洒等；

③ 节能。严禁使用淘汰的施工设备、机具和产品；万元产值耗电量指标控制在100kWh；公共区域内照明，节能照明灯具的比率大于80%；合理进行现场机械设备使用的安排，提高机具的使用效率与满载率；建立机械按时保养、保修、检验制度，保证机械设备的正常运转。

④ 节材。施工现场建立材料采购台账，管理考核台账；现场材料码放有序，保管制度健全，责任落实到人；对工程变更进行优化，保证材料消耗至最低；节能工程使用的材料，必须符合设计要求及国家有关标准规定；装饰装修工程使用的材料符合国家有关建筑装饰材料有害物质限量标准的规定；合理安排材料进场计划，降低材料损耗率，积极推广应用“四新”计划。

⑤ 节地。平面布置尽量减少临时用地面积，充分利用原有建筑物、道路；施工中按进度计划合理安排建筑材料、设备及半成品的进场，避免大量堆料造成用地紧张；施工现场绿化用地不低于临时用地面积的5%。

5）装饰装修与机电安装工程批次评价：

在要素评价的基础上，对装饰装修工程与机电安装工程绿色施工进行批次评价。此处略去要素评价表，仅保留《装饰装修与机电安装工程绿色施工批次评价表》，如表10-40所示。

装饰装修与机电安装工程阶段绿色施工批次评价表　　表10-40

工程名称	上海某住宅工程		编　号	103
			填表日期	2012.5.10
评价阶段	装饰装修与机电安装工程阶段			
评价要素	评价得分	权重系数		实得分
环境保护	84.0	0.3		25.2
节材与材料资源利用	92.0	0.2		18.4
节水与水资源利用	81.5	0.2		16.3
节能与能源利用	83.0	0.2		16.6
节地与施工用地保护	91.5	0.1		9.15
合计		1		85.7

续表

工程名称	上海某住宅工程	编　　号	103
		填表日期	2012.5.10
评价阶段	装饰装修与机电安装工程阶段		
评价结论	1、控制项：符合要求 2、评价得分：85.7 分 3、优选项：10.5 分 结论：优良		

签字栏	建设单位	监理单位	施工单位
	单位盖章和个人签名位置	单位盖章和个人签名位置	单位盖章和个人签名位置

（5）持续改进与激励

以绿色施工批次评价的时间间隔为一个 PDCA 循环周期，对绿色施工情况实施持续改进。具体做法是：

P——以绿色施工首个批次评价为起点，对绿色施工进行策划，对存在的问题通过查找原因，制定改进措施，指导下一个循环周期的绿色施工。

D——依据绿色施工策划文件及新制定的改进措施，落实责任，付诸实施。

C——对过程实施情况，组织进行检查，肯定成绩，找出问题。

A——对绿色施工的情况进行再评价，针对取得的既有成绩和存在的问题，按既有制度进行正负激励，并再次制定改进方案，指导下个循环周期的工作。

10.4.5 实施效果

（1）阶段绿色施工评价情况

在批次评价的基础上，对装饰装修与机电安装工程阶段绿色施工进行阶段评价，其评价等级为“优良”。装饰装修与机电安装工程阶段绿色施工阶段评价如表 10-41 所示。

装饰装修与机电安装工程阶段绿色施工阶段评价表　　　表 10-41

工程名称	××住宅工程	编　　号	156
		填表日期	2013.7.5
评价阶段	装饰装修与机电安装工程阶段		
评价批次	批次得分	优选项得分	
1	85.7	12.0	
2	82.5	11.0	
3	83.0	13.0	

续表

<table>
<tr><th colspan="2">评价批次</th><th colspan="2">批次得分</th><th>优选项得分</th></tr>
<tr><td colspan="2">4</td><td colspan="2">84.0</td><td>12.0</td></tr>
<tr><td colspan="2">5</td><td colspan="2">86.5</td><td>11.0</td></tr>
<tr><td colspan="2">6</td><td colspan="2">82.5</td><td>12.0</td></tr>
<tr><td colspan="2">7</td><td colspan="2">92.4</td><td>10.5</td></tr>
<tr><td colspan="2">8</td><td colspan="2">80.5</td><td>10.0</td></tr>
<tr><td colspan="2">9</td><td colspan="2">84.2</td><td>10.5</td></tr>
<tr><td colspan="2">10</td><td colspan="2">79.0</td><td>11.0</td></tr>
<tr><td colspan="2">11</td><td colspan="2">85.0</td><td>12.0</td></tr>
<tr><td colspan="2">小计</td><td colspan="3">阶段评价得分＝Σ批次评价得分/评价批次数
＝927/11＝84.3分
优选项得分均大于10.0分
故：本阶段绿色施工为“优良”</td></tr>
<tr><td rowspan="2">签字栏</td><td>建设单位</td><td colspan="2">监理单位</td><td>施工单位</td></tr>
<tr><td>单位盖章和个人签名位置</td><td colspan="2">单位盖章和个人签名位置</td><td>单位盖章和个人签名位置</td></tr>
</table>

注：项目部每月按照《批次评价要素权重系数表》进行评价，对分数较低的项目进行持续改进，确保绿色施工目标的实现。

（2）新技术创新与应用情况

1）聚氨酯防水涂料施工技术

防水工程方面，项目部召开工期推进会，由专业化厂家施工。聚氨酯防水涂料是通过化学反应而固化成膜，分为单组分和双组分两种类型。单组分聚氨酯防水涂料为聚氨酯预聚体，在现场涂覆后经过与水或空气中湿气的化学反应，固化形成高弹性防水涂膜。双组分聚氨酯防水涂料由甲、乙两个组分组成，甲组分为聚氨酯预聚体，乙组分为固化组分，现场将甲、乙两个组分按一定的配合比混合均匀，涂覆后经反应固化形成高弹性防水涂膜。

2）木制品加工及安装技术

由于木制品在工厂制作完成，借助专业设备及流水线，改变了人工现场制作安装的模式，很大程度上提高了质量的可靠性；在现场其他工序施工的同时，把需加工的木制品下单到加工厂进行制作，其他工序施工完毕即可进行木制品的现场安装，这样可以大大缩短施工周期；木制品工厂加工可以改变现场制作时工作面大、现场管理不能面面俱到、容易造成材料浪费等缺点，做到成本可控。

3）防止玻化砖镶嵌空鼓及脱落的技术

该技术的实施，不仅保证了施工质量，瓷砖空鼓率控制在2%以内，也减少了瓷砖的损耗、劳动力的浪费。

4）防线性开裂石膏板复合墙体的施工技术

通过本技术的研究和应用，提高了工效，使墙体裂缝的老大难问题基本得到了解决。

(3) 效益

本工程通过绿色施工的推进，控制了施工对周边居民的负面环境影响，减少了固体废弃物的排放，装饰材料高效利用，得到了业主及相关方的高度赞扬。

绿色施工的推进也使本工程降本增效近百万元，其主要措施及经济效益贡献如下：

1）木制品工厂加工技术

木制品现场测量定位好以后，进行工厂化加工，避免了现场的裁、刨、锯产生的浪费；可缩短施工周期，产生经济效益30万元。

2）防止玻化砖镶嵌空鼓及脱落的技术

玻化砖镶嵌采用玻化砖背涂拉毛处理，并且采用玻化砖胶粘剂铺贴，减少了玻化砖的维修，控制空鼓率在3%以内，维修费用减少30万元。

3）防线性开裂石膏板复合墙体

石膏板吊顶及隔墙大面积施工中石膏板拼接较集中处易出现裂缝的问题，采用现场加工制作异形石膏板（L形、十字形、T字形）防止石膏板因收缩、膨胀而产生裂缝，减少维修费20万元。

本工程通过推进绿色施工，初步实现了节约资源和减小对环境的负面影响，实现了经济效益、社会效益和环境效益的统一，为建设和谐型社会做出了应有的贡献。

参考文献

[1] （日）日本建筑学会编，余晓潮译. 建筑环境管理 [M]. 北京：中国电力出版社，2009.

[2] Kibert C. J. Sustainable construction：green building design and delivery [M]. John Wiley & Sons. 1993.

[3] 张智慧，尚春静，钱坤. 建筑生命周期碳排放评价 [J]. 建筑经济，2010 (2)：44-46.

[4] WU Yong，WANG Zhou-ya，GUAN Jun，ZHANG Zhi-hui. Analysis of causes and countermeasures for rising labor costs in international construction projects [J]. CRIOCM2012，November 16-18，2012，Shenzhen，China.

[5] 金泽虎. 民工荒假象的经济学分析——基于熊启泉先生观点的悖论 [J]. 农业经济问题，2006 (9)，28-31.

[6] 王地春. 废旧黏土砖治理生命周期环境影响评价 [D]. 清华大学硕士学位论文，2013.

[7] 廖秦明. 全面绿色施工管理研究 [D]. 哈尔滨工业大学硕士学位论文，2011.

[8] 美国项目管理协会. 项目管理知识体系指南 [M]. 第4版. 北京：电子工业出版社，2009.

[9] 杜运兴等. 土木建筑工程绿色施工技术 [M]. 北京：中国建筑工业出版社，2010.

[10] 中国建筑业协会. 绿色施工示范工程申报与验收指南 [M]. 北京：中国建筑工业出版社，2012.

[11] 张智慧，邓超宏. 建设项目施工阶段环境影响评价研究 [J]. 土木工程学报，2003，36 (9)：12-18.

[12] 李小冬，王帅，张智慧，王星辰. 施工阶段环境影响的定量评价 [J]. 清华大学学报（自然科学版），2009，49 (9)：1484-1487.

[13] 肖绪文，王玉玲，谢刚奎，等. 推行“绿色施工”实现“四节一保” [J]. 建设科技，2006，19：36-37.

[14] 肖绪文，冯大阔. 我国推进绿色建造的意义与策略 [J]. 施工技术，2013 (7)：1-4.

[15] 肖绪文，冯大阔. 建筑工程绿色施工现状分析及推进建议 [J]. 施工技术，2013 (1)：12-15.

[16] 肖绪文. 坚持科学发展推进绿色施工 [J]. 施工技术，2010，9：49.

[17] 苗冬梅，肖绪文，陈兴华. 绿色施工技术措施 [J]. 工程质量，2011，29 (3)：72-75.

[18] 肖绪文，冯大阔. 建筑工程绿色建造技术发展方向探讨 [J]. 施工技术，2013，42 (11).

[19] 肖绪文，单彩杰. 建筑业10项新技术（2010版）创新研究综合分析 [J]. 施工技术，2011，40 (3)：1-4.

[20] 竹隰生，任宏. 可持续发展与绿色施工 [J]. 基建优化，2002，23 (4)：33-35.

［21］ 竹隰生，王冰松. 我国绿色施工的实施现状及推广对策［J］. 重庆建筑大学学报，2005，27（1）：97-100.
［22］ 毛志兵，于震平. 绿色施工研究方向［J］. 施工技术，2006，35（12）：108-111.
［23］ 申琪玉，李惠强. 绿色建筑与绿色施工［J］. 科学技术与工程，2005，11：1634-1638.
［24］ 竹隰生，任宏. 绿色施工与建筑企业竞争力提升［J］. 建筑经济，2004，8：47-50.
［25］ 章崇任. 实施绿色施工的途径［J］. 建筑，2005，7：84-86.
［26］ 郁超. 施工组织设计中绿色施工技术措施的编制［J］. 建筑技术，2009，40（2）：124-127.
［27］ 熊君放. 绿色施工在"绿色建筑"形成过程中的重要作用［J］. 施工技术，2008，37（6）：10-11.
［28］ 张希黔，林琳，王军. 绿色建筑与绿色施工现状及展望［J］. 施工技术，2011，40（8）：1-7.
［29］ 陈晓红. 绿色施工及绿色施工评价研究［D］. 武汉：华中科技大学，2005.
［30］ 竹隰生，任宏. 推行绿色施工业主的作用及措施［J］. 四川建筑科学研究，2004，30（4）：107-109.
［31］ 鲁荣利. 建筑工程项目绿色施工管理研究［J］. 建筑经济，2010，3：104-107.
［32］ 王波，杨文奇，刘浩，等. 新加坡绿色施工及文明施工评价标准［J］. 施工技术，2011，40（7）：17-19.
［33］ 刘晓宁. 建筑工程项目绿色施工管理模式研究［J］. 武汉理工大学学报，2010，22：051.
［34］ 申琪玉. 绿色施工环境因素影响模型研究［J］. 建筑施工，2007，29（12）：971-974.
［35］ 申琪玉. 绿色建造理论与施工环境负荷评价研究［D］. 武汉：华中科技大学，2007.
［36］ 樊丽军. 工程建设各参与方绿色施工工作研究［J］. 电力学报，2012，3：018.
［37］ 张帅. 建筑工程绿色施工问题研究［D］. 上海：同济大学，2009.